Übungen in Grundlagen der Elektrotechnik III, IV

Aufgaben mit ausführlichen Lösungen

von
Dr. Arnold Glaab
FH Coburg
und
Dr. Joachim Hagenauer
Institut für Nachrichtentechnik,
DLR Weßling

2., überarbeitete Auflage

Die Deutsche Bibliothek – CIP-Einheitsaufnahme

Übungen in Grundlagen der Elektrotechnik:
Aufgaben mit ausführlichen Lösungen. –
Mannheim; Leipzig; Wien; Zürich:
BI-Wiss.-Verl. 3./4. von Arnold Glaab
und Joachim Hagenauer. – 2., überarb. Aufl. – 1994
   (BI-Hochschultaschenbuch; Bd. 780)

NE: Glaab, Arnold; GT

Gedruckt auf säurefreiem Papier
mit neutralem pH-Wert (bibliotheksfest)
ISBN-13: 978-3-540-62162-1   e-ISBN-13: 978-3-642-95758-1
DOI: 10.1007/ 978-3-642-95758-1

Vorwort

Der vorliegende Übungsband ist als Ergänzung zu den Hochschultaschenbüchern 184 und 185 „Grundlagen der Elektrotechnik III und IV" gedacht. Der dort behandelte Stoff wird zur Lösung der Aufgaben vorausgesetzt, und die Nummern der Kapitel und der Aufgaben sind jeweils gleich. Aufgaben, die vom Stoff her zusammengehören, sind zu Gruppen zusammengefaßt. Der Lösungsweg ähnlicher Aufgaben wird nur einmal dargestellt. Dabei wurde Wert darauf gelegt, auch Zwischenschritte ausführlich durchzurechnen, da erfahrungsgemäß die Schwierigkeiten oft im Detail liegen. So vorbereitet erhält der Leser die Möglichkeit, Aufgaben, bei denen nur Endergebnisse vorliegen, eigenständig zu lösen, ohne durch eine vorhandene Lösung zum Nachschlagen verlockt zu werden. Auf keinen Fall soll der Leser den Übungsband so benutzen, daß er nur „Aufgaben rechnet", ohne sich mit den physikalischen Gesetzen, Definitionen und Prinzipien genügend vertraut zu machen.

Wir danken Frau Anneliese Baumgarten für die oft mühevolle Arbeit, das Manuskript in die druckfertige Form zu bringen.

Fürth/Darmstadt, im März 1972   A. Glaab
                                       J. Hagenauer

Vorwort zur zweiten Auflage

In der zweiten Auflage sind Texte und Formeln völlig neu gesetzt, um die Lesbarkeit gegenüber der ersten Auflage zu verbessern. Dabei wurden die Texte überarbeitet und Fehler beseitigt. Ich danke dem Verlag dafür, daß er diese Neuauflage ermöglicht hat.

Coburg, im Juni 1994   Arnold Glaab

Inhaltsverzeichnis

9 Der Stromkreis im quasistationären Zustand

Aufgabe 9.1

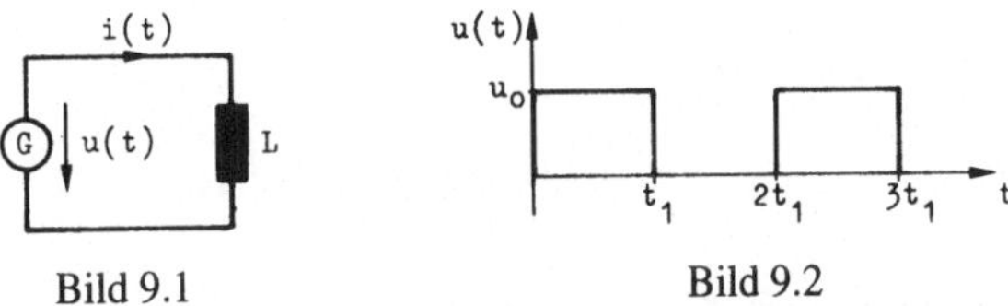

Bild 9.1   Bild 9.2

An einer Spule mit der Induktivität L liegt eine Rechteckspannung $u(t)$

9.1.1 Man berechne den Strom $i(t)$ für den Fall, daß für $t = 0$ $i(0) = 0$ ist.
9.1.2 Wie ändert sich das Ergebnis von Punkt 1, wenn $i(0) = i_0$ ist?

Lösung 9.1

9.1.1 Die Spannung $u(t)$ und der Strom $i(t)$ haben an den Klemmen der Spule dieselbe Zählrichtung. Es gilt deshalb

$$u(t) = L\frac{\mathrm{d}i(t)}{\mathrm{d}t}$$

oder

$$i(t) = \frac{1}{L}\int_{-\infty}^{t} u(\tau)\,\mathrm{d}\tau \tag{9.2}$$

Durch die untere Grenze $-\infty$ wollen wir berücksichtigen, daß jeder vergangene Spannungsimpuls an den Klemmen der Spule einen Beitrag zum Strom $i(t)$ liefert. Es würde deshalb genügen, als untere Grenze die Entstehungsstunde der Spule zu wählen. Da wir diesen Zeitpunkt nicht kennen, schreiben wir einfach $-\infty$, bedenken dabei aber, daß die Größe ∞ im physikalisch-meßtechnischen Sinne irreal ist.

Zur Lösung des Integrals (9.2) setzen wir die gegebene Funktion $u(\tau)$ ein. Da $u(\tau)$ nur zwischen den Werten 0 und u_0 springt, können wir das Integral abschnittsweise lösen:

1. Abschnitt: $0 < t < t_1$

$$i(t) = \frac{1}{L}\int_{-\infty}^{t} u(\tau)\,\mathrm{d}\tau = \frac{1}{L}\int_{-\infty}^{0} u(\tau)\,\mathrm{d}\tau + \frac{1}{L}\int_{0}^{t} u_0\,\mathrm{d}\tau$$

Der 1. Summand ergibt offensichtlich den Strom i zum Zeitpunkt $t = 0$, ist also $i(0)$. Damit wird

$$i(t) = i(0) + \frac{u_0}{L}t = \frac{u_0}{L}t$$

2. Abschnitt: $t_1 < t < 2t_1$

$$i(t) = \frac{1}{L}\int_{-\infty}^{t} u(\tau)\,\mathrm{d}\tau = \frac{1}{L}\int_{-\infty}^{t_1} u(\tau)\,\mathrm{d}\tau + \frac{1}{L}\int_{t_1}^{t} u(\tau)\,\mathrm{d}\tau$$

Da im 2. Integral auf der rechten Seite $u(\tau) = 0$ ist, ergibt dieses Integral keinen Beitrag. Der Strom $i(t)$ bleibt konstant.

$$i(t) = \frac{1}{L}\int_{-\infty}^{t_1} u(\tau)\,\mathrm{d}\tau = i(t_1) = \frac{u_0}{L}t_1$$

3. Abschnitt: $2t_1 < t < 3t_1$

Wir erhalten entsprechend zum 1. und 2. Abschnitt das Ergebnis

$$i(t) = \frac{1}{L}\int_{-\infty}^{t} u(\tau)\,\mathrm{d}\tau = \frac{1}{L}\int_{-\infty}^{2t_1} u(\tau)\,\mathrm{d}\tau + \frac{1}{L}\int_{2t_1}^{t} u_0\,\mathrm{d}\tau$$

$$= i(2t_1) + \frac{u_0}{L}(t - 2t_1)$$

$$= \frac{u_0}{L}(t - t_1)$$

Der Verlauf von $i(t)$ ist in dem folgenden Bild dargestellt:

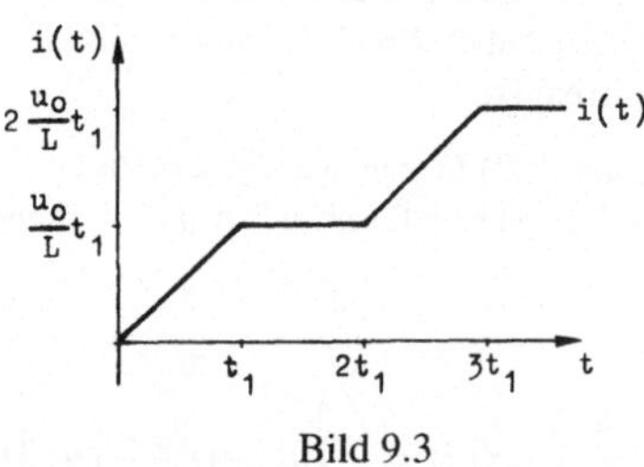

Bild 9.3

9.1.2

Der endliche Anfangswert bewirkt eine Vergrößerung von $i(t)$ um den konstanten Wert i_0, d.h.: die Kurve in Bild 9.7 wird um den Wert i_0 nach oben verschoben.

Aufgabe 9.2

Die Schaltung ist dieselbe wie in Aufgabe 9.1. Die Spannung $u(t)$ hat nun den im nebenstehenden Bild dargestellten Verlauf.

Man berechne den Strom $i(t)$ für den Fall, daß für $t = 0$ $i(0) = i_0$ ist.

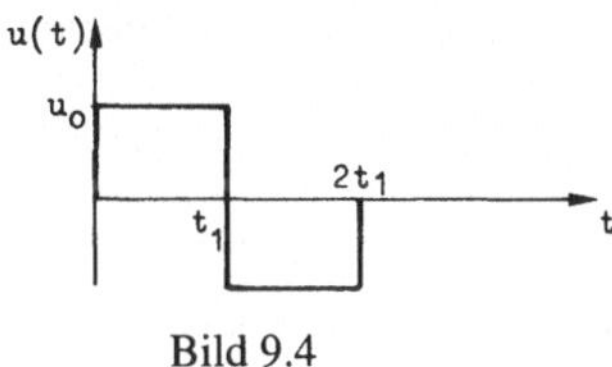

Bild 9.4

Lösung 9.2

Die Aufgabe entspricht weitgehend der Aufgabe (9.1). Da $u(\tau)$ im 2. Abschnitt negativ ist, sinkt $i(t)$ wieder auf den Anfangswert ab:

1. Abschnitt: $0 < t < t_1$

$$i(t) = i_0 + \frac{u_0}{L} t$$

2. Abschnitt: $t_1 < t < 2t_1$

$$i(t) = i_0 + \frac{u_0}{L}(2t_1 - t)$$

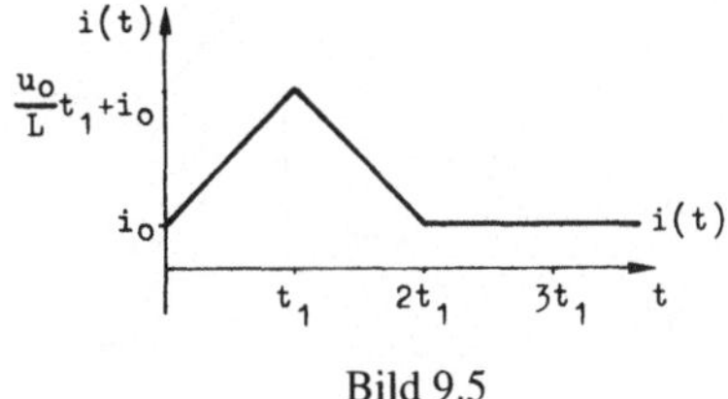

Bild 9.5

Aufgabe 9.3

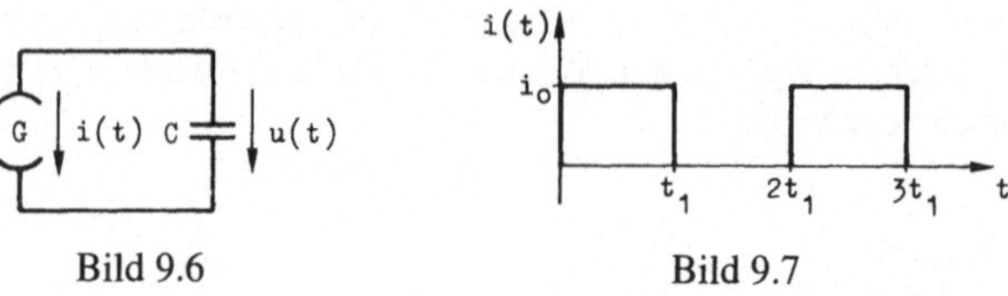

Bild 9.6   Bild 9.7

Ein Kondensator mit der Kapazität C wird durch einen rechteckförmigen Strom gespeist. Man berechne die Spannung $u(t)$ für den Anfangswert $u(0) = 0$.

Lösung 9.3

Da die Zählpfeile von $i(t)$ und $u(t)$ an den Klemmen des Kondensators entgegengesetzt gerichtet sind, ist

$$i(t) = -C\frac{du(t)}{dt}$$

oder

$$u(t) = -\frac{1}{C}\int_{-\infty}^{t_1} i(\tau)\,d\tau$$

Ein Vergleich dieses Ausdruckes mit dem Integral Gl. 9.2 aus Aufgabe 9.1 zeigt, daß sich beide Ausdrücke bis auf das Vorzeichen gleichen, falls wir die Begriffe Strom und Spannung bzw. Induktivität und Kapazität miteinander vertauschen. So ergibt sich:

1. Abschnitt: $0 < t < t_1$

$$u(t) = -\frac{i_0}{C}t$$

2. Abschnitt: $t_1 < t < 2t_1$

$$u(t) = -\frac{i_0}{C}t_1$$

3. Abschnitt: $2t_1 < t < 3t_1$

$$u(t) = -\frac{i_0}{C}(t - t_1)$$

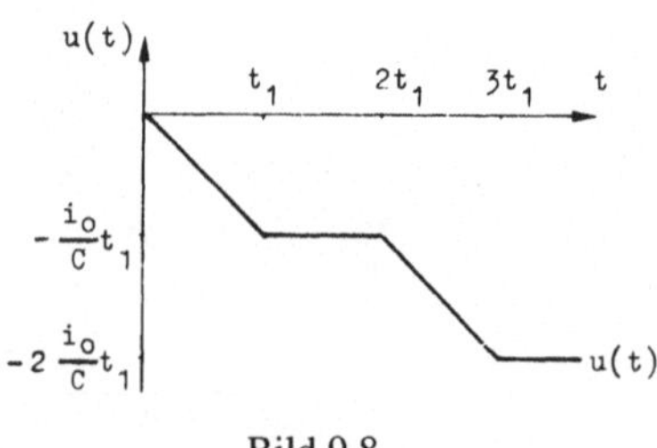

Bild 9.8

10 Lineare Netze im eingeschwungenen Zustand

10.1 Die Berechnung linearer Netze im eingeschwungenen Zustand

Aufgabe 10.1

Man berechne

10.1.1   für den Spannungsteiler nach Bild 10.1 das Verhältnis U_2 / U
10.1.2   für den Stromteiler nach Bild 10.2 das Verhältnis I_2 / I
10.1.3   für die Schaltung nach Bild 10.3 das Verhältnis I_2 / U und
10.1.4   für die Schaltung nach Bild 10.4 das Verhältnis U_2 / I

sowohl als Funktion der Impedanzen Z_1, Z_2 Z als auch als Funktion der Leitwerte $Y_1 = 1/Z_1$, $Y_2 = 1/Z_2$, $Y = 1/Z$.

Man merke sich die immer wiederkehrenden Beziehungen.

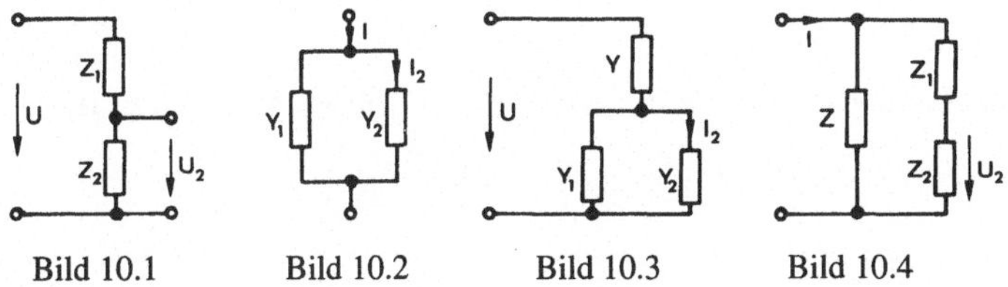

Bild 10.1   Bild 10.2   Bild 10.3   Bild 10.4

Lösung 10.1

10.1.1 Es ist

$$U_2 = Z_2 I \quad \text{und} \quad I = \frac{U}{Z_1 + Z_2}$$

Hieraus folgt

$$U_2 = \frac{Z_2}{Z_1 + Z_2} U = \frac{1/Y_2}{1/Y_1 + 1/Y_2} U = \frac{Y_1}{Y_1 + Y_2} U$$

oder

$$\frac{U_2}{U} = \frac{Z_2}{Z_1 + Z_2} = \frac{Y_1}{Y_1 + Y_2}$$

Merkregel: Die Teilspannung verhält sich zur Gesamtspannung wie die Teilimpedanz zur Gesamtimpedanz.

10.1.2

Es ist

$$I_2 = Y_2 U \quad \text{mit} \quad U = \frac{I}{Y_1 + Y_2}$$

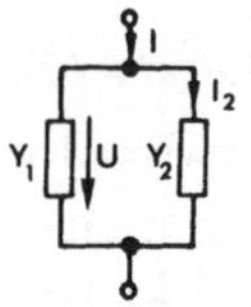

Hieraus folgt

$$I_2 = \frac{Y_2}{Y_1 + Y_2} I = \frac{1/Z_2}{1/Z_1 + 1/Z_2} I = \frac{Z_1}{Z_1 + Z_2} I$$

oder

$$\frac{I_2}{I} = \frac{Y_2}{Y_1 + Y_2} = \frac{Z_1}{Z_1 + Z_2}$$

Bild 10.6

Merkregel: Der Teilstrom verhält sich zum Gesamtstrom wie die Teiladmittanz zur Gesamtadmittanz.

10.1.3

Zur Lösung der Aufgabe benutzen wir das Ergebnis von 10.1.2: Es ist

$$I_2 = \frac{Y_2}{Y_1 + Y_2} I \quad \text{mit} \quad I = Y_{ges} U = \frac{Y(Y_1 + Y_2)}{Y + Y_1 + Y_2} U$$

Hieraus folgt

$$\frac{I_2}{U} = \frac{Y_2}{Y_1 + Y_2} \frac{Y(Y_1 + Y_2)}{Y + Y_1 + Y_2} = \frac{Y Y_2}{Y + Y_1 + Y_2} = \frac{\dfrac{1}{Z}\dfrac{1}{Z_2}}{\dfrac{1}{Z} + \dfrac{1}{Z_1} + \dfrac{1}{Z_2}}$$

$$\frac{I_2}{U} = \frac{Y Y_2}{Y + Y_1 + Y_2} = \frac{Z_1}{Z Z_1 + Z Z_2 + Z_1 Z_2}$$

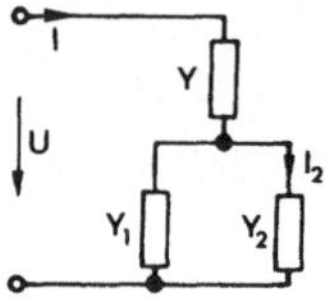

Bild 10.7

10.1.4

Zur Lösung der Aufgabe benutzen wir das Ergebnis von 10.1.1: Es ist

$$U_2 = \frac{Z_2}{Z_1 + Z_2} U \quad \text{mit} \quad U = \frac{Z(Z_1 + Z_2)}{Z + Z_1 + Z_2} I$$

Hieraus folgt

$$\frac{U_2}{I} = \frac{Z_2}{Z_1 + Z_2} \cdot \frac{Z(Z_1 + Z_2)}{Z + Z_1 + Z_2} = \frac{ZZ_2}{Z + Z_1 + Z_2} = \frac{\dfrac{1}{Y}\dfrac{1}{Y_2}}{\dfrac{1}{Y} + \dfrac{1}{Y_1} + \dfrac{1}{Y_2}}$$

$$\frac{U_2}{I} = \frac{ZZ_2}{Z + Z_1 + Z_2} = \frac{Y_1}{YY_1 + YY_2 + Y_1 Y_2}$$

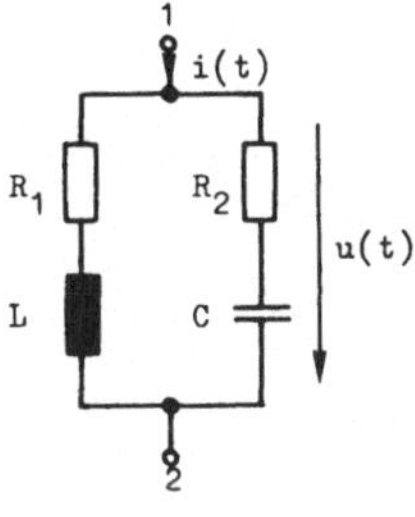

Bild 10.8

Offensichtlich gehen die Ergebnisse von Aufgabe 10.1.1 und 10.1.2 bzw. 10.1.3 und 10.1.4 auseinander hervor, falls man die Begriffe Strom und Spannung bzw. Impedanz und Admittanz miteinander vertauscht. Diese Eigenschaft der Schaltungen ist nicht zufällig, sondern folgt aus den Grundgleichungen der elektrischen Netze. Wir werden diese Eigenschaften unter dem Begriff „Dualität" noch eingehend kennenlernen.

Aufgabe 10.2

Gegeben ist die nebenstehende Schaltung. Die Spannung $u(t)$ beträgt $u(t) = \hat{u}\cos(\omega t + \pi / 2)$.

10.2.1 Man berechne die komplexe Amplitude U der Spannung $u(t)$.

10.2.2 Wie groß ist die Impedanz Z zwischen den Klemmen 1 und 2 der Schaltung?

10.2.3 Man berechne die komplexe Amplitude I des Stromes $i(t)$.

10.2.4 Wie groß ist $i(t)$?

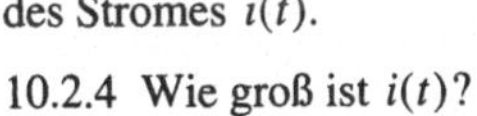

Bild 10.9

10.2.5 Man berechne die Frequenz $\omega = \omega_0$, bei der der Strom $i(t)$ mit der Spannung $u(t)$ in Phase ist. Gewöhnlich bezeichnet man ω_0 als Resonanzfrequenz.

Lösung 10.2

10.2.1 Es ist

$$u(t) = \hat{u}\cos(\omega t + \varphi) = \hat{u}\cos(\omega t + \pi / 2)$$

Nach den Rechenregeln der komplexen Rechnung ergibt sich hierfür:

$$u(t) = \hat{u}\cos(\omega t + \varphi) = \text{Re}\left\{\hat{u}\,e^{j\varphi}\,e^{j\omega t}\right\} \tag{10.5}$$

Den Faktor $\hat{u}e^{j\varphi}$ definiert man als die komplexe Amplitude U:

$$U = \hat{u}e^{j\varphi} = \hat{u}e^{j\pi/2} = j\hat{u} \tag{10.6}$$

10.2.2

Die Schaltung besteht aus der Parallelschaltung zweier Zweige, die ihrerseits aus der Reihenschaltung zweier Bauelemente zusammengesetzt sind. Wir schreiben deshalb symbolisch für die Impedanz der Parallelschaltung

$$Z = (R_1 + j\omega L)\|(R_2 + \frac{1}{j\omega C})$$

Da die Gesamtadmittanz einer Parallelschaltung wie im Gleichstromfall gleich der Summe der Teiladmittanzen ist, gilt

$$Z = \frac{1}{\dfrac{1}{R_1 + j\omega L} + \dfrac{1}{R_2 + 1/j\omega C}} = \frac{(R_1 + j\omega L)(R_2 + 1/j\omega C)}{R_1 + R_2 + j(\omega L - \dfrac{1}{\omega C})}$$

$$Z = \frac{R_1 R_2 + L/C + j(\omega L R_2 - R_1/\omega C)}{R_1 + R_2 + j(\omega L - \dfrac{1}{\omega C})} \tag{10.7}$$

10.2.3

Es ist

$$I = \frac{U}{Z} = j\hat{u}\,\frac{R_1 + R_2 + j(\omega L - \dfrac{1}{\omega C})}{R_1 R_2 + \dfrac{L}{C} + j(\omega L R_2 - \dfrac{R_1}{\omega C})} \tag{10.8}$$

10.2.4

Entsprechend zur Gl.(10.5) erhalten wir für den Strom $i(t)$

$$i(t) = \mathrm{Re}\{I e^{j\omega t}\} \tag{10.9}$$

Diese Gleichung läßt sich besonders einfach lösen, wenn I in der Polarkoordinaten-Darstellung

$$I = \hat{i}\,e^{j\varphi_i}$$

gegeben ist. Wir formen deshalb das Ergebnis für I aus Gl.(10.8) um und benutzen hierzu folgende Rechenregel der komplexen Rechnung: Es sei eine komplexe Zahl z als Produkt von komplexen Zahlen gegeben:

$$z = z_1 z_2 = (x_1 + j y_1)(x_2 + j y_2)$$

Dann gilt

$$z = |z| e^{j\varphi} = |z_1||z_2| \, e^{j(\arctan\frac{y_1}{x_1} + \arctan\frac{y_2}{x_2})}$$

Damit erhalten wir für I

$$I = |I| e^{j\varphi_i} = \hat{u} \sqrt{\frac{(R_1 + R_2)^2 + (\omega L - \dfrac{1}{\omega C})^2}{(R_1 R_2 + \dfrac{L}{C})^2 + (\omega L R_2 - \dfrac{R_1}{\omega C})^2}} \cdot e^{j(\frac{\pi}{2} + \arctan\frac{\omega L - \frac{1}{\omega C}}{R_1 + R_2} - \arctan\frac{\omega L R_2 - \frac{R_1}{\omega C}}{R_1 R_2 + \frac{L}{C}})}$$

$$(10.12)$$

und für $i(t)$:

$$i(t) = \mathrm{Re}\left\{I e^{j\omega t}\right\} = \mathrm{Re}\left\{\hat{i} \, e^{j(\omega t + \varphi_i)}\right\}$$

$$= \hat{i} \cos(\omega t + \varphi_i)$$

$$i(t) = \hat{i} \cos\left(\omega t + \frac{\pi}{2} + \arctan\frac{\omega L - \dfrac{1}{\omega C}}{R_1 + R_2} - \arctan\frac{\omega L R_2 - \dfrac{R_1}{\omega C}}{R_1 R_2 + \dfrac{L}{C}}\right)$$

mit

$$\hat{i} = \hat{u} \sqrt{\frac{(R_1 + R_2)^2 + (\omega L - \dfrac{1}{\omega C})^2}{(R_1 R_2 + \dfrac{L}{C})^2 + (\omega L R_2 - \dfrac{R_1}{\omega C})^2}} \qquad (10.13)$$

Gl.(10.9) läßt sich ebenfalls lösen, wenn die Größe I in Real- und Imaginärteil zerlegt ist. Dazu müssen wir im Ergebnis (10.8) den komplexen Nenner durch Erweitern mit dem konjugiert-komplexen Wert beseitigen und den Zähler ausmultiplizieren. Wir erhalten dann die Größe I in der Darstellung

$$I = \mathrm{Re}\{I\} + j \, \mathrm{Im}\{I\}$$

Diesen Ausdruck setzen wir in Gl.(10.9) ein, zerlegen das Produkt nach Realteil und Imaginärteil und bilden den Realteil:

$$i(t) = \mathrm{Re}\{I\,e^{j\omega t}\} = \mathrm{Re}\{(\mathrm{Re}\{I\} + j\,\mathrm{Im}\{I\})(\cos\omega t + j\sin\omega t)\}$$

$$= \mathrm{Re}\{\mathrm{Re}\{I\}\cos\omega t - \mathrm{Im}\{I\}\sin\omega t + j(\mathrm{Im}\{I\}\cos\omega t + \mathrm{Re}\{I\}\sin\omega t)\}$$

$$= \mathrm{Re}\{I\}\cos\omega t - \mathrm{Im}\{I\}\sin\omega t$$

Offensichtlich ist dieser Weg aufwendiger als der erste. Das Ergebnis erscheint als Summe zweier Kreisfunktionen - eine Darstellung, die meistens weniger brauchbar ist als der Ausdruck in Gl.(10.13).

10.2.5

Wenn $i(t)$ und $u(t)$ „in Phase" sein sollen, müssen die Nullphasenwinkel von Strom und Spannung gleich groß sein. Es gilt also

$$U = \hat{u}\,e^{j\varphi_u} \quad \text{und} \quad I = \hat{i}\,e^{j\varphi_i}$$

und

$$\varphi_u = \varphi_i.$$

Das weitere Vorgehen ist durch die Fragestellung bestimmt: Wir suchen eine Kreisfrequenz, für die die Bedingung $\varphi_u = \varphi_i$ erfüllt ist. Zur Lösung dieser Aufgabe benötigen wir eine Verknüpfung zwischen den Größen U und I, die in unserem Beispiel durch die Impedanz Z des Zweipols gegeben ist:

$$\frac{U}{I} = Z = \frac{R_1 R_2 + \dfrac{L}{C} + j(\omega L R_2 - \dfrac{R_1}{\omega C})}{R_1 + R_2 + j(\omega L - \dfrac{1}{\omega C})} = \frac{\hat{u}\,e^{j\varphi_u}}{\hat{i}\,e^{j\varphi_i}} = \frac{\hat{u}}{\hat{i}} \Rightarrow reell$$

Die Aufgabe lautet also: ω ist so zu bestimmen, daß

$$\mathrm{Im}\{Z\} = 0$$

wird. Wir zerlegen deshalb Z in Real- und Imaginärteil, indem wir den komplexen Nenner beseitigen:

$$Z = \frac{R_1 R_2 + \dfrac{L}{C} + j(\omega L R_2 - \dfrac{R_1}{\omega C})}{R_1 + R_2 + j(\omega L - \dfrac{1}{\omega C})} \cdot \frac{R_1 + R_2 - j(\omega L - \dfrac{1}{\omega C})}{R_1 + R_2 - j(\omega L - \dfrac{1}{\omega C})}$$

$$Z = \frac{(R_1 R_2 + \dfrac{L}{C})(R_1 + R_2) + (\omega L R_2 - \dfrac{R_1}{\omega C})(\omega L - \dfrac{1}{\omega C})}{(R_1 + R_2)^2 + (\omega L - \dfrac{1}{\omega C})^2} +$$

$$+ j\, \frac{(R_1 + R_2)(\omega L R_2 - \dfrac{R_1}{\omega C}) - (R_1 R_2 + \dfrac{L}{C})(\omega L - \dfrac{1}{\omega C})}{(R_1 + R_2)^2 + (\omega L - \dfrac{1}{\omega C})^2}$$

und erhalten aus der Gleichung $\mathrm{Im}\{Z\} = 0$ eine Bestimmungsgleichung für die gesuchte Kreisfrequenz. Da der Nenner von Z stets größer null ist, genügt es, den Imaginärteil des Zählers gleich null zu setzen:

$$(R_1 + R_2)(\omega L R_2 - \frac{R_1}{\omega C}) - (R_1 R_2 + \frac{L}{C})(\omega L - \frac{1}{\omega C}) = 0$$

$$\omega L R_2^2 - \frac{R_1^2}{\omega C} + \frac{L}{\omega C^2} - \frac{\omega L^2}{C} = 0$$

$$\omega^2 L C R_2^2 - \omega^2 L^2 + \frac{L}{C} - R_1^2 = 0$$

Das Ergebnis lautet

$$\omega_0^2 = \frac{R_1^2 - \dfrac{L}{C}}{L C R_2^2 - L^2} = \frac{1}{LC} \cdot \frac{R_1^2 - \dfrac{L}{C}}{R_2^2 - \dfrac{L}{C}} \tag{10.14}$$

Ein rechnerisch wesentlich einfacherer Weg ist folgender: Aus der Umformung

$$Z = \frac{\mathrm{Re}\{Z\ddot{a}hler\} + j\,\mathrm{Im}\{Z\ddot{a}hler\}}{\mathrm{Re}\{Nenner\} + j\,\mathrm{Im}\{Nenner\}} = \frac{|Z\ddot{a}hler|}{|Nenner|} \cdot \frac{e^{j\varphi_z}}{e^{j\varphi_n}}$$

folgt für $Z \Rightarrow$ reell:

$$\varphi_z = \varphi_n \quad \rightarrow \quad \frac{\mathrm{Im}\{Z\ddot{a}hler\}}{\mathrm{Re}\{Z\ddot{a}hler\}} = \frac{\mathrm{Im}\{Nenner\}}{\mathrm{Re}\{Nenner\}} \tag{10.15}$$

Wir setzen ein

$$\frac{\omega L R_2 - \dfrac{R_1}{\omega C}}{R_1 R_2 + \dfrac{L}{C}} = \frac{\omega L - \dfrac{1}{\omega C}}{R_1 + R_2}$$

$$\omega L R_1 R_2 + \omega L R_2^2 - \frac{R_1^2}{\omega C} - \frac{R_1 R_2}{\omega C} = \omega L R_1 R_2 - \frac{R_1 R_2}{\omega C} + \omega \frac{L^2}{C} - \frac{1}{\omega C^2}$$

$$\omega L R_2^2 - \frac{R_1^2}{\omega C} = \omega \frac{L^2}{C} - \frac{1}{\omega C^2}$$

und erhalten

$$\omega_0^2 = \frac{1}{LC} \cdot \frac{R_1^2 - \dfrac{L}{C}}{R_2^2 - \dfrac{L}{C}}$$

Offensichtlich ist der zweite Weg rechnerisch sehr viel einfacher. Da Fragestellungen dieser Art häufig auftreten, wollen wir uns die Methode gut merken.

Diskussion des Ergebnisses für ω_0^2: Falls die rechte Seite des Ausdruckes positiv ist, erhalten wir zwei betragsgleiche reelle Kreisfrequenzen, und zwar einen positiven und einen negativen Wert:

$$\omega_0 = \pm \sqrt{\frac{1}{LC} \cdot \frac{R_1^2 - \dfrac{L}{C}}{R_2^2 - \dfrac{L}{C}}} \tag{10.14}$$

Dieses Ergebnis hängt eng mit der Definition der komplexen Amplituden zusammen:

$$u(t) = \frac{1}{2}(U e^{j\omega t} + U^* e^{-j\omega t}) \qquad i(t) = \frac{1}{2}(I e^{j\omega t} + I^* e^{-j\omega t})$$

Die reelle Zeitfunktion wird in zwei komplexe Zeitfunktionen zerlegt, die zueinander konjugiert komplex sind. Die betragsgleichen Kreisfrequenzen der beiden Funktion besitzen verschiedene Vorzeichen. Genau diesen Sachverhalt haben wir in Gl. (10.14) für ω_0 ermittelt.

Aufgabe 10.3

In der nebenstehenden Schaltung sind die Spannung $u(t) = \hat{u}\cos(\omega t)$ und die Größen L und C gegeben.

Man bestimme den Widerstand R so, daß $i(t)$ und $u(t)$ in Phase sind. Wie groß ist in diesem Fall die Amplitude $\hat{i}$?

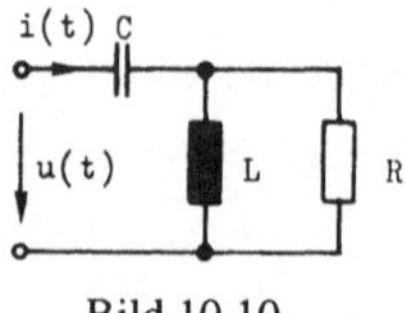

Bild 10.10

Lösung 10.3

Die Aufgabe entspricht weitgehend der Aufgabe 10.2. Die Ergebnisse lauten:

$$R = \frac{\omega L}{\sqrt{\omega^2 LC - 1}}$$

$$\hat{i} = |I| = \frac{|U|}{|Z|} = \hat{u}\,\frac{R^2 + (\omega L)^2}{R(\omega L)^2} = \hat{u}\,\frac{\omega C}{\sqrt{\omega^2 LC - 1}}$$

Aufgabe 10.4

In der nebenstehenden Schaltung sind die Spannung $u(t) = \hat{u}\cos(\omega t)$ und die Grössen L und C gegeben.

Der Widerstand R soll so bemessen werden, daß die Amplituden der Spannungen $u(t)$ und $u_2(t)$ gleich groß werden.

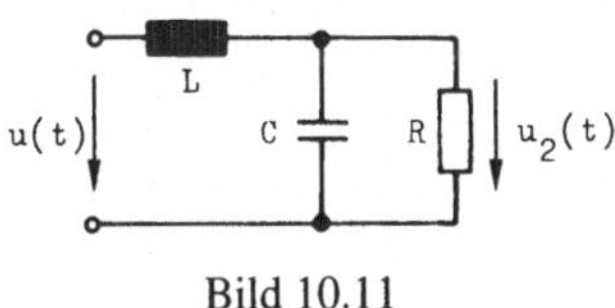

Bild 10.11

Lösung 10.4

Wir lösen die Aufgabe mit Hilfe der komplexen Rechnung und tragen zunächst an Stelle der Zeitfunktionen die zugehörigen komplexen Amplituden ein. Laut Aufgabenstellung soll $\hat{u}_2 = \hat{u}$ sein. Das bedeutet für die komplexen Amplituden:

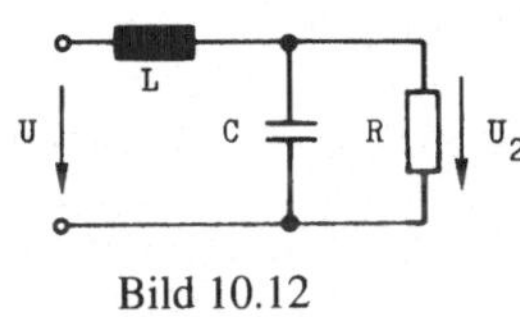

Bild 10.12

$$|U_2| = |U|$$

Zur Berechnung von U_2 in Abhängigkeit von U greifen wir auf das Ergebnis der Grundaufgabe 10.1.1 zurück (Spannungsteiler), indem wir die Impedanz der Parallelschaltung aus C und R gleich Z_2 und die Impedanz der Induktivität L gleich Z_1 setzen. Das Ergebnis lautet

$$R = \pm\sqrt{\frac{L}{C}\,\frac{1}{2 - \omega^2 LC}}$$

Da R ein ohmscher Widerstand ist, muß das Ergebnis positiv reell sein. Hieraus folgt

$$2 - \omega^2 LC > 0 \quad \rightarrow \quad \omega^2 < \frac{2}{LC}$$

und

$$R = +\sqrt{\frac{L}{C}\frac{1}{2 - \omega^2 LC}}$$

Aufgabe 10.5

In der nebenstehenden Schaltung sind die Spannung $u(t) = \hat{u}\sin(\omega t)$ und die Größen R_1, C und L gegeben.

Der Widerstand R_2 soll so bemessen werden, daß die Spannung $u_2(t)$ gegenüber der Spannung $u(t)$ eine Phasenverschiebung von $\pm\pi/2$ hat.

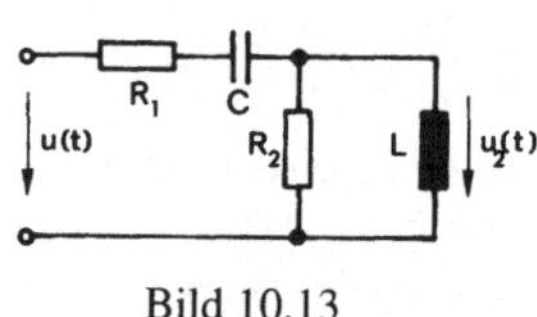

Bild 10.13

Man bestimme R_2 als Funktion der gegebenen Größen und diskutiere das Ergebnis.

Für welche Kreisfrequenzen kann R_2 durch einen ohmschen Widerstand realisiert werden?

Lösung 10.5

Die Aufgabe läßt sich mit Hilfe der komplexen Amplituden einfach lösen. Laut Aufgabenstellung sind die Phasenwinkel von $u_2(t)$ und $u(t)$ bzw. von U_2 und U zueinander in Beziehung zu setzen. Wir berechnen deshalb zunächst das Verhältnis U_2/U und erhalten entsprechend zur Aufgabe 10.4 bzw. 10.1.1:

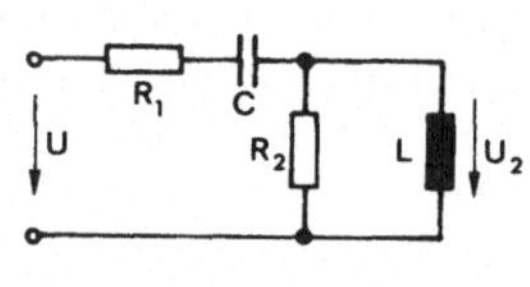

Bild 10.14

$$\frac{U_2}{U} = \frac{-\omega^2 LC R_2}{R_2 - \omega^2 LC(R_1 + R_2) + j(\omega L + \omega C R_1 R_2)}$$

Laut Aufgabenstellung sollen sich die Phasenwinkel der beiden Spannungen um $\pm\pi/2$ unterscheiden. D. h.: falls

$$U = \hat{u}\,e^{j\varphi}$$

ist, soll

$$U_2 = \hat{u}_2\,e^{j(\varphi \pm \pi/2)}$$

sein. Daraus folgt

$$\frac{U_2}{U} = \frac{\hat{u}_2\, e^{j(\varphi \pm \pi/2)}}{\hat{u}\, e^{j\varphi}} = \pm j\frac{\hat{u}_2}{\hat{u}} = \frac{-\omega^2 LC R_2}{R_2 - \omega^2 LC(R_1 + R_2) + j(\omega L + \omega C R_1 R_2)}$$

Oder anders ausgedrückt: Der Widerstand ist so zu bestimmen, daß der Bruch auf der rechten Seite imaginär wird. Im allgemeinen Fall muß also zunächst der Ausdruck in Real- und Imaginärteil zerlegt werden und anschließend der Realteil gleich null gesetzt werden. In diesem Fall ist nur der Nenner komplex, so daß der Bruch imaginär wird, falls die Bedingung

$$\mathrm{Re}\{Nenner\} = 0 = R_2 - \omega^2 LC(R_1 + R_2)$$

erfüllt ist. Hieraus folgt

$$R_2 = \frac{\omega^2 LC}{1 - \omega^2 LC} R_1$$

Wenn R_2 ein ohmscher Widerstand sein soll, muß die Bedingung

$$R_2 = \frac{\omega^2 LC}{1 - \omega^2 LC} R_1 > 0$$

erfüllt sein. Daraus folgt:

$$1 - \omega^2 LC > 0 \;\rightarrow\; \omega^2 < \frac{1}{LC} \quad \text{oder} \quad -\frac{1}{\sqrt{LC}} < \omega < \frac{1}{\sqrt{LC}}$$

Aufgabe 10.6

In der nebenstehenden Schaltung sind die Spannung $u(t) = \hat{u}\sin(\omega t)$ und die Größen R_1, L_1 und L_2 gegeben.

Der Widerstand R_2 soll so bemessen werden, daß der Strom $i_2(t)$ gegenüber der Spannung $u(t)$ eine Phasenverschiebung $\pm \pi/2$ hat.

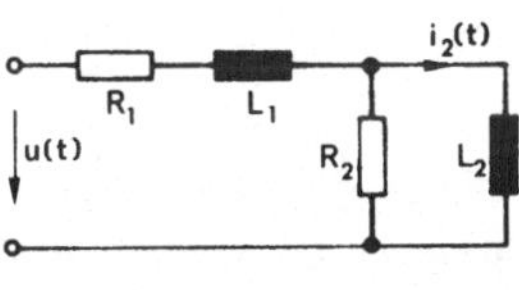

Bild 10.15

Lösung 10.6

Die Aufgabe entspricht weitgehend der Aufgabe 10.5. Das Ergebnis lautet:

$$R_2 = \frac{\omega^2 L_1 L_2}{R_1}$$

Aufgabe 10.7

In der nebenstehenden Schaltung sind die Spannung $u(t) = \hat{u}\cos(\omega t)$ und die Größen L und C gegeben.

10.7.1 Für welche Kreisfrequenz verschwindet $u_2(t)$?

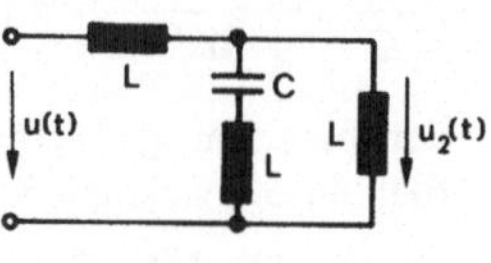

Bild 10.16

10.7.2 Gibt es einen oder mehrere Werte ω, für die die Amplituden der Spannungen $u(t)$ und $u_2(t)$ gleich groß werden? Man berechne diese Werte.

Lösung 10.7

10.7.1 Es ist gefordert:

$$u_2(t) = 0 \;\rightarrow\; U_2 = 0$$

Wir erhalten entsprechend zur Aufgabe 10.4 das Verhältnis:

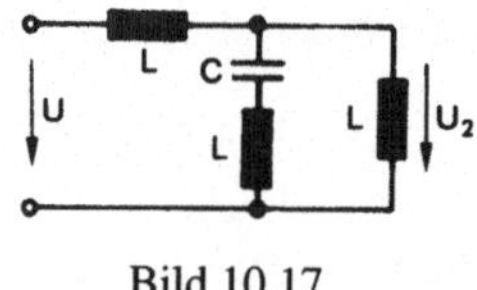

Bild 10.17

$$\frac{U_2}{U} = \frac{1-\omega^2 LC}{2-3\omega^2 LC}$$

Wegen

$$U_2 = 0$$

folgt

$$1-\omega^2 LC = 0 \qquad (\text{Nenner} \neq 0)$$

$$\omega = \pm\frac{1}{\sqrt{LC}}$$

Dieses Ergebnis können wir auch unmittelbar aus der Schaltung ablesen: Die Spannung U_2 liegt an den Klemmen des Serienschwingkreises aus den Elementen L und C. Für die Resonanzfrequenz stellt der Serienschwingkreis einen Kurzschluß dar, so daß $U_2 = 0$ wird.

10.7.2

Die Fragestellung entspricht der Aufgabe 10.4:

$$\hat{u}_2 = \hat{u} = |U_2| = |U|$$

oder

$$\frac{|U_2|}{|U|} = 1 = \left|\frac{1 - \omega^2 LC}{2 - 3\omega^2 LC}\right|$$

Der Bruch auf der rechten Seite ist zwar reell; trotzdem dürfen wir nicht einfach die Betragsstriche weglassen, weil der Wert des Bruches positiv oder negativ werden kann. Wir müssen deshalb schreiben:

$$\frac{1 - \omega^2 LC}{2 - 3\omega^2 LC} = \pm 1$$

Hieraus ergibt sich

$$1 - \omega^2 LC = 2 - 3\omega^2 LC \quad \rightarrow \quad \omega = \pm\frac{1}{\sqrt{2LC}}$$

$$1 - \omega^2 LC = -2 + 3\omega^2 LC \quad \rightarrow \quad \omega = \pm\frac{1}{2}\sqrt{\frac{3}{LC}}$$

Aufgabe 10.8

Die Reihenschaltung eines Widerstandes und eines Kondensators soll für die feste Frequenz ω durch die Parallelschaltung eines Widerstandes und eines Kondensators ersetzt werden. Die Größen R_r, C_r und ω sind gegeben.

Man berechne R_p und C_p so, daß der komplexe Widerstand der Reihenschaltung gleich dem komplexen Widerstand der Parallelschaltung wird.

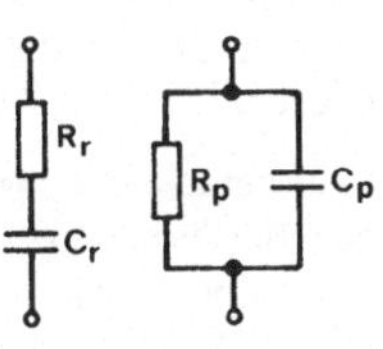

Bild 10.18

Lösung 10.8

Die Parallelschaltung in Bild 10.17 ersetzt die Reihenschaltung bei einer gegebenen Kreisfrequenz ω (und umgekehrt), falls

$$Z_r = Z_p \quad \text{bzw.} \quad Y_r = Y_p$$

ist. Beide Gleichungen sagen dasselbe aus. Um zu entscheiden, welche der Gleichungen für die weitere Rechnung günstiger ist, schreiben wir beide Ansätze ausführlich an:

$$Z_r = Z_p: \quad R_r + \frac{1}{j\omega C_r} = \frac{1}{\dfrac{1}{R_p} + j\omega C_p}$$

$$Y_r = Y_p: \qquad \frac{1}{R_r + \dfrac{1}{j\omega C_r}} = \frac{1}{R_p} + j\omega C_p$$

Offensichtlich ist die zweite Gleichung für die Rechnung günstiger, weil wir die gesuchten Größen R_p und C_p unmittelbar nach dem Auftrennen der Gleichung in Real- und Imaginärteil erhalten:

$$\frac{1}{R_p} + j\omega C_p = \frac{j\omega C_r}{1 + j\omega C_r R_r} = \frac{(\omega C_r)^2 R_r + j\omega C_r}{1 + (\omega C_r R_r)^2}$$

$$R_p = \frac{1 + (\omega C_r R_r)^2}{(\omega C_r)^2 R_r}$$

$$C_p = \frac{C_r}{1 + (\omega C_r R_r)^2}$$

Aufgabe 10.9

Die Schaltung a soll bei der festen Kreisfrequenz ω durch die Schaltung b ersetzt werden. Die Größen R_r, C_r und ω sind gegeben.

Man berechne R_p und C_p so, daß bei der gegeben Frequenz der komplexe Widerstand der Schaltung a gleich dem komplexen Widerstand der Schaltung b wird.

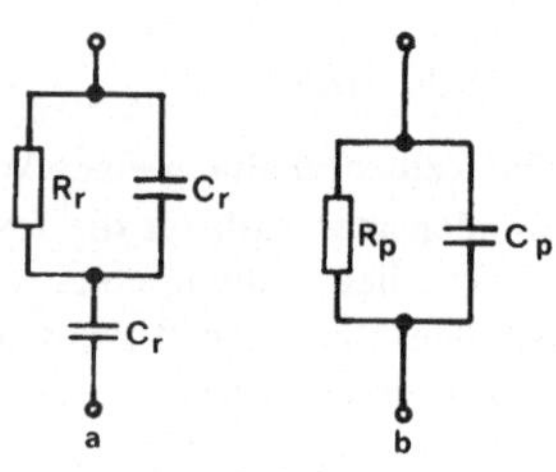

Bild 10.19

Lösung 10.9

Entsprechend dem Lösungsgang der Aufgabe 10.8 erhalten wir folgende Ergebnisse:

$$R_p = \frac{1 + (2\omega C_r R_r)^2}{(\omega C_r)^2 R_r} \qquad C_p = \frac{1 + 2(\omega C_r R_r)^2}{1 + 4(\omega C_r R_r)^2} C_r$$

Aufgabe 10.10

Die Schaltung a (Bild 10.20) soll für die feste Kreisfrequenz ω durch die Schaltung b ersetzt werden. Die Größen R_a, L_a, C_a und ω sind gegeben.

10.10.1 Man berechne R_b und C_b so, daß bei der gegebenen Frequenz der komplexe Widerstand der Schaltung a gleich dem komplexen Widerstand der Schaltung b wird.

10.10.2 Welche Bedingungen müssen die Frequenz ω und die Elemente der Schaltung a erfüllen, damit die Schaltung b durch einen ohmschen Widerstand und einen Kondensator realisiert werden kann?

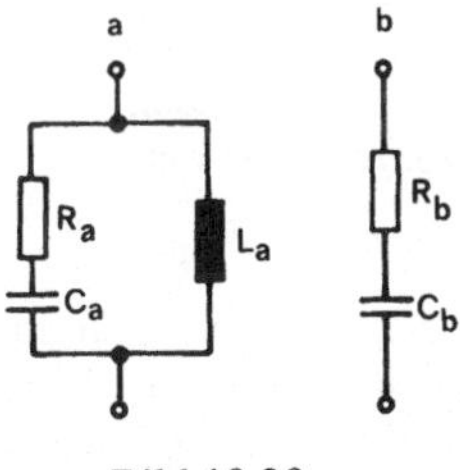

Bild 10.20

Lösung 10.10

10.10.1 Da die Schaltung a (Bild 10.20) in eine Reihenschaltung b umgewandelt werden soll, vermuten wir analog zu den Aufgaben 10.8 und 10.9, daß in diesem Fall die Ausgangsgleichung

$$Z_b = Z_a$$

für die Rechnung günstiger ist. Ausführlich geschrieben, erhalten wir

$$R_b + \frac{1}{j\omega C_b} = \frac{j\omega L_a\left(R_a + \dfrac{1}{j\omega C_a}\right)}{R_a + j\omega L_a + \dfrac{1}{j\omega C_a}} \cdot \left| \frac{j\omega C_a(1 - \omega^2 L_a C_a - j\omega C_a R_a)}{j\omega C_a(1 - \omega^2 L_a C_a - j\omega C_a R_a)} \right.$$

$$= \frac{R_a(\omega^2 L_a C_a)^2}{(1 - \omega^2 L_a C_a)^2 + (\omega C_a R_a)^2} +$$

$$+ j\frac{\omega L_a\{1 - \omega^2 L_a C_a + (\omega C_a R_a)^2\}}{(1 - \omega^2 L_a C_a)^2 + (\omega C_a R_a)^2}$$

Zerlegung in Real- und Imaginärteil ergibt schließlich

$$R_b = \frac{(\omega^2 L_a C_a)^2}{(1 - \omega^2 L_a C_a)^2 + (\omega C_a R_a)^2} R_a$$

$$C_b = -\frac{(1 - \omega^2 L_a C_a)^2 + (\omega C_a R_a)^2}{1 - \omega^2 L_a C_a + (\omega C_a R_a)^2} \cdot \frac{1}{\omega^2 L_a}$$

10.10.2

Falls die Schaltung b durch einen ohmschen Widerstand und einen Kondensator realisiert werden soll, müssen die Bedingungen

$$R_b \geq 0 \qquad C_b \geq 0$$

erfüllt sein. Wir beginnen mit der Untersuchung der linken Ungleichung: Da in dem Ergebnis für R_b bis auf R_a nur positive Größen auftreten, ist R_b sicher positiv, wenn R_a positiv ist, d.h., der Widerstand R_a muß ebenfalls ein ohmscher Widerstand sein. Aus der 2. Ungleichung folgt

$$C_b = -\frac{(1-\omega^2 L_a C_a)^2 + (\omega C_a R_a)^2}{1-\omega^2 L_a C_a + (\omega C_a R_a)^2} \cdot \frac{1}{\omega^2 L_a} \geq 0$$

Da abgesehen vom Nenner des Bruches alle Größen stets positiv sind, ist die Ungleichung für den Fall

$$1-\omega^2 L_a C_a + (\omega C_a R_a)^2 \leq 0$$

erfüllt. Hieraus folgt

$$\omega^2 \{ L_a C_a - (C_a R_a)^2 \} \geq 1$$

oder

$$L_a C_a (1 - \frac{C_a}{L_a} R_a^2) \geq \frac{1}{\omega^2} > 0$$

Das heißt aber, daß auch der Klammerausdruck auf der linken Seite die Ungleichung

$$1 - \frac{C_a}{L_a} R_a^2 > 0 \quad \rightarrow \quad R_a < \sqrt{\frac{L_a}{C_a}}$$

erfüllen muß. Mit diesem Ergebnis erhalten wir die Bedingung für die Kreisfrequenz:

$$\omega^2 > \frac{1}{L_a C_a} \frac{1}{1 - \frac{C_a}{L_a} R_a^2}$$

d.h.: die Umwandlung der Schaltung a in die Schaltung b ist nur oberhalb einer Frequenz möglich, deren Größe durch die letzte Ungleichung gegeben ist.

Dieses Ergebnis läßt sich unmittelbar an Hand der Schaltung veranschaulichen: Bei tiefen Frequenzen sperrt der Kondensator C_a den Strom durch den linken Zweig der Schaltung a, so daß die Impedanz induktiven Charakter hat, d.h., diese Impedanz kann nicht durch die Reihenschaltung eines Widerstandes und eines Kondensators realisiert werden. Mit wachsender Kreisfrequenz überwiegt schließlich der Strom im linken Zweig der Schaltung a, so daß die Impedanz kapazitiven Charakter erhält. Nun kann diese Impedanz durch die Ersatzschaltung b realisiert werden.

Aufgabe 10.11

Gegeben ist die nebenstehende Schaltung

10.11.1 Man bestimme die Impedanz Z zwischen den Klemmen A und B als Funktion der Kreisfrequenz.

10.11.2 Man bestimme Z für die Kreisfrequenzen $\omega = 0$ und $\omega = \infty$. Wie läßt sich das Ergebnis unmittelbar an Hand der Schaltung physikalisch deuten?

10.11.3 Man berechne R_1 und R_2 so, daß Z unabhängig von ω ist. Wie groß wird hierbei Z?

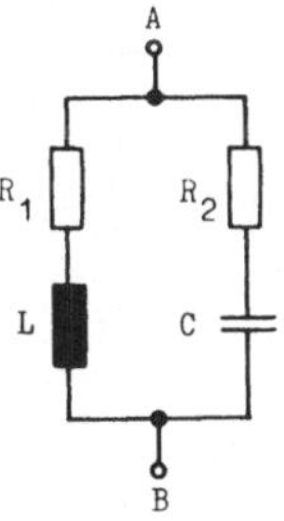

Bild 10.21

Lösung 10.11

10.11.1 Es liegt die Parallelschaltung zweier Zweige vor, folglich ist

$$Z = \frac{(R_1 + j\omega L)(R_2 + 1/j\omega C)}{R_1 + R_2 + j(\omega L - 1/\omega C)}$$
$$= \frac{R_1 R_2 + L/C + j(\omega L R_2 - R_1/\omega C)}{R_1 + R_2 + j(\omega L - 1/\omega C)}$$

10.11.2

Durch Einsetzen erhalten wir für

$$\omega = 0: \quad Z = R_1$$

und für

$$\omega = \infty: \quad Z = R_2$$

Diese Ergebnisse lassen sich unmittelbar aus der Schaltung ablesen: Für $\omega = 0$ bildet der Kondensator eine Unterbrechung und die Spule einen

Kurzschluß, so daß $Z = R_1$ wird. Bei $\omega = \infty$ fließt kein Strom durch die Spule und der Kondensator bildet einen Kurzschluß, so daß $Z = R_2$ wird.

10.11.3

Wir erkennen ohne große Rechnung: Wenn Z unabhängig von der Kreisfrequenz sein soll, muß dies auch bei $\omega = 0$ und $\omega = \infty$ der Fall sein. Für diese Frequenzen haben wir in Punkt 2 die Impedanzen $Z = R_1$ und $Z = R_2$ ermittelt, d.h., es muß $R_1 = R_2 = R$ sein. Es bleibt noch nachzuprüfen, ob die Impedanz Z auch für die übrigen Frequenzen gleich R wird. Hierzu setzen wir in dem Ausdruck für die Impedanz Z

$$R_1 = R_2 = R$$

und erhalten

$$Z = \frac{R^2 + L/C + jR(\omega L - 1/\omega C)}{2R + j(\omega L - 1/\omega C)}$$

$$= R\frac{R + \dfrac{1}{R}\dfrac{L}{C} + j(\omega L - 1/\omega C)}{2R + j(\omega L - 1/\omega C)}$$

Da die Imaginärteile im Zähler und Nenner von Z gleich sind, ist die Impedanz Z dann unabhängig von ω gleich R, wenn auch die Realteile von Zähler und Nenner gleich sind. Diese Forderung ist erfüllt für

$$R = \frac{1}{R}\frac{L}{C} \quad \rightarrow \quad R = \sqrt{\frac{L}{C}} \, .$$

Aufgabe 10.12

In dem gegebenen Zweipol sind die gleich großen ohmschen Widerstände veränderlich. Der Gleichlauf der Widerstände wird durch einen gemeinsamen Antrieb sichergestellt. Der Zweipol liegt an einer Wechselspannungsquelle mit fester Kreisfrequenz ω.

10.12.1 Man berechne die Zweipolimpedanz Z.

10.12.2 Die Impedanz Z des Zweipols soll für alle Werte R rein ohmsch sein. Welche Beziehung muß zwischen der Induktivität L und der Kapazität C bestehen, damit diese Forderung erfüllt wird? Man berechne für diesen Fall $Z(R)$.

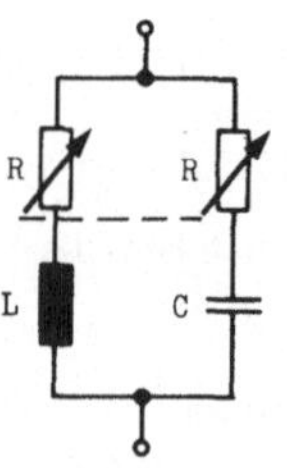

Bild 10.22

10.12.3 Wie groß ist $Z(R)$ für $R = 0$ und $R = \infty$? Man deute das Ergebnis physikalisch.

Lösung 10.12

10.12.1 Entsprechend zur Aufgabe 10.11.1 ist

$$Z = \frac{R^2 + L/C + jR(\omega L - 1/\omega C)}{2R + j(\omega L - 1/\omega C)}$$

10.12.2 Zur Lösung der Aufgabe benutzen wir die Methode, die wir in Aufgabe 10.2 kennengelernt haben:

$$Z \Rightarrow \text{reell:} \quad \frac{\text{Im}\{\textit{Zähler}(Z)\}}{\text{Re}\{\textit{Zähler}(Z)\}} = \frac{\text{Im}\{\textit{Nenner}(Z)\}}{\text{Re}\{\textit{Nenner}(Z)\}}$$

Wir setzen ein:

$$\frac{R(\omega L - \dfrac{1}{\omega C})}{R^2 + \dfrac{L}{C}} = \frac{\omega L - \dfrac{1}{\omega C}}{2R}$$

$$\left(R^2 - \frac{L}{C}\right)\left(\omega L - \frac{1}{\omega C}\right) = 0$$

und erhalten zwei Lösungen:

$$R^2 - \frac{L}{C} = 0 \quad \rightarrow \quad \frac{L}{C} = R^2$$

$$\omega L - \frac{1}{\omega C} = 0 \quad \rightarrow \quad LC = \frac{1}{\omega^2}$$

Die 1. Lösung scheidet aus, da L/C laut Aufgabenstellung konstant ist und R variabel. Die Lösung im Sinne der Aufgabenstellung lautet somit

$$LC = \frac{1}{\omega^2} \quad \text{mit} \quad Z = \frac{R}{2} + \frac{L}{2RC}$$

10.12.3 Für $R = 0$ und $R = \infty$ erhalten wir

$$Z = \infty.$$

Physikalische Deutung: Im Fall $R = 0$ entartet der Zweipol zu einem Parallelschwingkreis, der mit seiner Resonanzfrequenz betrieben wird.

Folglich ist $Z = \infty$. Im Fall $R = \infty$ kann kein Strom durch den Zweipol fließen, folglich ist Z ebenfalls unendlich.

Aufgabe 10.13

Gegeben ist ein Stromkreis aus den Elementen L, R_1, R_2 und dem Schalter S. An den Klemmen der Schaltung liegt eine sinusförmige Spannung mit der Amplitude $\hat{u}$ und der Kreisfrequenz ω.

Der Widerstand R_2 ist so zu bestimmen, daß die Amplitude des Stromes $i(t)$ bei offenem und geschlossenem Schalter gleich groß ist.

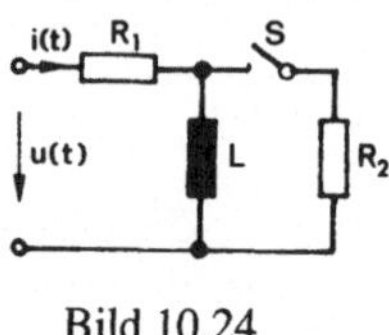

Bild 10.24

Lösung 10.13

Wir lösen die Aufgabe mit Hilfe der komplexen Amplituden und ersetzen in Bild 10.24 die Zeitfunktionen durch ihre komplexen Amplituden. Gleichgroße Amplituden des Stromes bedeuten, daß die Größe $|I|$ bei offenem und geschlossenem Schalter ebenfalls gleich groß sein muß. Wir berechnen deshalb die komplexe Stromamplitude für beide Fälle und setzen die Beträge gleich.

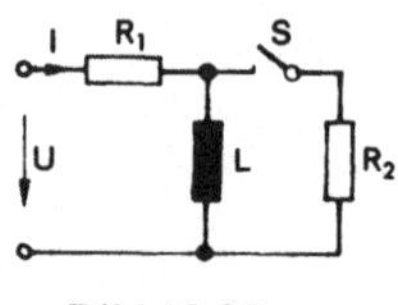

Bild 10.25

Schalter S geöffnet:

$$I' = \frac{U}{R_1 + j\omega L}$$

Schalter S geschlossen:

$$I'' = \frac{U}{R_1 + \dfrac{R_2\, j\omega L}{R_2 + j\omega L}} = U\,\frac{R_2 + j\omega L}{R_1 R_2 + j\omega L(R_1 + R_2)}$$

Wir setzen die Beträge oder einfacher die Betragsquadrate gleich

$$\left|\frac{U}{R_1 + j\omega L}\right|^2 = \left|U\,\frac{R_2 + j\omega L}{R_1 R_2 + j\omega L(R_1 + R_2)}\right|^2$$

$$\frac{1}{R_1^2 + (\omega L)^2} = \frac{R_2^2 + (\omega L)^2}{(R_1 R_2)^2 + (\omega L)^2 (R_1 + R_2)^2}$$

$$R_1^2 R_2^2 + (\omega L)^2 (R_1^2 + 2R_1 R_2 + R_2^2) = (R_1^2 + \omega^2 L^2)(R_2^2 + \omega^2 L^2)$$

$$2R_1 R_2 = \omega^2 L^2$$

Das Endergebnis lautet somit

$$R_2 = \frac{(\omega L)^2}{2R_1}$$

Aufgabe 10.14

Gegeben ist die nebenstehende Brückenschaltung.

10.14.1 Unter welcher Bedingung verschwindet die Spannung U_{23} (Abgleichbedingung)?

10.14.2 Unter welcher Bedingung ist U_{23} in
Phase mit U_{14}?

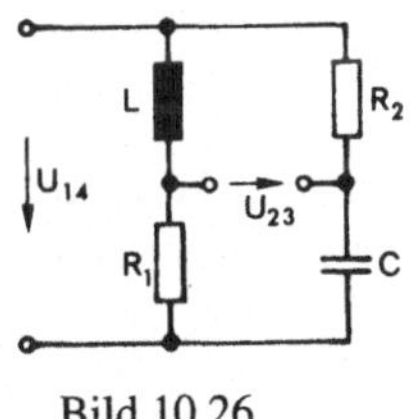

Bild 10.26

Lösung 10.14

10.14.1 Wir bestimmen zunächst die Spannung U_{23} aus einem Umlauf, z. B.
aus dem Umlauf zwischen den Punkten 2, 3 und 4 der Schaltung:

$$U_{23} = U_{24} - U_{34}$$

Für U_{24} und U_{34} erhalten wir mit Hilfe der Spannungsteilerregel (Aufgabe
10.1.1):

$$U_{24} = \frac{R_1}{R_1 + j\omega L} U_{14} \qquad U_{34} = \frac{1}{1 + j\omega C R_2}$$

Damit wird

$$U_{23} = U_{14} \left\{ \frac{R_1}{R_1 + j\omega L} - \frac{1}{1 + j\omega C R_2} \right\}$$

Laut Aufgabenstellung soll U_{23} gleich null sein:

$$U_{23} = U_{14} \left\{ \frac{R_1}{R_1 + j\omega L} - \frac{1}{1 + j\omega C R_2} \right\} = 0$$

$$\frac{R_1}{R_1 + j\omega L} = \frac{1}{1 + j\omega C R_2}$$

$$\frac{j\omega L}{R_1} = j\omega C R_2$$

$$\frac{L}{C} = R_1 R_2$$

d.h.: der Abgleich ist frequenzunabhängig. Bezeichnet man die Impedanzen der 4 Bauelemente mit Z_1 bis Z_4, so erhält aus diesem Ergebnisses die Abgleichbedingung einer Brücke:

$$\frac{Z_1}{Z_2} = \frac{Z_3}{Z_4}$$

10.14.2

Laut Aufgabenstellung sollen U_{23} und U_{14} in Phase sein; die Phasenwinkel sind also gleich groß:

$$U_{23} = \hat{u}_{23}\, e^{j\varphi} \qquad U_{14} = \hat{u}_{14}\, e^{j\varphi}$$

Oder anders ausgedrückt: Der Quotient aus U_{23} und U_{14} und ist positiv reell.

$$\frac{U_{23}}{U_{14}} = \frac{\hat{u}_{23}}{\hat{u}_{14}} = \frac{R_1}{R_1 + j\omega L} - \frac{1}{1 + j\omega C R_2} \Rightarrow \text{positiv reell}$$

Zur besseren Übersicht bringen wir den Ausdruck auf der rechten Seite auf einen Hauptnenner

$$\frac{\hat{u}_{23}}{\hat{u}_{14}} = \frac{R_1(1 + j\omega C R_2) - (R_1 + j\omega L)}{(1 + j\omega C R_2)(R_1 + j\omega L)} = \frac{j\omega(R_1 R_2 C - L)}{R_1 - \omega^2 LCR_2 + j\omega(L + R_1 R_2 C)}$$

Da der Zähler rein imaginär ist, wird der Bruch reell, wenn die Bedingung

$$\text{Re}\{Nenner\} = 0 = R_1 - \omega^2 LCR_2 \qquad\qquad (10.30)$$

oder

$$\omega^2 LC = \frac{R_1}{R_2}$$

erfüllt ist. Damit ist aber noch nicht gesichert, daß der Bruch auch positiv ist. Zur Klärung dieser Frage bestimmen wir unter Berücksichtigung von (10.30) das Verhältnis

$$\frac{\hat{u}_{23}}{\hat{u}_{14}} = \frac{R_1 R_2 C - L}{R_1 R_2 C + L}$$

In diesem Ausdruck sind alle Größen positiv, so daß der Bruch für

$$R_1 R_2 C - L > 0 \quad \rightarrow \quad R_1 R_2 > \frac{L}{C}$$

ebenfalls positiv wird, d.h.: U_{23} und U_{14} sind in Phase.

Aufgabe 10.15

Gegeben ist eine Brückenschaltung.

10.15.1 Man bestimme die Impedanz Z so, daß unabhängig von der Kreisfrequenz ω die komplexe Amplitude $U_{23} = 0$ ist.

10.15.2 Man gebe eine Schaltung an, deren Impedanz gleich Z ist.

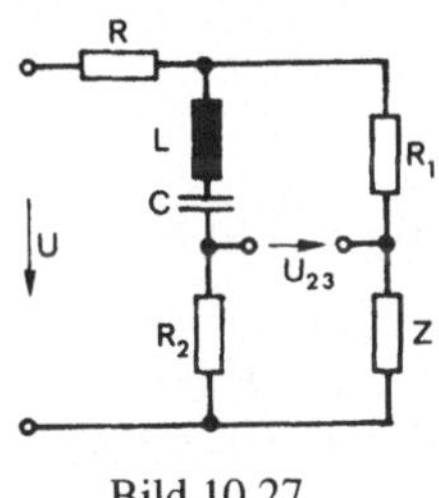

Bild 10.27

Lösung 10.15

10.15.1 Die Spannung $U_{23} = 0$ wird null, wenn die Abgleichbedingung (Aufgabe 10.14) erfüllt ist:

$$\frac{Z_1}{Z_2} = \frac{Z_3}{Z_4}$$

Wir setzen ein:

$$\frac{j\omega L + \dfrac{1}{j\omega C}}{R_2} = \frac{R_1}{Z}$$

$$Z = \frac{R_1 R_2}{j\omega L + \dfrac{1}{j\omega C}} = \frac{1}{j\omega \dfrac{L}{R_1 R_2} + \dfrac{1}{j\omega C R_1 R_2}}$$

10.15.2

Der Ausdruck für Z ist offensichtlich der Kehrwert einer Summe zweier Admittanzen. Da bei einer Parallelschaltung die Leitwerte addiert werden, können wir den Ausdruck als die Parallelschaltung der Admittanzen

$$j\omega \frac{L}{R_1 R_2} \quad \text{und} \quad \frac{1}{j\omega C R_1 R_2}$$

2*

auffassen. Durch einen Vergleich mit den Admittanzen der bekannten Bauelemente R, L und C erkennen wir, daß der 1. Ausdruck der Admittanz eines Kondensators entspricht

$$j\omega C' = j\omega \frac{L}{R_1 R_2} \rightarrow C' = \frac{L}{R_1 R_2}$$

und der 2. Ausdruck der Admittanz einer Spule

$$\frac{1}{j\omega L'} = \frac{1}{j\omega C R_1 R_2} \rightarrow L' = C R_1 R_2$$

Aufgabe 10.16

Gegeben ist die dargestellte Brückenschaltung. Die zur komplexen Amplitude U gehörende Zeitfunktion lautet

$$u(t) = \hat{u}\sin\omega t .$$

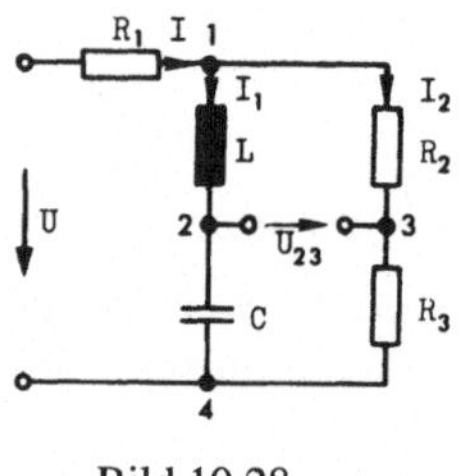

Bild 10.28

10.16.1 Man berechne U_{23} als Funktion der Schaltelemente, der Amplitude $\hat{u}$ und der Frequenz ω.

10.16.2 Welche Beziehung muß zwischen den Größen L und C bestehen, damit U_{23} unabhängig von R_1 und R_2 wird?

10.16.3 Wie kann das Ergebnis von Punkt 2 an Hand der Schaltung physikalisch gedeutet werden?

10.16.4 Man berechne $u_{23}(t)$ für die unter Punkt 2 ermittelte Beziehung zwischen L und C.

Lösung 10.16

10.16.1 Wir berechnen ähnlich wie in Aufgabe 10.14 das Verhältnis U_{23} / U. Aus einem Umlauf zwischen den Punkten 2, 3 und 4 ergibt sich:

$$U_{23} = U_{24} - U_{34}$$

Wegen des Widerstandes R_1 können wir die Spannungen nicht einfach nach der Spannungsteilerregel durch U ausdrücken. Wir führen deshalb als Hilfsgrößen den Gesamtstrom I und die Zweigströme I_1 (linker Zweig) und I_2 (rechter Zweig) ein.

Es ist dann:

$$U_{23} = \frac{I_1}{j\omega C} - R_3 I_2$$

Zur Berechnung der Zweigströme benutzen wir die Stromteilerregel aus Aufgabe 10.1.2:

$$I_1 = \frac{R_2 + R_3}{R_2 + R_3 + j(\omega L - \dfrac{1}{\omega C})} I \qquad I_2 = \frac{j(\omega L - \dfrac{1}{\omega C})}{R_2 + R_3 + j(\omega L - \dfrac{1}{\omega C})} I$$

Damit wird

$$U_{23} = \frac{I}{R_2 + R_3 + j(\omega L - \dfrac{1}{\omega C})} \left\{ \frac{R_2 + R_3}{j\omega C} - j(\omega L - \frac{1}{\omega C})R_3 \right\}$$

Für den Gesamtstrom ergibt sich

$$I = \frac{U}{Z_{ges}} = \frac{U}{R_1 + \dfrac{(R_2 + R_3)j(\omega L - 1/\omega C)}{R_2 + R_3 + j(\omega L - 1/\omega C)}}$$

Wir setzen ein:

$$U_{23} = \frac{U}{\left\{ R_2 + R_3 + j(\omega L - \dfrac{1}{\omega C}) \right\} \left\{ R_1 + \dfrac{(R_2 + R_3)j(\omega L - 1/\omega C)}{R_2 + R_3 + j(\omega L - 1/\omega C)} \right\}} \cdot$$

$$\cdot \left\{ \frac{R_2 + R_3}{j\omega C} - j(\omega L - \frac{1}{\omega C})R_3 \right\}$$

$$U_{23} = \frac{U}{R_1(R_2 + R_3) + j(R_1 + R_2 + R_3)(\omega L - \dfrac{1}{\omega C})} \left\{ \frac{R_2 + R_3}{j\omega C} - j(\omega L - \frac{1}{\omega C})R_3 \right\}$$

In diesem Ausdruck tritt die komplexe Amplitude der gegebenen Spannung $u(t)$ auf, die wir nun berechnen wollen. Der einfachste Weg ist, die Größe $u(t)$ in eine cos-Funktion umzuwandeln:

$$u(t) = \hat{u}\sin \omega t = \hat{u}\cos(\omega t - \frac{\pi}{2})$$

Hieraus erhalten wir zusammen mit der Definition der komplexen Amplitude das Ergebnis:

$$U = \hat{u}\,e^{j\varphi} = \hat{u}\,e^{-j\pi/2} = -j\hat{u}$$

Damit ergibt sich

$$U_{23} = \frac{-\hat{u}}{R_1(R_2 + R_3) + j(R_1 + R_2 + R_3)(\omega L - \dfrac{1}{\omega C})}\left\{\frac{R_2 + R_3}{\omega C} + (\omega L - \frac{1}{\omega C})R_3\right\}$$

10.16.2

U_{23} hängt dann nicht mehr von R_2 und R_3, wenn die Koeffizienten der Glieder mit R_2 und R_3 gleich null sind. Bevor wir diese Überlegung auf den Ausdruck anwenden, wollen wir in diesem Ausdruck die Zahl der Glieder mit R_2 und R_3 reduzieren, indem wir im Zähler und Nenner $R_2 + R_3$ ausklammern und anschließend kürzen:

$$U_{23} = \frac{-\hat{u}}{R_1 + j\dfrac{R_1 + R_2 + R_3}{R_2 + R_3}(\omega L - \dfrac{1}{\omega C})}\left\{\frac{1}{\omega C} + \frac{\omega L - \dfrac{1}{\omega C}}{R_2 + R_3}R_3\right\}$$

Offensichtlich hängt U_{23} nicht mehr von R_2 und R_3 ab, wenn die Bedingung

$$\omega L - \frac{1}{\omega C} = 0 \;\rightarrow\; LC = \frac{1}{\omega^2}$$

erfüllt ist.

10.16.3

Die Bedingung $LC = 1/\omega^2$ bedeutet den Resonanzfall des Reihenschwingkreises, d.h., die Impedanz zwischen den Punkten 1 und 4 der Schaltung ist null. Daraus folgt weiter, daß unabhängig von R_2 und R_3 auch $I_2 = 0$ und $U_{34} = 0$ ist und U_{23} deshalb nicht von R_2 und R_3 abhängt.

10.16.4

Wir bestimmen zunächst U_{23} für den Resonanzfall

$$U_{23} = \frac{-\hat{u}}{\omega C R_1}$$

Hieraus folgt für:

$$u_{23}(t) = \mathrm{Re}\{U_{23}\,e^{j\omega t}\} = \mathrm{Re}\{\frac{-\hat{u}}{\omega C R_1}\,e^{j\omega t}\}$$

$$= -\frac{\hat{u}}{\omega C R_1}\cos\omega t$$

Auch dieses Ergebnis läßt sich unmittelbar aus der Schaltung ablesen. Da der Serienschwingkreis mit der Resonanzfrequenz betrieben wird, fließt der gesamte Strom ausschließlich über den linken Zweig und ist wegen des Resonanzfalles in Phase mit $u(t)$. Die Spannung an dem Kondensator, die gleich $u_{23}(t)$ ist, eilt dem Strom um $\pi/2$ nach, so daß

$$u_{23}(t) = \frac{\hat{u}}{\omega C R_1}\sin(\omega t - \frac{\pi}{2}) = -\frac{\hat{u}}{\omega C R_1}\cos\omega t$$

wird.

10.2 Ortskurven

Aufgabe 10.17

In der nebenstehenden Schaltung ist die Kapazität C des Kondensators im Bereich von 0 bis ∞ veränderlich. Die Eingangsspannung beträgt $u(t) = \hat{u}\sin\omega t$.

10.17.1 Man ermittle die komplexe Amplitude U_2 der Spannung $u_2(t)$ als Funktion von C.

10.17.2 Man skizziere den $U_2 / \hat{u} = f(C)$ in der komplexen Zahlenebene.

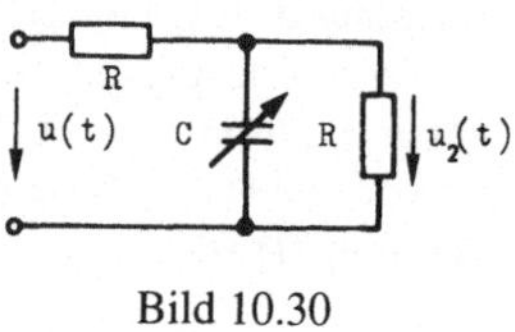

Bild 10.30

Lösung 10.17

10.17.1 Wir ersetzen in der Schaltung die Spannungen durch ihre komplexen Amplituden. Es gilt dann nach der Spannungsteilerregel:

$$\frac{U_2}{U} = \frac{1}{2 + j\omega CR} \; .$$

Zur einfachen Bestimmung von U wandeln wir $u(t)$ in eine cos-Funktion um:

$$u(t) = \hat{u}\cos(\omega t - \frac{\pi}{2})$$

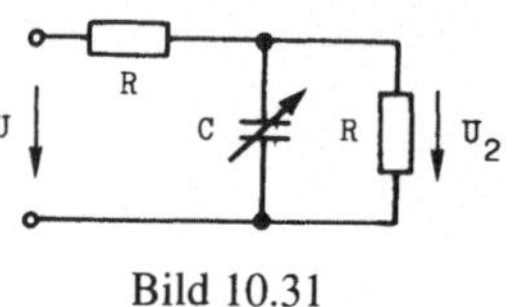

Bild 10.31

und erhalten aus der Definitionsgleichung der komplexen Amplitude das Ergebnis:

$$U = \hat{u}\,e^{-j\pi/2} = -j\,\hat{u}$$

Damit wird

$$\frac{U_2}{\hat{u}} = \frac{-j}{2 + j\omega CR} = \frac{1}{2j - \omega CR} \; .$$

10.17.2

Wir betrachten zunächst den Teil des Ausdruckes, dessen Ortskurve einfach zu ermitteln ist. Da die Variable C nur im Realteil des Nenners auftritt, ist die Ortskurve des Nenners für $\omega > 0$ eine Halbgerade, die im Abstand von $2j$ parallel zur negativ-reellen Achse verläuft (Bild 10.32).

Die anschließende Inversion ergibt wegen der Kreisverwandtschaft einen Halbkreis. Die Lage des Halbkreises erhalten wir aus folgenden Überlegungen:

1. Der unendlich ferne Punkt wird in den Nullpunkt abgebildet.

2. Der Punkt $2j$ wird auf die negativ-imaginäre Achse abgebildet. Wegen der Winkeltreue müssen die ursprüngliche und die invertierte Ortskurve die imaginäre Achse senkrecht schneiden. Damit ist die Lage des Kreismittelpunktes bekannt (Bild 10.33).

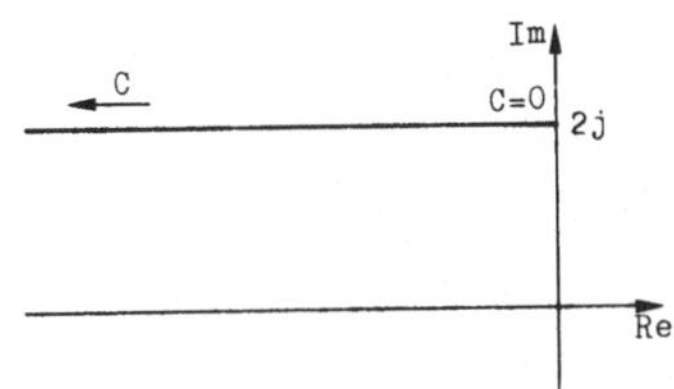

Bild 10.32

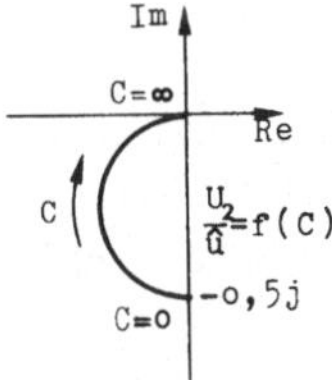

Bild 10.33

Aufgabe 10.18

Die Frequenz einer Wechselspannung soll mit Hilfe der dargestellten Brückenschaltung bestimmt werden (Wien-Brücke). Die beiden Drehkondensatoren C sind mechanisch miteinander gekoppelt, so daß sie nur gemeinsam verstellt werden können.

10.18.1 Man bestimme die Frequenz und das Verhältnis von R_1 / R_2 so, daß die Spannung U_{23} gleich null wird.

10.18.2 Man bestimme die Funktion $U_{23} / U_{14} = f(RC)$ und skizziere ihren Verlauf in der komplexen Zahlenebene in Abhängigkeit von $\tau = RC$.

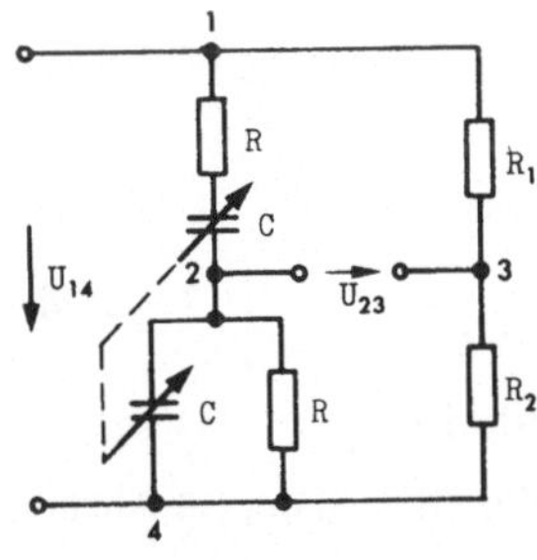

Bild 10.34

Lösung 10.18

10.18.1 Wir bestimmen zunächst U_{23} und benutzen hierzu das Ergebnis von Aufgabe 10.14:

$$\frac{U_{23}}{U_{14}} = \frac{Z_2}{Z_1 + Z_2} - \frac{Z_4}{Z_3 + Z_4}$$

$$\frac{U_{23}}{U_{14}} = \frac{\dfrac{R/j\omega C}{R + 1/\omega C}}{R + \dfrac{1}{j\omega C} + \dfrac{R/j\omega C}{R + 1/\omega C}} - \frac{R_2}{R_1 + R_2}$$

$$= \frac{R}{(R + \dfrac{1}{j\omega C})(1 + j\omega CR) + R} - \frac{R_2}{R_1 + R_2}$$

$$= \frac{R}{3R + j\omega CR^2 + \dfrac{1}{j\omega C}} - \frac{R_2}{R_1 + R_2}$$

Laut Aufgabenstellung soll U_{23} gleich null sein:

$$\frac{U_{23}}{U_{14}} = 0 = \frac{1}{3 + j(\omega CR - \dfrac{1}{\omega CR})} - \frac{R_2}{R_1 + R_2}$$

Hieraus folgt:

$$\frac{R_1 + R_2}{R_2} = 3 + j(\omega CR - \frac{1}{\omega CR})$$

Diese Gleichung muß getrennt nach Real- und Imaginärteil erfüllt sein:

$$\frac{R_1 + R_2}{R_2} = 3 \;\rightarrow\; \frac{R_1}{R_2} = 2$$

$$\omega CR - \frac{1}{\omega CR} = 0 \;\rightarrow\; \omega = \pm\frac{1}{RC}$$

10.18.2

Wir erhalten mit der Abkürzung $\tau = RC$

$$\frac{U_{23}}{U_{14}} = \frac{1}{3 + j(\omega\tau - \dfrac{1}{\omega\tau})} - \frac{1}{3}. \tag{10.32}$$

Bei der Ermittlung der Ortskurve gehen wir genauso vor wie in Aufgabe 10.17: Wir betrachten zunächst die Teile des Ausdruckes, deren Ortskurve wir unmittelbar angeben können. Da die Variable τ nur im Imaginärteil des Nenners auftritt, ist die Ortskurve des Nenners eine Gerade, die im Abstand +3 parallel zur imaginären Achse verläuft und die reelle Achse bei $\tau = 1/\omega$ schneidet (Bild 10.35).

Anschließend wird die Gerade entsprechend Gl. (10.32) invertiert. Es entsteht ein Kreis, der durch den Koordinaten-Nullpunkt verläuft und die reelle Achse bei +1/3 schneidet (Bild 10.36). Im nächsten Schritt berücksichtigen wir die Konstante -1/3, die lediglich eine Verschiebung des Kreises um den Wert 1/3 nach links bewirkt (Bild 10.37). Man beachte, daß in Bild 10.35 einerseits und den Bildern 10.36 und 10.37 andererseits aus zeichentechnischen Gründen ein unterschiedlicher Maßstab gewählt wurde.

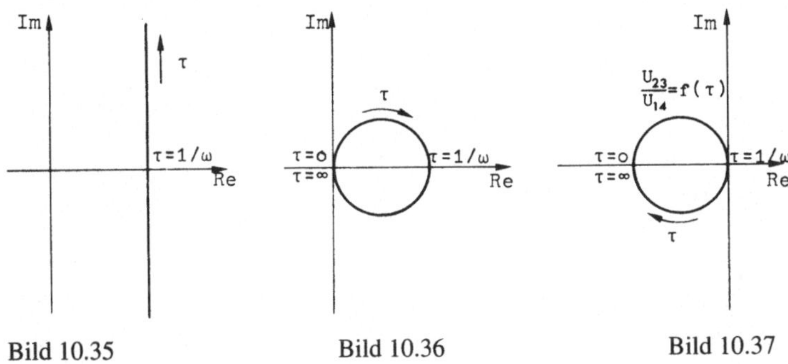

Bild 10.35   Bild 10.36   Bild 10.37

Aufgabe 10.19

Ein Netz aus den Elementen Z_1, Z_2 und Z_3 wird von zwei Wechselspannungsgeneratoren gleicher Frequenz gespeist. Die komplexen Amplituden der Generatorspannungen sind

$$U_1 = \hat{u} \quad \text{und} \quad U_2 = \hat{u}\,e^{j\varphi}$$

10.19.1 Man bestimme U_3 als Funktion der gegebenen Größen.

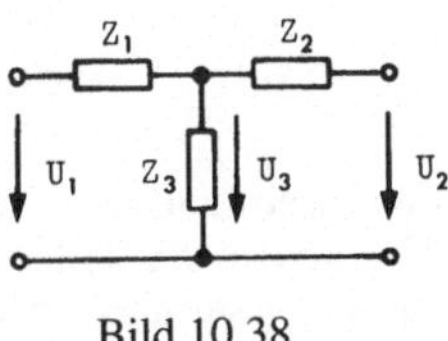

Bild 10.38

10.19.2 Man bestimme die Funktion $U_3 / \hat{u} = f(\varphi)$ für den Fall $Z_1 = j\omega L$, $Z_2 = 1 / j\omega C$, $Z_3 = R$ und $\omega^2 = 1 / LC$ und skizziere ihren Verlauf in der komplexen Zahlenebene in Abhängigkeit von φ.

Lösung 10.19

10.19.1 Nach dem Überlagerungssatz ergibt sich zusammen mit dem Ergebnis der Grundaufgabe 10.1.1 (Spannungsteiler) folgende Gleichung für U_3:

$$U_3 = \frac{Z_2 Z_3 + Z_1 Z_3\, e^{j\varphi}}{Z_1 Z_2 + Z_2 Z_3 + Z_1 Z_3}\, \hat{u}$$

Mit den gegebenen Werten

$$Z_1 = j\omega L, \; Z_2 = 1 / j\omega C, \; Z_3 = R \text{ und } \omega^2 = 1 / LC$$

erhalten wir

$$\frac{U_3}{\hat{u}} = \frac{\dfrac{R}{j\omega C} + j\omega L R\, e^{j\varphi}}{\dfrac{j\omega L}{j\omega C} + \dfrac{R}{j\omega C} + j\omega L R} = \frac{R(1 - \omega^2 LC\, e^{j\varphi})}{R(1 - \omega^2 LC) + j\omega L}$$

$$= \frac{R}{j\omega L}(1 - e^{j\varphi}) = -jR\sqrt{\frac{C}{L}}(1 - e^{j\varphi})$$

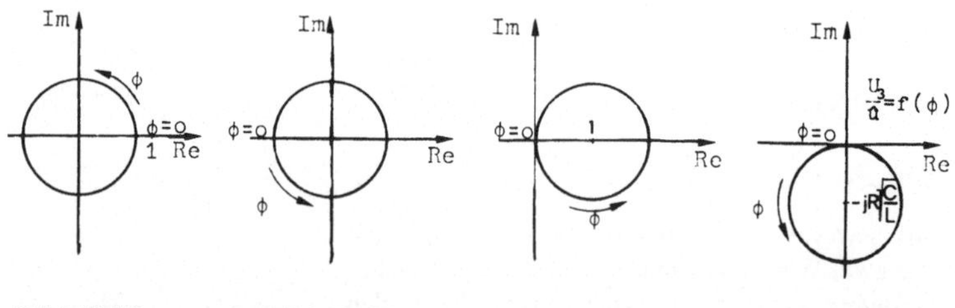

Bild 10.39   Bild 10.40   Bild 10.41   Bild 10.42

Zur Ermittlung der Ortskurve $U_3 / \hat{u} = f(\varphi)$ betrachten wir zunächst den Teil, in dem die Variable φ auftritt. Bekanntlich ist $e^{j\varphi}$ eine komplexe Zahl mit dem konstanten Betrag 1 und dem Erhebungswinkel φ. Da φ variabel ist, ist die Ortskurve von $e^{j\varphi}$ der Einheitskreis (Bild 10.39). Im nächsten Schritt ermitteln wir die Ortskurve von $e^{-j\varphi}$. Die Vorzeichenumkehr bedeutet eine Spiegelung am Nullpunkt, d.h.: wir erhalten wiederum einen Einheitskreis, dessen φ-Skala aber um den Wert π gedreht ist (Bild 10.40). Der nächste Schritt ergibt eine Verschiebung um +1 (Bild 10.41). Bei der Multiplikation mit dem Faktor $-jR\sqrt{C/L}$ betrachten wir zunächst die Wirkung von -j. Wegen

$$-j = e^{-j\pi/2}$$

wird jeder Zeiger um den Winkel $\pi/2$ gedreht, d.h.: der Kreis wird um den Nullpunkt um den Winkel $\pi/2$ gedreht. Die Multiplikation mit dem reellen Faktor $R\sqrt{C/L}$ ergibt eine Streckung, die wir in Bild 10.42 durch eine Maßstabsänderung berücksichtigen.

Aufgabe 10.20

Gegeben ist der dargestellte Zweipol.

10.20.1 Man bestimme die Impedanz $Z(\omega)$ zwischen den Klemmen A und B des nebenstehenden Zweipols.

10.20.2 Bei welchen Kreisfrequenzen ω kann der Zweipol durch einen ohmschen Widerstand ersetzt werden?

10.20.3 Man skizziere die Ortskurve von $Z(\omega)$ für $\omega \geq 0$.

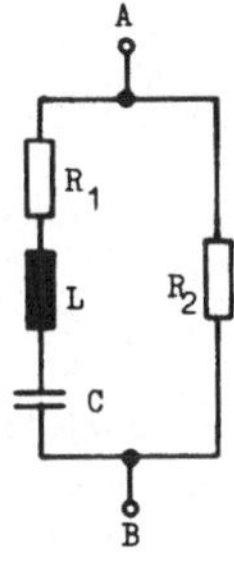

Bild 10.43

Lösung 10.20

10.20.1 Es ist

$$Z(\omega) = \frac{1}{Y(\omega)} = \cfrac{1}{\cfrac{1}{R_1 + j(\omega L - \cfrac{1}{\omega C})} + \cfrac{1}{R_2}}$$

10.20.2

Die Fragestellung ist identisch mit der Frage nach den Kreisfrequenzen, für die die Bedingung $\mathrm{Im}\{Z\} = 0$ erfüllt ist. Wir zerlegen deshalb den Ausdruck für Z in Real- und Imaginärteil und setzen den Imaginärteil gleich null:

$$Z(\omega) = \frac{R_1 R_2 + jR_2(\omega L - \dfrac{1}{\omega C})}{R_1 + R_2 + j(\omega L - \dfrac{1}{\omega C})} = \frac{\omega C R_1 R_2 + jR_2(\omega^2 LC - 1)}{\omega C(R_1 + R_2) + j(\omega^2 LC - 1)}$$

$$= \frac{(\omega C)^2 R_1 R_2(R_1 + R_2) + R_2(\omega^2 LC - 1)^2 + j\omega C R_2^2(\omega^2 LC - 1)}{\{\omega C(R_1 + R_2)\}^2 + (\omega^2 LC - 1)^2}$$

Es ist also

$$\mathrm{Im}\{Z\} = 0 = \frac{\omega C R_2^2(\omega^2 LC - 1)}{\{\omega C(R_1 + R_2)\}^2 + (\omega^2 LC - 1)^2}$$

Einen Teil der Nullstellen dieses Bruches erhalten wir durch Nullsetzen des Zählers:

    1. Nullstelle: $\qquad \omega = 0$

    2. Nullstelle: $\qquad \omega^2 LC - 1 = 0 \;\rightarrow\; \omega = \pm\dfrac{1}{\sqrt{LC}}$

Eine weitere Nullstelle liegt bei $\omega = \infty$, weil die höchste Potenz von ω im Nenner um 1 größer ist als im Zähler:

    3. Nullstelle: $\qquad \omega = \infty$

Dieses Ergebnis können wir auch unmittelbar aus der Schaltung ablesen: Bei $\omega = 0$ und $\omega = \infty$ ist die Impedanz des linken Zweiges unendlich, so daß Z rein reell gleich R_2 wird. Bei der Resonanzfrequenz ist die Impedanz des Reihenschwingkreises gleich R_1, so daß Z ebenfalls rein reell wird, und zwar gleich der Parallelschaltung von R_1 und R_2.

10.20.3

Wir wissen aus dem Abschnitt "Ortskurven" des Bandes "Grundlagen der Elektrotechnik III", daß die Impedanz- und Admittanz-Ortskurven von reinen Reihen- und Parallelschaltungen Geraden bzw. Kreise sind. Es liegt deshalb der Gedanke nahe, die Schaltung in solche Teile zu zerlegen, deren Ortskurven bekannt und einfach zu konstruieren sind. Anschließend müssen die Teil-Ortskurven entsprechend der Zerlegungsvorschrift zusammengesetzt werden.

In unserem Beispiel liegt die Parallelschaltung eines Reihenschwingkreises und eines ohmschen Widerstandes vor, wir schreiben deshalb die Admittanz der Schaltung als die Summe der Admittanzen der beiden Zweige:

$$Y(\omega) = \cfrac{1}{R_1 + j(\omega L - \cfrac{1}{\omega C})} + \frac{1}{R_2}$$

Die Ortskurve des 1. Summanden ist die Admittanz-Ortskurve eines Reihen-schwingkreises, also ein Kreis mit dem Durchmesser $1/R_1$. Der zweite Summand bewirkt eine Verschiebung des Kreises um den Wert $1/R_2$ (Bild 10.44):

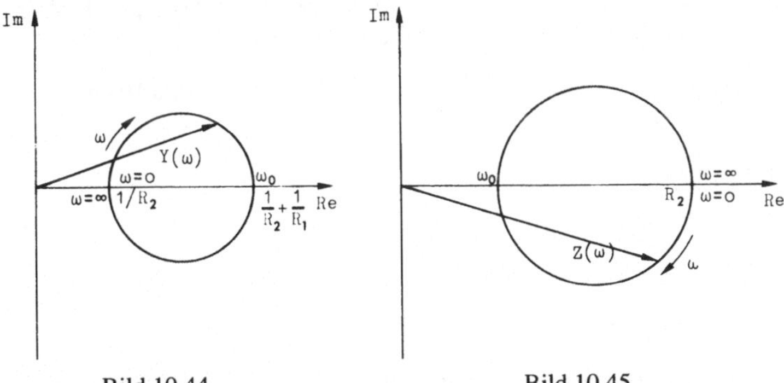

Bild 10.44   Bild 10.45

Gesucht ist aber die Ortskurve von $Z(\omega)$, die wir durch Inversion der Orts-kurve $Y(\omega)$ erhalten. Da die Inversion von Kreisen wiederum Kreise oder Geraden als Spezialfall eines Kreises ergibt, genügt es, drei Punkte zu invertieren, weil ein Kreis durch drei Punkte eindeutig bestimmt ist. Die Inversion wird noch einfacher, wenn wir zwei Punkte invertieren, die in der invertierten Ortskurve Durchmesserpunkte werden.

In unserem Beispiel haben die Punkte für $\omega = 0$ und $\omega = \pm 1/\sqrt{LC}$ diese Eigenschaft, und zwar aus folgendem Grunde: In der Ortskurve $Z(\omega)$ liegen diese Punkte wegen des Abbildungsgesetzes wie in der Y-Ebene auf der reellen Achse. Andererseits schneidet die invertierte Ortskurve die reelle Achse wegen der Winkeltreue senkrecht, d.h. die Punkte $\omega = 0$ und $\omega = \pm 1/\sqrt{LC}$ sind Durchmesserpunkte der Ortskurve $Z(\omega)$. Damit liegt auch der Mittelpunkt des Kreises fest (Bild 10.45).

Aufgabe 10.21

Gegeben ist der dargestellte Zweipol.

10.21.1 Man ermittle die Impedanz Z des Zweipols.

10.21.2 Bei welchen Kreisfrequenzen wird der Imaginärteil der Impedanz bzw. der Admittanz gleich null?

10.21.3 Man skizziere die Ortskurve von $Z(\omega)$ für $\omega \geq 0$ in der komplexen Ebene, und zwar für die Fälle $R < \sqrt{L/C}$, $R = \sqrt{L/C}$ und $R > \sqrt{L/C}$.

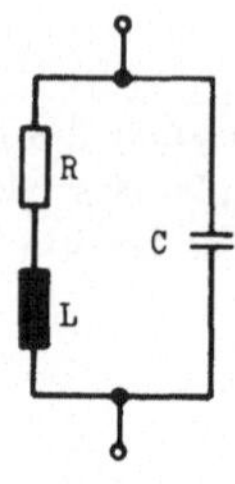

Bild 10.46

Lösung 10.21

10.21.1 Es ist

$$Z(\omega) = \frac{1}{Y(\omega)} = \frac{1}{j\omega C + \dfrac{1}{R + j\omega L}}$$

10.21.2

Wir untersuchen zunächst die Bedingung $\mathrm{Im}\{Y(\omega)\} = 0$, bilden hierzu aus der Beziehung für $Y(\omega)$ den Imaginärteil

$$Y(\omega) = j\omega C + \frac{1}{R + j\omega L}$$

$$= \frac{R}{R^2 + (\omega L)^2} + j\left(\omega C - \frac{\omega L}{R^2 + (\omega L)^2}\right)$$

und setzen den Imaginärteil gleich null:

$$\mathrm{Im}\{Y\} = 0 = \omega C - \frac{\omega L}{R^2 + (\omega L)^2}$$

$$0 = \omega\left(C - \frac{L}{R^2 + (\omega L)^2}\right)$$

Hieraus ergeben sich die Lösungen

$$\omega_1 = 0$$

und

$$C - \frac{L}{R^2 + (\omega L)^2} = 0 \;\rightarrow\; \omega_2 = \pm\sqrt{\frac{1}{LC} - \frac{R^2}{L^2}} = \pm\sqrt{\frac{1}{LC}\left(1 - R^2\frac{C}{L}\right)} \quad (10.33)$$

Zur Lösung der Gleichung $\mathrm{Im}\{Z\} = 0$ bestimmen wir den Imaginärteil der Impedanz $Z(\omega)$:

$$Z(\omega) = \frac{R + j\omega L}{1 - \omega^2 LC + j\omega CR} \cdot \frac{1 - \omega^2 LC - j\omega CR}{1 - \omega^2 LC - j\omega CR}$$

$$= \frac{R(1 - \omega^2 LC) + \omega^2 LCR + j\{\omega L(1 - \omega^2 LC) - \omega CR^2\}}{(1 - \omega^2 LC)^2 + (\omega CR)^2}$$

$$\mathrm{Im}\{Z(\omega)\} = 0 = \frac{\omega\{L(1 - \omega^2 LC) - CR^2\}}{(1 - \omega^2 LC)^2 + (\omega CR)^2}$$

Da Zähler und Nenner nicht gleichzeitig null werden, genügt es, die Nullstellen des Zählers zu suchen

1. Lösung: $\qquad \omega_1 = 0$

2. Lösung: $\qquad \omega_2 = \pm\sqrt{\dfrac{1}{LC}\left(1 - R^2\dfrac{C}{L}\right)}$

Eine 3. Nullstelle liegt bei $\omega = \infty$, weil die höchste Potenz von ω im Nenner um eins größer ist als im Zähler.

3. Lösung: $\qquad \omega_3 = \infty$

Der Imaginärteil von $Z(\omega)$ hat also eine Nullstelle mehr als der Imaginärteil von $Y(\omega)$. Dieses Verhalten ist darauf zurückzuführen, daß $Z(\omega)$ und damit auch der Imaginärteil bei $\omega = \infty$ gleich null wird, während $Y(\omega)$ unendlich wird.

10.21.3

Zur Ermittlung der Ortskurve gehen wir genauso vor wie in Aufgabe 10.20: Zunächst zerlegen wir die Schaltung in solche Teile, deren Ortskurve wir unmittelbar angeben können. Offensichtlich sind in diesem Beispiel die Ortskurven der beiden Zweige geometrisch einfach zu konstruieren. Wir schreiben deshalb

$$Y(\omega) = Y_1(\omega) + Y_2(\omega)$$

$$= \frac{1}{R + j\omega L} + j\omega C$$

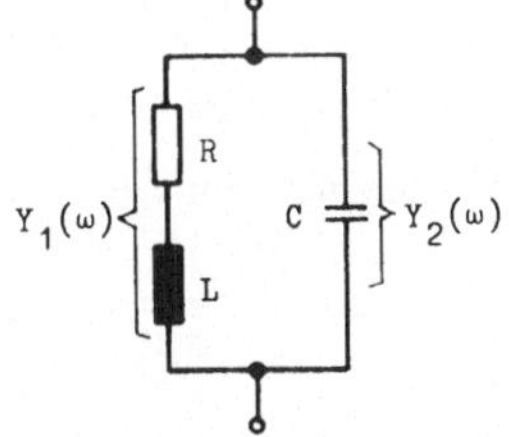

Bild 10.47

Die Ortskurve von $Y_1(\omega)$ ist nach den Ausführungen des Bandes "Grundlagen der Elektrotechnik III" ein Halbkreis mit dem Durchmesser $1/R$ (Bild 10.48), während $Y_2(\omega)$ für $\omega \geq 0$ mit der positiv-imaginären Achse zusammenfällt (Bild 10.49).

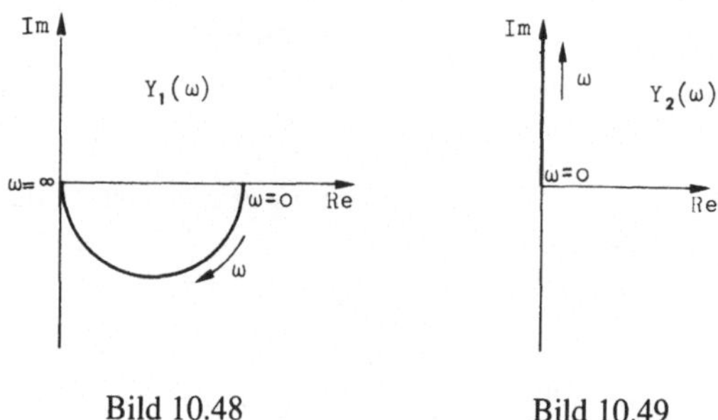

Bild 10.48   Bild 10.49

Diese beiden Ortskurven müssen nun entsprechend der Vorschrift

$$Y(\omega) = Y_1(\omega) + Y_2(\omega)$$

zusammengefügt werden. Für die zeichnerische Ermittlung genügt es, einige ausgezeichnete Frequenzen zu betrachten, und zwar die Bereiche

$$\omega \to 0 \quad \text{und} \quad \omega \to \infty$$

und die Frequenzen, bei denen die Ortskurve die reelle Achse schneidet, für die also der Imaginärteil von Y null ist. Außerdem ist die Kenntnis der folgenden Eigenschaft von Ortskurven aus den Elementen R, L und C nützlich: Die Ortskurven verlaufen für $\omega \to 0$ und $\omega \to \infty$ entweder senkrecht oder tangential zu den Achsen des Koordinatensystems. Diese Eigenschaft folgt aus der Tatsache, daß der Realteil von Z stets eine gerade Funktion und der Imaginärteil eine ungerade Funktion in ω ist.

Wir beginnen mit den Bereichen

$$\omega \to 0: \quad Y(\omega) \to \frac{1}{R}$$

$$\omega \to \infty: \quad Y(\omega) \to Y_2(\omega)$$

d.h. die Ortskurve nähert sich für $\omega \to \infty$ asymptotisch der Ortskurve $Y_2(\omega)$, also der positiv-imaginären Achse. Wir betrachten nun die Schnittpunkte der Ortskurve mit der reellen Achse: Aus dem Ergebnis (10.33) aus Aufgabe 10.21.2 geht hervor, daß ω_2 je nach der Größe von R reell oder imaginär wird, d.h. die Ortskurve schneidet oder schneidet nicht die reelle Achse bei einer endlichen Kreisfrequenz . Wir unterscheiden deshalb die 3 Fälle

1. Fall: $\qquad R < \sqrt{\dfrac{L}{C}} \rightarrow \omega_2$ ist reell $\qquad$ (Schnittpunkt)

2. Fall $\qquad R = \sqrt{\dfrac{L}{C}} \rightarrow \omega_2 = \omega_1 = 0 \qquad$ (Berührpunkt)

3. Fall $\qquad R > \sqrt{\dfrac{L}{C}} \rightarrow \omega_2$ ist imaginär $\quad$ (kein Schnittpunkt)

Schließlich beachten wir, daß die Ortskurve bei $\omega = 0$ nur senkrecht oder tangential zur reellen Achse verlaufen kann. Mit diesen Kenntnissen über den Verlauf versuchen wir, die Ortskurven für die genannten 3 Fälle zu skizzieren:

1. $R < \sqrt{L/C}$: In diesem Fall kann die Ortskurve bei $\omega = 0$ nur senkrecht nach unten beginnen, andernfalls wäre kein weiterer Schnittpunkt mit der reellen Achse möglich. Der Fall des tangentialen Verlaufes scheidet aus, weil das eine Doppelnullstelle voraussetzten würde (Bild 10.50).

2. $R = \sqrt{L/C}$: Hier liegt eine Doppelnullstelle in $\omega = 0$ vor, d.h. die Ortskurve verläuft in $\omega = 0$ tangential zur reellen Achse. Da sonst kein weiterer Schnittpunkt mit der reellen Achse existiert, verläuft $Y(\omega)$ ausschließlich im 1. Quadranten mit der imaginären Achse als Asymptote (Bild 10.51).

3. $R > \sqrt{L/C}$: Es gibt keinen weiteren Schnittpunkt mit der reellen Achse; in $\omega = 0$ liegt eine einfache Nullstelle vor, so daß die Ortskurve nur senkrecht nach oben beginnen kann und ausschließlich im 1. Quadranten verläuft (Bild 10.52).

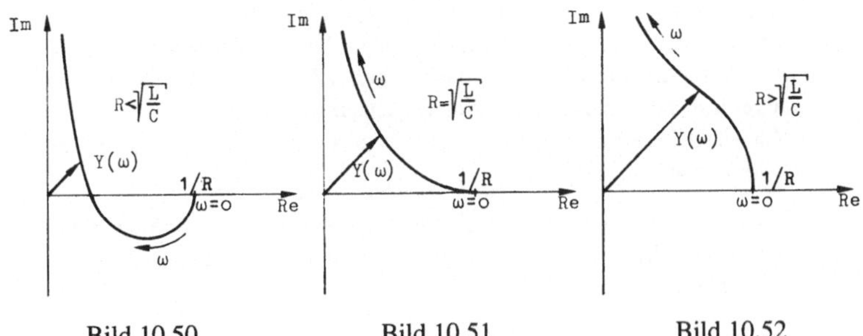

Bild 10.50 $\qquad\qquad$ Bild 10.51 $\qquad\qquad$ Bild 10.52

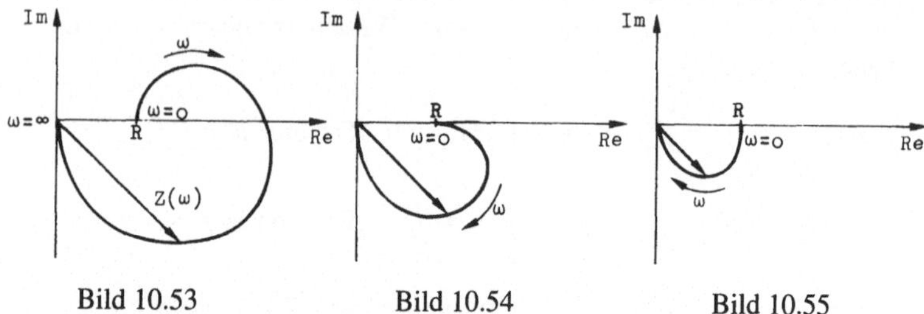

Bild 10.53   Bild 10.54   Bild 10.55

Wir ermitteln nun die Ortskurve $Z(\omega)$ durch Inversion. Hierbei sind folgende Eigenschaften besonders brauchbar:

1. Punkte auf der reellen Achse werden auf die reelle Achse abgebildet.

2. Der unendlich ferne Punkt wird in den Nullpunkt abgebildet.

3. Wegen der Winkeltreue der Abbildung sind die Schnittwinkel der ursprünglichen und der invertierten Ortskurve mit den Achsen des Koordinatensystems gleich groß

Wir beginnen mit der Inversion:

1. $R < \sqrt{L/C}$: Zunächst invertieren wir die zu $\omega = 0$ und $\omega = \omega_2$ gehörende Punkte, die nach der Inversion ebenfalls auf der reellen Achse liegen. Der unendlich ferne Punkt wird in den Nullpunkt abgebildet. Weiterhin wissen wir aus den Gesetzen der Inversion, daß folgende Zuordnung gilt:

$$0 < \omega < \omega_2 \qquad \mathrm{Im}\{Y\} < 0 \;\rightarrow\; \mathrm{Im}\{Z\} > 0$$

$$\omega > \omega_2 \qquad \mathrm{Im}\{Y\} > 0 \;\rightarrow\; \mathrm{Im}\{Z\} < 0$$

d.h.: im 1. Bereich verläuft die Ortskurve $Z(\omega)$ im 1. Quadranten und im 2. Bereich im 4. Quadranten. Aus der Winkeltreue der Abbildung folgt weiter: $Y(\omega)$ und damit auch $Z(\omega)$ schneiden die reelle Achse bei $\omega \rightarrow 0$ senkrecht. $Y(\omega)$ und damit auch $Z(\omega)$ verlaufen für $\omega \rightarrow \infty$ tangential zur imaginären Achse. Zusammen mit der Beziehung $|Z| = 1/|Y|$ können wir die invertierte Ortskurve nun skizzieren (Bild 10.53).

2. $R = \sqrt{L/C}$: Wir können alle Überlegungen entsprechend Fall 1 durchführen, allerdings mit der Vereinfachung, daß $Z(\omega)$ ausschließlich im 4. Quadranten verläuft (Bild 10.54).

3. $R > \sqrt{L/C}$: Auch hier lassen sich die Überlegungen des 1. Falles analog anwenden. $Z(\omega)$ verläuft wie im 2. Fall ausschließlich im 4. Quadranten (Bild 10.55).

Aufgabe 10.22

10.22 Man berechne die Admittanz $Y(\omega)$ zwischen den Klemmen A und B des gegebenen Zweipols.

22.2 Für welche Kreisfrequenz wird die Admittanz reell?

22.3 Man skizziere die Ortskurve $Y(\omega)$ für $\omega \geq 0$ in der komplexen Ebene, und zwar für die Fälle $G < \sqrt{C/L}$, $G = \sqrt{C/L}$ und $G > \sqrt{C/L}$.

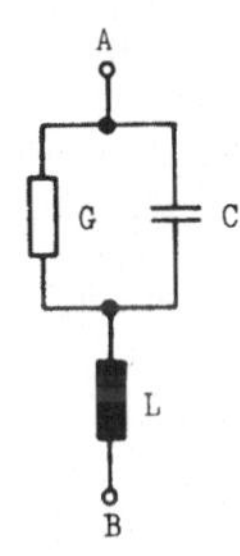

Bild 10.56

Lösung 10.22

Die Aufgabe ist dual zur Aufgabe 10.21. Die Ergebnisse gehen deshalb aus der Lösung der Aufgabe 10.21 hervor, indem man folgende Begriffe und Größen gegeneinander austauscht:

$$\text{Widerstand} \Leftrightarrow \text{Leitwert}$$
$$\text{Kondensator} \Leftrightarrow \text{Spule}$$
$$\text{Impedanz} \Leftrightarrow \text{Admittanz}$$
$$\text{Reihenschaltung} \Leftrightarrow \text{Parallelschaltung}$$

Aufgabe 10.23

Für den dargestellten Zweipol bestimme man

10.23.1 den Leitwert $Y(\omega)$ zwischen den Klemmen A und B,

10.23.2 die Kreisfrequenz, für die der Imaginärteil der Admittanz gleich null wird und

10.23.3 die Ortskurve $Y(\omega)$ in der komplexen Ebene, und zwar im Bereich $\omega \geq 0$ für die Fälle $R_L < \sqrt{L/C}$, $R_L = \sqrt{L/C}$ und $R_L > \sqrt{L/C}$.

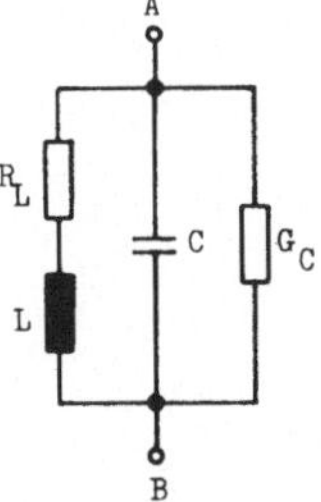

Bild 10.57

Lösung 10.23

Die Aufgabe entspricht weitgehend der Aufgabe 10.21 mit folgenden Abweichungen: Da der Leitwert G_C zusätzlich parallelgeschaltet ist, bewirkt er eine Vergrößerung von $Y(\omega)$ um den konstanten Wert G_C und damit eine Verschiebung der Ortskurven in den Bildern 10.50 bis 10.52 um G_C.

Aufgabe 10.24

Für den dargestellten Zweipol bestimme man

10.24.1 die Impedanz $Z(\omega)$ zwischen den Klemmen A und B,

10.24.2 die Kreisfrequenz, für die der Imaginärteil der Impedanz gleich null wird und

10.24.3 die Ortskurve $Z(\omega)$ in der komplexen Ebene, und zwar im Bereich $\omega \geq 0$ für die Fälle $G_C < \sqrt{C/L}$, $G_C = \sqrt{C/L}$ und $G_C > \sqrt{C/L}$.

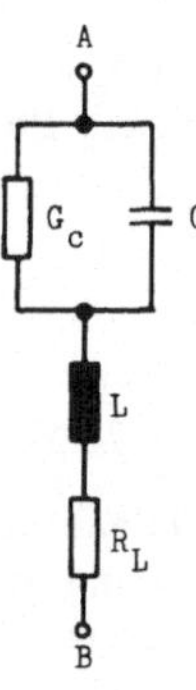

Bild 10.58

Lösung 10.24

Die Aufgabe ist dual zur Aufgabe 10.23. Die Ergebnisse lassen sich deshalb nach den Grundsätzen ermitteln, die bereits in Aufgabe 10.22 benutzt wurden.

10.3 Die elektrische Leistung im Wechselstromkreis

Aufgabe 10.25

An eine Spannungsquelle mit der inneren Impedanz $Z_i = R_i + j\omega L_i$ und der Kreisfrequenz ω ist ein Widerstand R angeschlossen. Durch die Reihenschaltung eines Kondensators soll erreicht werden, daß der Widerstand R eine möglichst große mittlere Leistung aufnimmt.

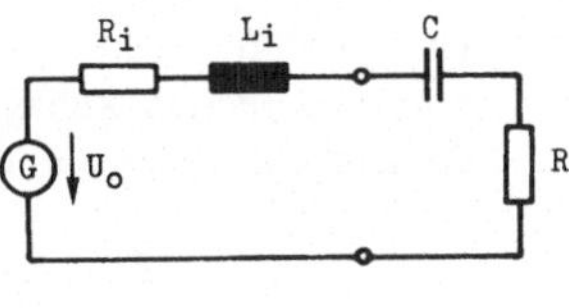

Bild 10.60

10.25.1 Man bestimme die Kapazität C des Kondensators so, daß die von R aufgenommene mittlere Leistung möglichst groß wird.

10.25.2 Wie läßt sich das Ergebnis von Punkt 1 unmittelbar aus der Schaltung ablesen?

10.25.3 Welche maximale Leistung nimmt der Widerstand auf?

Lösung 10.25

10.25.1 Wir bestimmen zuerst die mittlere Leistung $\overline{P}$, die der ohmsche Widerstand aufnimmt, und benutzen hierzu den Strom I als Hilfsgröße, der in diesem Beispiel besonders einfach zu berechnen ist:

$$\overline{P} = \frac{1}{2}R|I|^2.$$

Die Größe I bestimmen wir aus einem Umlauf:

$$I = \frac{U_0}{R + R_i + j(\omega L_i - \dfrac{1}{\omega C})}.$$

Wir setzen ein:

$$\overline{P} = \frac{R}{2}\frac{|U_0|^2}{\left|R + R_i + j(\omega L_i - \dfrac{1}{\omega C})\right|^2} = \frac{R}{2}\frac{|U_0|^2}{(R + R_i)^2 + (\omega L_i - \dfrac{1}{\omega C})^2}.$$

C soll nun so bestimmt werden, daß die Größe $\overline{P}(C)$ möglichst groß wird. Eine notwendige Bedingung hierfür lautet

$$\frac{\mathrm{d}\overline{P}(C)}{\mathrm{d}C} = 0.$$

In unserem Beispiel läßt sich die Extremwertbestimmung noch vereinfachen, und zwar aus folgenden Gründen:

1. Die Variable C tritt nur im Nenner von $\overline{P}$ auf; folglich genügt es, das Minimum des Nenners zu bestimmen.

2. Die Variable C tritt nur in einem quadratischen Ausdruck einer Differenz von reellen Zahlen auf. Das Minimum dieses Ausdruckes ist deshalb null. Hieraus folgt

$$\omega L_i - \frac{1}{\omega C} = 0$$

$$C = \frac{1}{\omega^2 L_i} \qquad \text{(Resonanzfall)}$$

10.25.2

Wir wissen, daß das Maximum von $\overline{P}$ dann erreicht wird, wenn $|I|^2$ und damit $|I|$ seinen maximalen Wert annimmt. Andererseits bilden L_i und C zusammen mit den ohmschen Widerständen R und R_i einen bedämpften Reihenschwingkreis, dessen Betrag der Impedanz Z im Resonanzfall am kleinsten ist. Da die Größe $|U_0|$ konstant ist, gehört zu dem Minimum von $|Z|$ das Maximum von $|I|$ und damit auch das Maximum von $\overline{P}$.

10.25.3

Wir setzen den errechneten Wert C in den Ausdruck für $\overline{P}$ ein

$$\overline{P} = \frac{R}{2} \frac{|U_0|^2}{(R + R_i)^2}.$$

Aufgabe 10.26

An eine Spannungsquelle mit der inneren Impedanz $Z_i = R_i + j\omega L_i$ und der Kreisfrequenz ω ist ein Widerstand R angeschlossen. Es ist $\text{Re}\{Z_i\} \geq 0$.

10.26.1 Wie groß muß der ohmsche Widerstand R sein, damit die an R abgegebene Leistung möglichst groß wird?

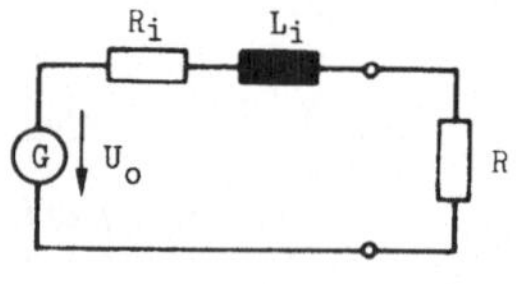

Bild 10.61

10.26.2 Es sei nun der Realteil R_i der Innenimpedanz Z_i variabel. Man bestimme R_i so, daß die an R abgegebene Leistung möglichst groß wird.

Lösung 10.26

10.26.1 Es gilt entsprechend zur Aufgabe 10.25 für die mittlere Leistung $\overline{P}$

$$\overline{P} = \frac{R}{2} \frac{|U_0|^2}{(R+R_i)^2 + X_i^2}$$

Da R variabel ist, lautet die notwendige Bedingung für das Maximum von $\overline{P}$:

$$\frac{\mathrm{d}\overline{P}(R)}{\mathrm{d}R} = 0$$

Zur Vereinfachung der Differentiation nehmen wir die Größe R in den Nenner; es genügt dann, den Nenner zu differenzieren, weil das Minimum des Nenners mit dem Maximum von $\overline{P}$ zusammentrifft:

$$\frac{\mathrm{d}}{\mathrm{d}R}\{Nenner\} = 0 = \frac{\mathrm{d}}{\mathrm{d}R}\left\{\frac{(R+R_i)^2 + X_i^2}{R}\right\} = 1 - \frac{R_i^2}{R^2} - \frac{X_i^2}{R^2}$$

$$R = \pm\sqrt{R_i^2 + X_i^2} = \pm|Z_i|$$

Als Lösung kommt nur das positive Vorzeichen in Frage, weil R ein ohmscher Widerstand ist.

10.26.2

Es ist nun die Größe R_i variabel. Die notwendige Bedingung für das Maximum lautet deshalb

$$\frac{\mathrm{d}\overline{P}}{\mathrm{d}R_i} = 0 \quad \text{oder} \quad \frac{\mathrm{d}}{\mathrm{d}R_i}\{Nenner\} = 0 = 2R + 2R_i.$$

Die rechnerische Lösung

$$R_i = -R$$

ist nicht realisierbar, weil sowohl R als auch R_i laut Aufgabenstellung positiv sind. Sicher gibt es aber einen zulässigen Wert R_i, bei dem die mittlere Leistung möglichst groß wird. Um diesen Wert zu finden, tragen wir den Verlauf von $\overline{P}$ in Abhängigkeit von R_i auf (Bild 10.62). Offensichtlich lautet die Lösung

$$R_i = 0.$$

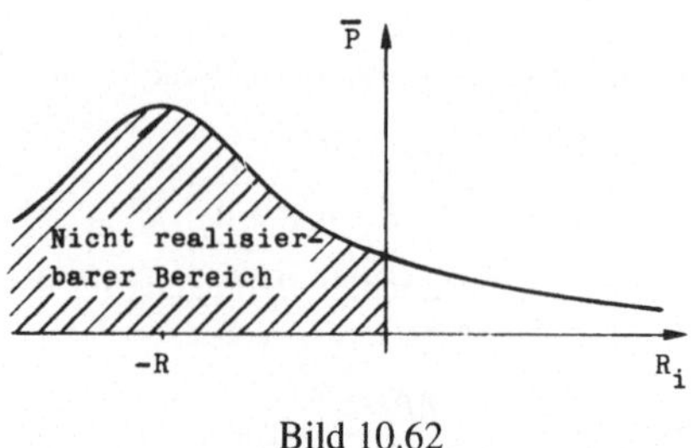

Bild 10.62

Aufgabe 10.27

In der dargestellten Schaltung sind die Größen L_i und R_a bekannt. Parallel zu R_a ist eine unbekannte Reaktanz jX geschaltet.

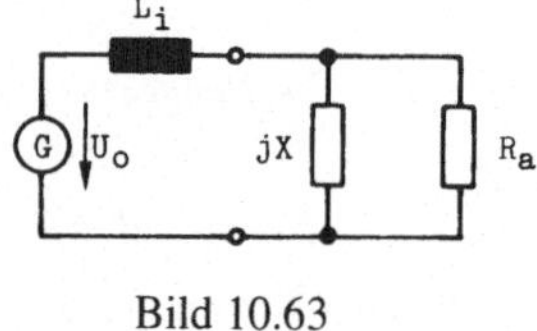

Bild 10.63

10.27.1 Man bestimme die Reaktanz so, daß der Widerstand R_a eine möglichst große Leistung aufnimmt.

10.27.2 Durch welches passive Schaltelement kann X für eine gegebene Frequenz realisiert werden? Wie groß ist dieses Schaltelement?

10.27.3 An Hand einer geeigneten Ersatzschaltung versuche man das Ergebnis von Punkt 1 und 2 unmittelbar aus der Schaltung abzulesen.

Lösung 10.27

10.27.1 Wir bestimmen die im Widerstand R_a umgesetzte mittlere Leistung $\overline{P}$. Von den verschiedenen Formeln zur Berechnung von $\overline{P}$ ist hier besonders die geeignet, die von der komplexen Amplitude U ausgeht, weil wir U mit Hilfe des Ergebnisses aus Aufgabe 10.1.1 unmittelbar angeben können:

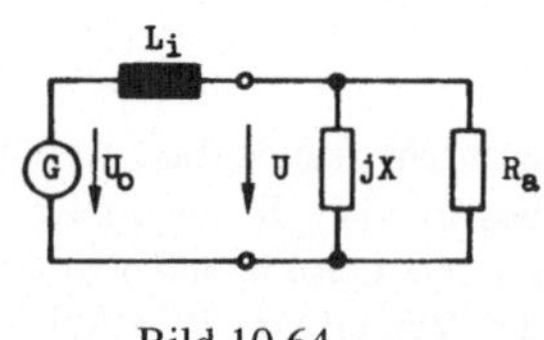

Bild 10.64

$$\overline{P} = \frac{1}{2}\frac{|U|^2}{R_a} \qquad U = \frac{U_0}{j\omega L_i + \dfrac{jXR_a}{jX + R_a}} = \frac{jXR_a}{R_a(j\omega L_i + jX) - \omega L_i X}U_0$$

Wir setzen ein

$$\overline{P} = \frac{1}{2} \frac{R_a X^2 |U_0|^2}{\left| jR_a(\omega L_i + X) - \omega L_i X \right|^2} = \frac{1}{2} \frac{R_a X^2 |U_0|^2}{R_a^2(\omega L_i + X)^2 + (\omega L_i X)^2}$$

$$= \frac{1}{2} \frac{R_a |U_0|^2}{R_a^2(1 + \frac{\omega L_i}{X})^2 + (\omega L_i)^2}$$

Es ist nun das Maximum der Funktion $\overline{P}(X)$ zu bestimmen. Entsprechend zu den Überlegungen in den vorherigen Aufgaben lautet die notwendige Bedingung hierfür

$$\frac{\mathrm{d}\overline{P}}{\mathrm{d}X} = 0 \quad \text{oder} \quad \frac{\mathrm{d}}{\mathrm{d}X}\{Nenner\} = 0$$

weil die Variable X nur im Nenner von $\overline{P}$ auftritt. Hieraus folgt

$$\frac{\mathrm{d}}{\mathrm{d}X}\{Nenner\} = 0 = R_a^2\left(\frac{2\omega L_i}{X^2} - \frac{2(\omega L_i)^2}{X^3}\right)$$

$$X = -\omega L$$

10.27.2

Für positive ω-Werte ist der Zahlenwert von X negativ. Dasselbe Verhalten zeigt auch die Reaktanz eines Kondensators. Es gilt nämlich für die Reaktanz eines Kondensators:

$$Z_C = jX_C = -j\frac{1}{\omega C} \quad \rightarrow \quad X_C = -\frac{1}{\omega C}$$

Wir setzen die Reaktanzen X und X_C gleich:

$$X_C = X = -\omega L_i = -\frac{1}{\omega C}$$

Damit wird

$$C = \frac{1}{\omega^2 L_i}$$

10.27.3

Wir versuchen, die gestellte Aufgabe mit einer möglichst einfachen Ersatzschaltung zu lösen, und wandeln die Spannungsquelle zusammen mit L_i in

eine Ersatzstromquelle um. Auf diese Weise entsteht eine reine Parallelschaltung (Bild 10.65).

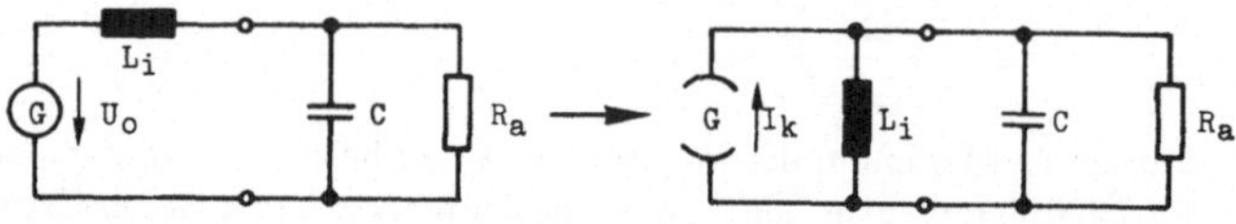

Bild 10.65

Die Ersatzstromquelle hat den eingeprägten Strom

$$I_k = \frac{U_0}{j\omega L}$$

Weiter gilt

$$\overline{P} = \frac{1}{2}\frac{|U|^2}{R}$$

Andererseits erreicht die Größe $|U|$ gerade dann ihr Maximum, wenn der
Parallelschwingkreis mit seiner Resonanzfrequenz betrieben wird:

$$C = \frac{1}{\omega^2 L_i}.$$

Aufgabe 10.28

An eine Wechselstromquelle soll ein
ohmscher Widerstand R_a angeschlossen
werden. Der Kurzschlußstrom der
Stromquelle hat die Amplitude $\hat{i}_k$, seine
Kreisfrequenz ist ω_0.

10.28.1 Welche Reaktanz X muß mit R_a
in Reihe geschaltet werden, damit die in
R_a umgesetzte Leistung möglichst groß
wird?

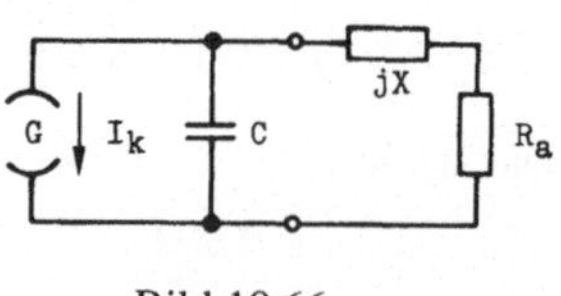

Bild 10.66

10.28.2 Durch welches passive Bauelement kann X für eine feste Frequenz
ω_0 realisiert werden? Wie groß ist dieses Bauelement?

10.28.3 An Hand einer geeigneten Ersatzschaltung versuche man das Ergebnis von Punkt 1 und 2 unmittelbar aus der Schaltung abzulesen.

Lösung 10.28

Die Aufgabe ist dual zur Aufgabe 10.27. Die Ergebnisse lauten

10.28.1

$$X = \frac{1}{\omega C}$$

10.28.2

$$X = \omega L = \frac{1}{\omega C} \;\rightarrow\; L = \frac{1}{\omega^2 C}$$

Aufgabe 10.29

Die Schaltung stellt das Prinzip einer elektrischen Energieübertragung zu einem Verbraucher dar, dessen Admittanz gleich Y ist. R_L ist der Leitungswiderstand und L_L die Leitungsinduktivität.

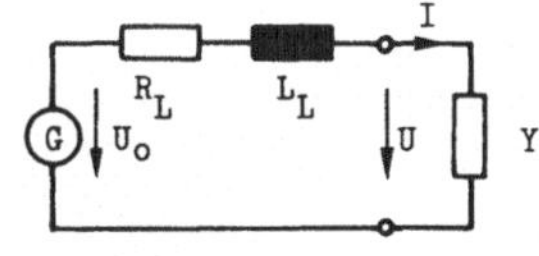

Bild 10.67

10.29.1 Man bestimme den Wirkungsgrad η der Energieübertragung in Abhängigkeit von der Phasenverschiebung φ zwischen U und I und den Größen R_L, L_L und Y. Der Wirkungsgrad η sei als das Verhältnis der vom Verbraucher mit der Admittanz Y aufgenommen mittleren Leistung zu der vom Generator abgegebenen Leistung definiert.

10.29.2 Man bestimme den Phasenwinkel φ so, daß der Wirkungsgrad η ein Maximum erreicht.

10.29.3 Viele Verbraucher entsprechen nicht den unter Punkt 2 errechneten Bedingungen, z.B. Motoren. Welche Möglichkeiten gibt es, um auch in diesem Fall die unter Punkt 2 ermittelte Bedingung zu erfüllen? (Man bezeichnet diesen Vorgang als Blindstromkompensation).

10.29.4 Von einem Verbraucher sind der effektive Nennstrom, die effektive Nennspannung und der Kosinuswert der Phasenverschiebung zwischen Klemmenstrom und Klemmenspannung bekannt. Man gebe eine Dimensionierungsvorschrift für ein parallel zu schaltendes passives Bauelement an, so daß der Wirkungsgrad der Energieübertragung groß wird.

10.29.5 Es sei

$$R_L = 20\,\Omega, \; \tilde{u} = 220\,\text{V}, \; \tilde{\imath} = 2.2\,\text{A}, \; \cos\varphi = 0{,}6.$$

Man berechne den Wirkungsgrad η ohne und mit Blindstromkompensation.

Lösung 10.29

10.29.1 Es ist laut Definition

$$\eta = \frac{\overline{P}}{\overline{P} + \overline{P}_L}$$

Dabei ist $\overline{P}$ die vom Verbraucher aufgenommenen mittlere Leistung und $\overline{P}_L$ die in der Leitung in Wärme umgewandelte elektrische Leistung. Sinnvollerweise werden wir für $\overline{P}$ und $\overline{P}_L$ solche Ausdrücke benutzen, die möglichst die gegebenen Größen enthalten. Wir wählen

$$\overline{P} = \frac{1}{2}|U||I|\cos\varphi$$

$$\overline{P}_L = \frac{1}{2}R_L|I|^2$$

und erhalten

$$\eta = \frac{\overline{P}}{\overline{P} + \overline{P}_L} = \frac{1}{1 + \dfrac{\overline{P}_L}{\overline{P}}} = \frac{1}{1 + \dfrac{\frac{1}{2}R_L|I|^2}{\frac{1}{2}|U||I|\cos\varphi}}$$

$$= \frac{1}{1 + \dfrac{R_L|I|}{|U|\cos\varphi}} = \frac{1}{1 + \dfrac{R_L|Y|}{\cos\varphi}}$$

10.29.2

Da die Variable φ nur im Nenner des Ausdruckes für η auftritt, fällt das Maximum von η mit dem Minimum des Nenners zusammen, d.h. es genügt, das Minimum des Nenners zu bestimmen. Andererseits sind im Nennerausdruck alle Größen positiv ($\cos\varphi$ ist wegen des Verbrauchercharakters von Y größer null), so daß das Minimum des Nenners mit dem Maximum von $\cos\varphi$ zusammenfällt:

$$\cos\varphi = +1 \;\rightarrow\; \varphi = 0 + 2k\pi, \; k = 0,1,2,\ldots$$

10.29.3

Viele Verbraucher haben induktiven Charakter. Wir ersetzen deshalb in Bild 10.67 den Verbraucher durch eine Reihenschaltung einer Induktivität L_r und eines Widerstandes R_r (Bild 10.69) bzw. durch die Parallelschaltung von L_p und R_p (Bild 10.70). Da beidemal derselbe Verbraucher mit der Admittanz Y zugrunde gelegt wird, gilt:

$$R_p = \frac{R_r^2 + (\omega L_r)^2}{R_r} \qquad L_p = \frac{R_r^2 + (\omega L_r)^2}{\omega^2 L_r}$$

An Hand dieser Ersatzschaltungen erkennen wir unmittelbar, daß die Bedingung $\varphi = 0$ am einfachsten durch einen Kondensator zu erreichen ist, der entweder in Reihe oder parallel zum Verbraucher geschaltet wird (Bild 10.69 bzw. Bild 10.70).

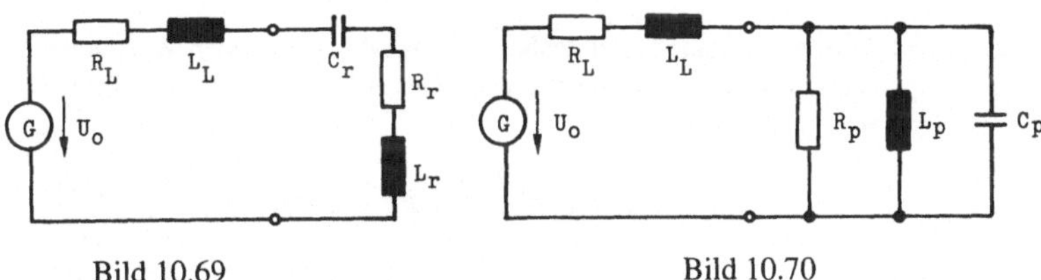

<table>
<tr><td>Bild 10.69</td><td>Bild 10.70</td></tr>
</table>

Es bleibt noch die Frage zu beantworten, welche der beiden Möglichkeiten die bessere ist, d.h. den größeren Wirkungsgrad ergibt. In Bild 10.69 gilt unabhängig von C_r

$$\eta_r = \frac{1}{1 + \dfrac{R_L}{R_r}}$$

Im Fall der Schaltung 10.70 wollen wir annehmen, daß $C_p L_p = 1 / \omega^2$ ist, U und I also in Phase sind. (Die Berechnung von C_p aus der Admittanz Y des unkompensierten Verbrauchers erfolgt im nächsten Punkt dieser Aufgabe). Es ist dann

$$\eta_p = \frac{1}{1 + R_L |Y|}$$

Wegen $C_p L_p = 1 / \omega^2$ ist die Admittanz des kompensierten Verbrauchers rein reell gleich $1 / R_p$. Damit erhalten wir das Ergebnis

$$\eta_p = \frac{1}{1 + \dfrac{R_L}{R_p}}$$

Aus der Umrechnungsformel für R_r und R_p entnehmen wir, daß stets

$$R_p > R_r$$

ist, d.h. der Wirkungsgrad der Schaltung 10.70 ist stets größer als der von Schaltung 10.69. Aus diesem Grunde wird im allgemeinen auch nur die Parallelkompensation benutzt.

10.29.4

Aus der Schaltung 10.70 erkennen wir unmittelbar, daß die Bedingung $\varphi = 0$ für den Resonanzfall

$$C_p L_p = \frac{1}{\omega^2}$$

erfüllt ist. Unsere Aufgabe lautet deshalb, L_p aus den gegebenen Werten der unkompensierten Schaltung zu bestimmen. Hierzu schreiben wir Y in folgender Form an:

$$Y = \frac{I}{U} = |Y|e^{-j\varphi} = \frac{|I|}{|U|}(\cos\varphi - j\sin\varphi)$$

$$= \frac{\tilde{i}}{\tilde{u}}(\cos\varphi - j\sin\varphi)$$

Dabei ist φ die Phasenverschiebung zwischen Spannung und Strom. Andererseits gilt für die Parallelschaltung von R_p und L_p

$$Y = \frac{1}{R_p} - j\frac{1}{\omega L_p}$$

Wir setzen die beiden Ausdrücke gleich:

$$\frac{1}{R_p} - j\frac{1}{\omega L_p} = \frac{\tilde{i}}{\tilde{u}}(\cos\varphi - j\sin\varphi).$$

Zerlegung nach Real- und Imaginärteil ergibt

$$\frac{1}{\omega L_p} = \frac{\tilde{i}}{\tilde{u}}\sin\varphi.$$

Hieraus erhalten wir die Dimensionierungsvorschrift

$$\omega C_p = \frac{1}{\omega L_p} \quad \rightarrow \quad C_p = \frac{1}{\omega}\cdot\frac{\tilde{i}}{\tilde{u}}\sin\varphi \quad .$$

10.29.5

Wir bestimmen aus den gegebenen Daten die Parallel-Ersatzschaltung des Verbrauchers

$$Y = \frac{\tilde{i}}{\tilde{u}}(\cos\varphi - j\sin\varphi) = \frac{1}{R_p} - j\frac{1}{\omega L_p}$$

$$R_p = 167\,\Omega \qquad \omega L_p = 125\,\Omega$$

Im unkompensierten Fall ist $|Y| = 1/100\,\Omega$. Damit wird

$$\eta_1 = \frac{1}{1+\dfrac{R_L|Y|}{\cos\varphi}} = \frac{1}{1+\dfrac{20\,\Omega}{0,6\cdot100\,\Omega}} = 0,75$$

Im kompensierten Fall (Bild 10.70) ist $Y = 1/R_p$ und die Phasenverschiebung zwischen U und I gleich null. Damit wird

$$\eta_2 = \frac{1}{1+\dfrac{20\,\Omega}{1\cdot167\,\Omega}} = 0,89.$$

Die Wirkungsgrad-Verbesserung infolge der Kompensation ist erheblich. Diese Tatsache rechtfertigt auch die Kapitalinvestition für den Kondensator.

Aufgabe 10.30

In der gegebenen Schaltung ist
$$u_1(t) = \hat{u}\cos\omega t$$
$$u_2(t) = \hat{u}\cos(\omega t - \pi/4).$$

10.30.1 Man berechne den Strom $i_R(t)$ als Funktion der Größen R, L, C, $\hat{u}$ und ω.

10.30.2 Wie groß ist die von beiden Spannungsquellen zusammen abgegebene mittlere Leistung?

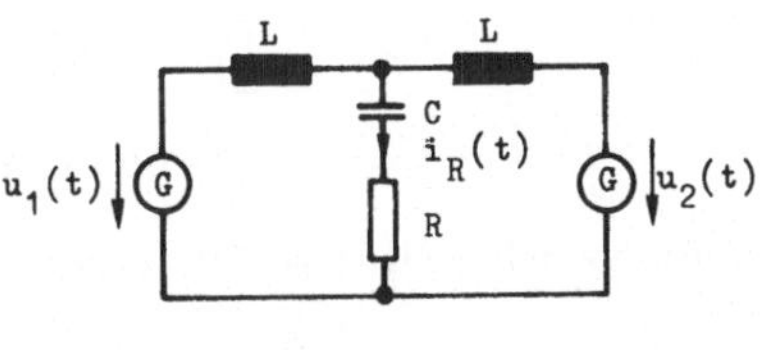

Bild 10.71

10.30.3 Man bestimme die Kapazität C für den Fall, daß die mittlere Leistung möglichst groß wird.

10.30.4 An Hand einer geeigneten Ersatzschaltung versuche man das Ergebnis von Punkt 3 der Aufgabe physikalisch zu deuten.

Lösung 10.30

10.30.1 Folgende Lösungswege
bieten sich für die Berechnung
von $i_r(t)$ an:

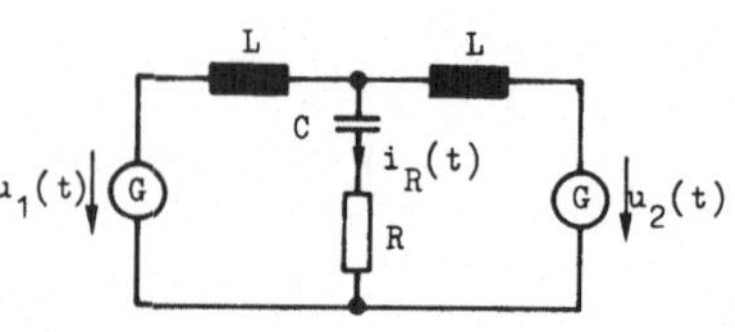

1. Maschenanalyse
2. Knotenanalyse
3. Superposition
4. Ersatzspannungsquelle
5. Ersatzstromquelle

Bild 10.72

Im Fall 1 erhalten wir ein Gleichungssystem mit zwei Unbekannten; der Weg scheint aufwendig zu sein. Im Fall 2 erhalten wir nur eine Gleichung für die unbekannte Baumspannung, müssen aber anschließend noch $i_r(t)$ bestimmen. Im Fall 3 können wir zweimal das Ergebnis der Grundaufgabe 10.1.4 anwenden. Im Fall 4 besteht die Ersatzschaltung nur aus einer Masche; $i_r(t)$ läßt sich deshalb besonders einfach angeben. Im Fall 5 ist die Berechnung von $i_r(t)$ ähnlich einfach wie im Fall 4. Wir wählen den Lösungsweg 4 und wandeln die beiden Spannungsquellen in eine Ersatzspannungsquelle um (Bild 10.73). Damit können wir auch die Frage in 10.30.3 auf eine bekannte Anpassungsaufgabe zurückführen.

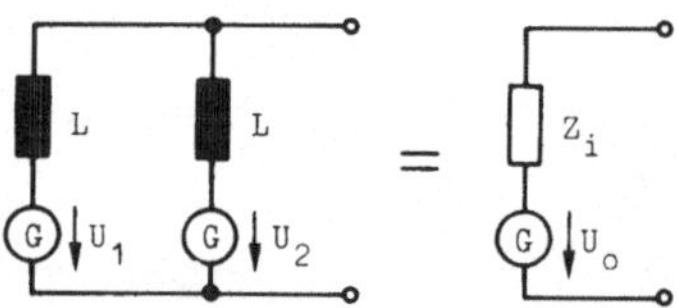

Bild 10.73

Für die innere Impedanz der Ersatzspannungsquelle gilt offensichtlich:

$$Z_i = j\omega \frac{L}{2}$$

Die Leerlauf-Ersatzspannung U_0 ermitteln wir aus dem Kurzschlußstrom, der für die parallelgeschalteten Spannungsquellen unmittelbar angegeben werden kann:

$$U_0 = Z_i I_k = j\omega \frac{L}{2}\left(\frac{U_1}{j\omega L} + \frac{U_2}{j\omega L}\right) = \frac{1}{2}(U_1 + U_2)$$

Anschließend belasten wir die Ersatzspannungsquelle mit der Reihenschaltung aus C und R. Es gilt jetzt

$$I_R = \frac{U_0}{R + j\left(\dfrac{\omega L}{2} - \dfrac{1}{\omega C}\right)}$$

$$= \frac{U_1 + U_2}{R + j\left(\dfrac{\omega L}{2} - \dfrac{1}{\omega C}\right)}$$

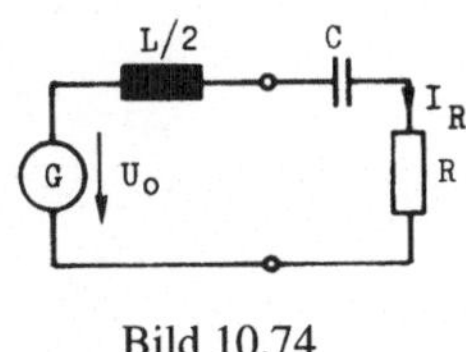

Bild 10.74

Mit

$$U_1 = \hat{u} \quad \text{und} \quad U_2 = \hat{u}\, e^{-j\pi/4} = \frac{\hat{u}}{\sqrt{2}}(1 - j)$$

wird

$$I_R = \frac{\hat{u}}{2\sqrt{2}}\, \frac{\sqrt{2} + 1 - j}{R + j\left(\dfrac{\omega L}{2} - \dfrac{1}{\omega C}\right)}$$

und

$$i_R(t) = \operatorname{Re}\{I_R\, e^{j\omega t}\}$$

Zur Lösung diese Gleichung schreiben wir I_R in der Form

$$I_R = |I_R|\, e^{j\varphi} = \hat{i}_R\, e^{j\varphi}$$

und erhalten:

$$|I_R| = \frac{\hat{u}}{2\sqrt{2}} \sqrt{\frac{4 + 2\sqrt{2}}{R^2 + \left(\dfrac{\omega L}{2} - \dfrac{1}{\omega C}\right)^2}} = \hat{u} \sqrt{\frac{2 + \sqrt{2}}{4R^2 + \left(\omega L - \dfrac{2}{\omega C}\right)^2}}$$

$$\varphi = -\arctan \frac{1}{1 + \sqrt{2}} - \arctan \frac{\dfrac{\omega L}{2} - \dfrac{1}{\omega C}}{R}$$

Damit wird

$$i_R(t) = \operatorname{Re}\{|I_R|\, e^{j\varphi}\, e^{j\omega t}\} = |I_R|\cos(\omega t + \varphi)$$

3*

10.30.2

Die gesamte von den Spannungsquellen abgegebene Leistung kann nur im Widerstand R in Wärme umgewandelt werden. Es gilt deshalb

$$\overline{P} = \overline{P}_R = \frac{1}{2}|I_R|^2 R$$

$$= \frac{R\hat{u}^2}{2} \cdot \frac{2+\sqrt{2}}{4R^2 + \left(\omega L - \dfrac{2}{\omega C}\right)^2}$$

10.30.3

Aus der Ersatzschaltung 10.74 erkennen wir, daß $\overline{P}$ wie in Aufgabe 10.25 gerade dann maximal, wenn der Resonanzfall eintritt, wenn also

$$\frac{\omega L}{2} = \frac{1}{\omega C} \rightarrow C = \frac{2}{\omega^2 L}$$

ist. Dasselbe Ergebnis erhalten wir natürlich auch aus dem Ausdruck für $\overline{P}$: Da die Größe C nur im Nenner in einem quadratischen Ausdruck auftritt, wird $\overline{P}$ sicher dann maximal, wenn der Ausdruck in der runden Klammer null ist.

Aufgabe 10.31

In der gegebenen Schaltung ist

$$u_1(t) = \hat{u}\cos\omega t$$
$$u_2(t) = \hat{u}\cos(\omega t - \pi/4)$$

10.31.1 Man berechne die Spannung $u_R(t)$ als Funktion der Größen $R, L, C, \hat{i}$ und ω.

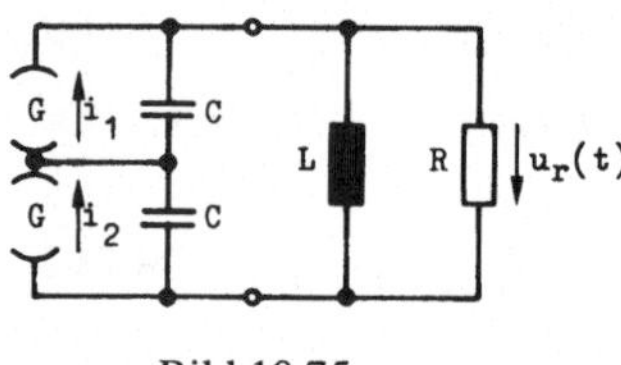

Bild 10.75

10.31.2 Wie groß ist die von beiden Stromquellen zusammen abgegebenen mittlere Leistung?

10.31.3 Man berechne die Induktivität L für den Fall, daß die mittlere Leistung möglichst groß wird.

Lösung 10.31

Diese Aufgabe ist dual zur Aufgabe 10.30. Die Ergebnisse lauten

10.31.1

$$u_R(t) = \hat{\imath}\,\sqrt{\frac{2+\sqrt{2}}{\dfrac{4}{R^2}+\left(\omega C - \dfrac{2}{\omega L}\right)^2}}\,\cos\left\{\omega t - \arctan\frac{1}{1+\sqrt{2}} - \arctan R\left(\frac{\omega C}{2} - \frac{1}{\omega L}\right)\right\}$$

10.31.2

$$\overline{P} = \frac{\hat{\imath}^2}{2R}\,\frac{2+\sqrt{2}}{\dfrac{4}{R^2}+\left(\omega C - \dfrac{2}{\omega L}\right)^2}$$

10.31.3

$$L = \frac{2}{\omega^2 C}$$

Aufgabe 10.32

In der nebenstehenden Schaltung ist

$$u_1(t) = \hat{u}\cos\omega t$$
$$u_2(t) = \hat{u}\cos(\omega t + \varphi)$$
$$R = \omega L = \frac{1}{\omega C}$$

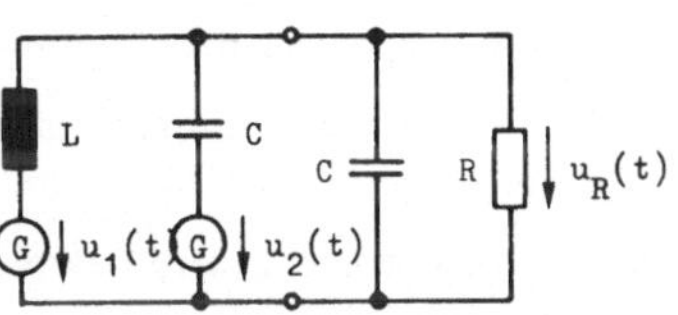

Bild 10.76

10.32.1 Man berechne die Spannung $u_R(t)$.

10.32.2 Man bestimme den Winkel φ so, daß die an den Widerstand R abgegebene mittlere Leistung möglichst groß wird.

Lösung 10.32

Die Aufgabe entspricht weitgehend Aufgabe 10.30. Allerdings ist hier die Lösung nach dem Prinzip der Ersatzspannungsquelle nicht möglich, weil die Innenimpedanz Z_i für die gegebenen Werte unendlich wird.

10.32.1 Wir erhalten z. B. mit Hilfe der Ersatzstromquelle

$$u_R(t) = \hat{u}\sqrt{2}(1 - \cos\varphi)\cos(\omega t + \frac{\pi}{4} + \arctan\frac{\sin\varphi}{\cos\varphi - 1})$$

10.32.2 Es ist

$$\overline{P} = \frac{\hat{u}^2}{R}(1 - \cos\varphi)^2$$

$$\text{Max}\{\overline{P}\} \rightarrow \cos\varphi = -1 \rightarrow \varphi = (2k+1)\pi$$

Aufgabe 10.33

In der nebenstehenden Schaltung
haben die Spannungen der Quel-
len folgenden zeitlichen Verlauf:

$$u_1(t) = \hat{u}_1 \cos\omega_1 t$$
$$u_2(t) = \hat{u}_2 \cos\omega_2 t$$

Außerdem ist

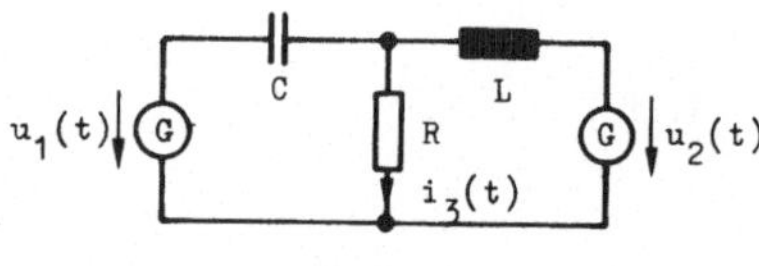

Bild 10.77

$$\omega_1^2 = \frac{1}{LC}, \quad \omega_2^2 = 2\omega_1^2, \quad R = \omega_2 L$$

10.33.1 Man berechne den Strom $i_3(t)$.

10.33.2 Wie groß ist die vom Widerstand R aufgenommene mittlere
Leistung?

10.33.3 Man berechne den Effektivwert des Stromes $i_3(t)$.

Lösung 10.33

10.33.1 Die Schaltung ähnelt der Schaltung aus Aufgabe 10.30, allerdings
mit dem wesentlichen Unterschied, daß die Kreisfrequenzen der beiden
Spannungsquellen verschieden sind. Aus diesem Grunde kann von den fünf
in Aufgabe 10.30 angegebenen Lösungswegen nur der Überlagerungssatz
angewendet werden.

Wir berechnen zunächst den Strom $i_{31}(t)$ infolge der Spannung $u_1(t)$ und
anschließend den Strom $i_{32}(t)$ infolge der Spannung $u_2(t)$. Hierzu denken
wir uns die gegebene Schaltung folgendermaßen zerlegt:

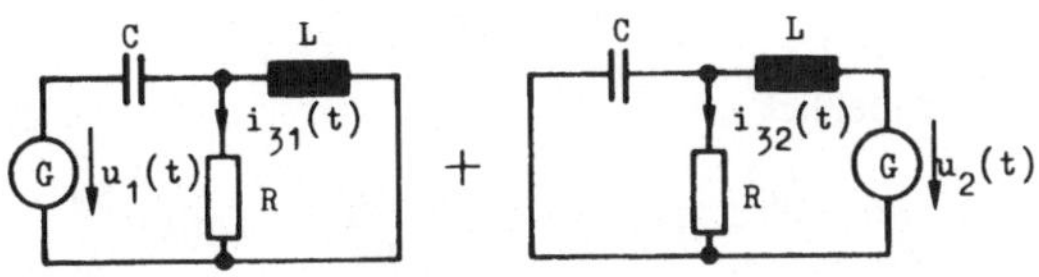

Bild 10.78

Es ist dann

$$i_3(t) = i_{31}(t) + i_{32}(t)$$

Da in jeder Teilschaltung nur Ströme und Spannungen einer Frequenz auftreten, können wir zur Berechnung von $i_{31}(t)$ bzw. $i_{32}(t)$ die wirkungsvollen Methoden der komplexen Rechnung benutzen. Es seien I_{31} und I_{32} die zu $i_{31}(t)$ bzw. $i_{32}(t)$ gehörenden komplexen Amplituden. Hierfür finden wir zusammen mit dem Ergebnis von Aufgabe 10.1.4

$$I_{31} = \frac{j\omega_1 L}{jR(\omega_1 L - \frac{1}{\omega_1 C}) + \frac{L}{C}} U_1 = \frac{j\omega_1^2 LC}{jR(\omega_1^2 LC - 1) + \omega_1 L}\hat{u}_1$$

Wir setzen die gegebenen Werte ein:

$$I_{31} = j\frac{\hat{u}_1}{\omega_1 L} = \frac{\hat{u}_1}{\omega_1 L}e^{j\pi/2}$$

Entsprechend ist

$$I_{32} = \frac{\frac{1}{j\omega_2 C}}{jR(\omega_2 L - \frac{1}{\omega_2 C}) + \frac{L}{C}} U_2 = \frac{\hat{u}_2}{R(1 - \omega_2^2 LC) + j\omega_2 L}$$

$$= \frac{\hat{u}_2}{-R + j\omega_2 L} = \frac{\hat{u}_2}{R(j-1)} = \frac{\hat{u}_2}{R\sqrt{2}}e^{j5\pi/4}$$

Damit wird

$$i_3(t) = i_{31}(t) + i_{32}(t)$$

$$= \text{Re}\{I_{31}\,e^{j\omega_1 t}\} + \text{Re}\{I_{32}\,e^{j\omega_2 t}\}$$

$$= \frac{\hat{u}_1}{\omega_1 L}\cos(\omega_1 t + \frac{\pi}{2}) + \frac{\hat{u}_2}{R\sqrt{2}}\cos(\omega_2 t + \frac{5\pi}{4})$$

Mit

$$\omega_1 L = \frac{\omega_2 L}{\sqrt{2}} = \frac{R}{\sqrt{2}}$$

erhalten wir schließlich

$$i_3(t) = \frac{\hat{u}_1 \sqrt{2}}{R}\cos(\omega_1 t + \frac{\pi}{2}) + \frac{\hat{u}_2}{R\sqrt{2}}\cos(\omega_2 t + \frac{5\pi}{4}).$$

10.33.2

Da die Amplituden der einzelnen sinusförmigen Anteile des Stromes $i_3(t)$ bereits bekannt sind, benutzen wir zweckmäßigerweise folgenden Ausdruck zur Bestimmung der mittleren Leistung $\overline{P}$, die in R in Wärme umgesetzt wird:

$$\overline{P} = \frac{R}{2}\sum_{\nu=1}^{n}\hat{i}_\nu^2 = \frac{R}{2}(\hat{i}_{31}^2 + \hat{i}_{32}^2)$$

Es gilt dann mit den Ergebnissen von Punkt 1 der Aufgabe:

$$\overline{P} = \frac{R}{2}(\frac{2\hat{u}_1^2}{R^2} + \frac{\hat{u}_2^2}{2R^2}) = \frac{1}{R}(\hat{u}_1^2 + \frac{\hat{u}_2^2}{4})$$

10.33.3

Zur Berechnung des Effektivwertes gehen wir von der Beziehung

$$\tilde{i}^2 = \sum_{\nu=1}^{n}\tilde{i}_\nu^2 = \frac{1}{2}\sum_{\nu=1}^{n}\hat{i}_\nu^2$$

aus, die für den Fall gilt, daß der Strom $i(t)$ aus sinusförmigen Anteilen mit den Amplituden $\hat{i}_\nu$ und unterschiedlichen Kreisfrequenzen zusammengesetzt ist. Damit wird

$$\tilde{i}^2 = \frac{1}{2}\sum_{\nu=1}^{n}\hat{i}_\nu^2 = \frac{1}{2}(\frac{2\hat{u}_1^2}{R^2} + \frac{\hat{u}_2^2}{2R^2}) = \frac{1}{R^2}(\hat{u}_1^2 + \frac{\hat{u}_2^2}{4})$$

und

$$\tilde{i} = \frac{1}{R}\sqrt{\hat{u}_1^2 + \frac{\hat{u}_2^2}{4}}$$

Aufgabe 10.34

Der Zweipol liegt an einer Spannungsquelle mit der Spannung

$$u(t) = \hat{u}_1 \cos \omega t + \hat{u}_3 \cos(3\omega t - \varphi).$$

10.34.1 Man bestimme die von der
Spannungsquelle abgegebene mittlere
Leistung.

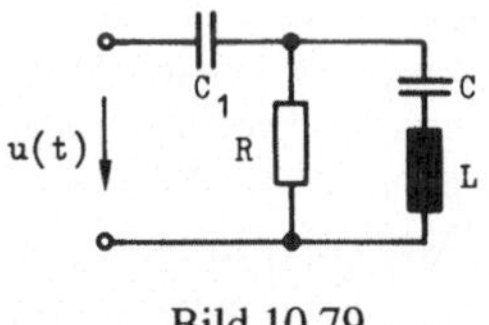

Bild 10.79

10.34.2 Unter welchen Bedingungen hängt die mittlere Leistung nicht von
$\hat{u}_3$ ab? Die trivialen Fälle $C_1 = 0$, $R = 0$ oder $R = \infty$ seien ausgeschlossen.

10.34.3 Man deute das Ergebnis von Punkt 2 physikalisch.

Lösung 10.34

Diese Aufgabe lösen wir mit Hilfe des Überlagerungssatzes. Der Rechengang entspricht weitgehend dem der Aufgabe 10.33. Die Ergebnisse lauten

10.34.1

$$\overline{P} = \frac{R}{2}\left(\hat{u}_1^2 \frac{\omega^2 LC - 1}{\dfrac{\omega^2 LC - 1}{(\omega C_1)^2} + R^2(\omega^2 LC - \dfrac{C}{C_1} - 1)^2}\right.$$

$$\left. + \hat{u}_2^2 \frac{9\omega^2 LC - 1}{\dfrac{9\omega^2 LC - 1}{(3\omega C_1)^2} + R^2(9\omega^2 LC - \dfrac{C}{C_1} - 1)^2}\right)$$

10.34.2

$$LC = \frac{1}{9\omega^2}$$

10.34.3

Der Reihenschwingkreis aus den Elementen L und C stellt bei der Kreisfrequenz $(3\omega)^2 = 1/LC$ einen Kurzschluß für die Strom- und Spannungs-
anteile der Frequenz 3ω dar, so daß an R keine Spannung mit der Frequenz
3ω anliegt und damit die mittlere Leistung $\overline{P}$ unabhängig von $\hat{u}_3$ wird.

Aufgabe 10.35

In der gegebenen Schaltung liegen eine Gleichspannungsquelle mit der Spannung $u_1 = 100\,\text{V}$
und eine Wechselspannungsquelle mit der
Spannung $u_2(t) = 200\,\text{V} \sin \omega t$ in Reihe.

10.35.1 Wie groß ist die mittlere Leistung, die
im Widerstand R in Wärme umgesetzt wird,
wenn der Durchlaßwiderstand der Diode null
und der Sperrwiderstand unendlich ist?

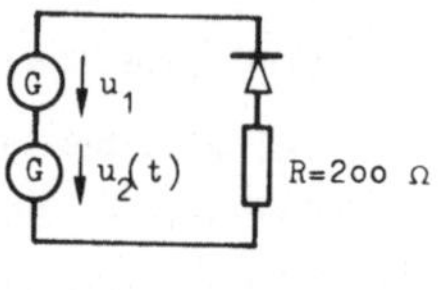

Bild 10.80

10.35.2 Ändert sich das Ergebnis wesentlich, wenn der Sperrwiderstand der
Diode 1 MΩ beträgt?

Lösung 10.35

10.35.1 Mit dieser Aufgabe verlassen wir das
Gebiet der linearen Schaltung, weil die Diode
den Strom in Abhängigkeit von der Stromrichtung verschieden gut leitet. Da aber der Widerstand der Diode für jeweils eine Stromrichtung
konstant ist, nämlich null in Durchlaßrichtung
und unendlich in Sperrrichtung, können wir die
Schaltung - getrennt für beide Bereiche - wie
eine lineare Schaltung betrachten.

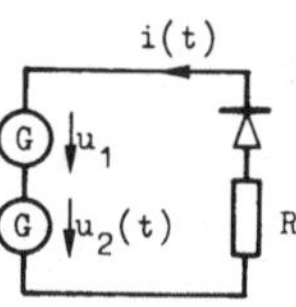

Bild 10.81

In Sperrichtung ist der Strom wegen des unendlichen Sperrwiderstandes
null. In Durchlaßrichtung gilt

$$i(t) = \frac{-u_1 - u_2(t)}{R} = \frac{-100\,\text{V} - 200\,\text{V} \sin \omega t}{R}$$

Hierbei müssen wir aber noch eine wichtige Nebenbedingung beachten:
Durch die Diode kann ein Strom nur in Richtung des Diodenpfeiles fließen
(Definition der Durchlaßrichtung einer Diode). Bei der gewählten Zuordnung der Zählrichtung des Stromes $i(t)$ und der Durchlaßrichtung der Diode
heißt das also, daß die obige Gleichung nur für den Bereich

$$i(t) \geq 0$$

gilt. Zur Bestimmung der Zeitbereiche, in denen $i(t) \geq 0$, tragen wir $i(t)$ auf.
Dabei können wir uns auf eine Periode beschränken (Bild 10.82). Die
Grenzen der Bereiche erhalten wir aus der Bedingung:

$$i(t) = 0 = \frac{1}{R}(-100\,\text{V} - 200\,\text{V}\sin\alpha) \quad\rightarrow\quad \sin\alpha = -0,5$$

$$\alpha = \arcsin(-0,5) \quad\rightarrow\quad \alpha_1 = \frac{7}{6}\pi, \quad \alpha_2 = \frac{11}{6}\pi$$

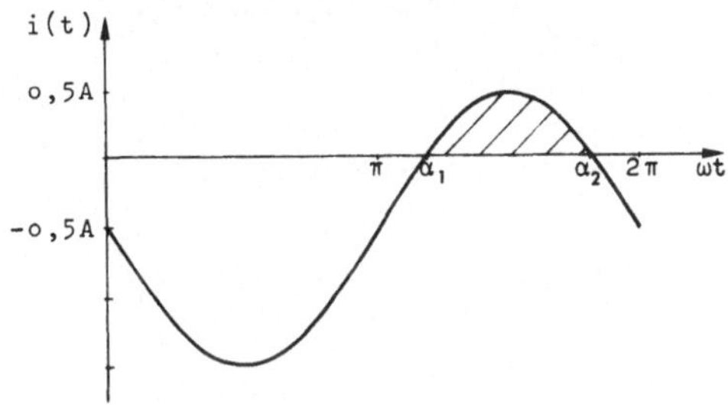

Bild 10.82

Zur Berechnung von $\overline{P}$ benutzen wir die Eigenschaft, daß der Strom $i(t)$ periodisch ist. Es reicht deshalb aus, die momentane Leistung über eine Periode zu mitteln. Die Integration wird über den Winkelbereich durchgeführt, in dem ein Strom $i(t)$ fließt:

$$\overline{P} = \frac{1}{2\pi}\int\limits_{\alpha_1}^{\alpha_2}\frac{1}{R}u^2(\omega t)\,\mathrm{d}(\omega t)$$

$$= \frac{1}{2\pi R}\int\limits_{\frac{7}{6}\pi}^{\frac{11}{6}\pi}(-u_1 - u_2\sin\omega t)^2\,\mathrm{d}(\omega t)$$

Wir setzen die gegebenen Zahlenwerte ein

$$\overline{P} = \frac{1}{2\pi R}\int\limits_{\frac{7}{6}\pi}^{\frac{11}{6}\pi}(100\,\text{V} + 200\,\text{V}\sin\omega t)^2\,\mathrm{d}(\omega t)$$

$$= \frac{(100\,\text{V})^2}{2\pi\,200\Omega}\int\limits_{\frac{7}{6}\pi}^{\frac{11}{6}\pi}(1 + 4\sin\omega t + 4\sin^2\omega t)\,\mathrm{d}(\omega t)$$

$$\overline{P} = \frac{50\,\mathrm{W}}{2\pi} \int\limits_{\frac{7}{6}\pi}^{\frac{11}{6}\pi} (1 + 4\sin\omega t + 4\sin^2\omega t)\,\mathrm{d}(\omega t)$$

$$= \frac{50\,\mathrm{W}}{2\pi} \int\limits_{\frac{7}{6}\pi}^{\frac{11}{6}\pi} (1 + 4\sin\omega t + 2 + 2\sin 2\omega t)\,\mathrm{d}(\omega t)$$

$$= \frac{50\,\mathrm{W}}{2\pi} (3\omega t - 4\cos\omega t - \sin 2\omega t)\Big|_{\frac{7}{6}\pi}^{\frac{11}{6}\pi}$$

$$= \frac{50\,\mathrm{W}}{2\pi} (2\pi - 4\sqrt{3} + \sqrt{3}) = 0{,}172 \cdot 50\,\mathrm{W}$$

$$\overline{P} = 8{,}7\,\mathrm{W}$$

10.35.2

Bei einem endlichen Sperrwiderstand fließt auch in Sperrichtung der Diode ein Strom, der aber wegen des großen Sperrwiderstandes um mehr als 3 Zehnerpotenzen kleiner ist als der Strom in Durchlaßrichtung. Da in dem Integral für $\overline{P}$ das Quadrat des Stromes steht und andererseits das Integrationsintervall nur unwesentlich größer ist, können wir abschätzen, daß infolge des Sperrstromes eine zusätzliche mittlere Leistung umgesetzt wird, die 5 - 6 Zehnerpotenzen kleiner ist als die Leistung infolge des Durchlaßstromes, d.h. die Wirkung des endlichen Sperrwiderstandes ist für den Leistungsumsatz im Widerstand R unwesentlich.

11 Lineare Vierpole

11.1 Lineare Vierpole und ihre Beschreibung durch Matrizengleichungen

Aufgabe 11.1

Man bestimme allgemein die Leitwertmatrix des T-Gliedes aus seiner Widerstandsmatrix

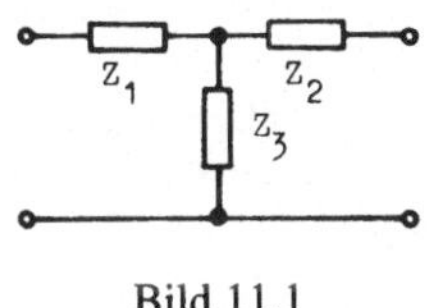

Bild 11.1

Lösung 11.1

Wir bestimmen zunächst die Widerstandsmatrix des T-Gliedes, z.B. aus je
einem Umlauf am Eingang und Ausgang:

$$U_1 = Z_1 I_1 + Z_3 (I_1 + I_2)$$
$$U_2 = Z_2 I_2 + Z_3 (I_1 + I_2)$$

In der üblichen Form der Widerstandsgleichungen lauten diese Beziehungen

$$U_1 = (Z_1 + Z_3) I_1 + Z_3 I_2$$
$$U_2 = Z_3 I_1 + (Z_2 + Z_3) I_2$$

Hieraus sollen die Leitwertgleichungen bzw. die Leitwertmatrix ermittelt
werden, d.h. das Gleichungssystem ist so umzuformen, daß I_1 und I_2 als
Funktionen von U_1 und U_2 gegeben sind. Oder anders ausgedrückt: das
Gleichungssystem ist nach I_1 und I_2 aufzulösen.

$$I_1 = \frac{\begin{vmatrix} U_1 & Z_3 \\ U_2 & Z_2 + Z_3 \end{vmatrix}}{\begin{vmatrix} Z_1 + Z_3 & Z_3 \\ Z_3 & Z_2 + Z_3 \end{vmatrix}} = \frac{1}{\det Z}\left[(Z_2 + Z_3)U_1 - Z_3 U_2\right]$$

$$I_2 = \frac{\begin{vmatrix} Z_1 + Z_3 & U_1 \\ Z_3 & U_2 \end{vmatrix}}{\begin{vmatrix} Z_1 + Z_3 & Z_3 \\ Z_3 & Z_2 + Z_3 \end{vmatrix}} = \frac{1}{\det Z}\left[(Z_1 + Z_3)U_2 - Z_3 U_1\right]$$

Damit erhalten wir als Leitwertmatrix des T-Gliedes:

$$Y = \begin{vmatrix} \dfrac{Z_2 + Z_3}{Z_1 Z_2 + Z_2 Z_3 + Z_3 Z_1} & \dfrac{-Z_3}{Z_1 Z_2 + Z_2 Z_3 + Z_3 Z_1} \\[2ex] \dfrac{-Z_3}{Z_1 Z_2 + Z_2 Z_3 + Z_3 Z_1} & \dfrac{Z_1 + Z_3}{Z_1 Z_2 + Z_2 Z_3 + Z_3 Z_1} \end{vmatrix}$$

Aufgabe 11.2

Man bestimme allgemein die Widerstandsmatrix des π-Gliedes aus seiner Leitwertmatrix.

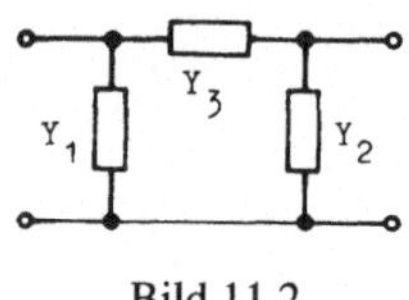

Bild 11.2

Lösung 11.2

Diese Aufgabe ist dual zur Aufgabe 11.1. Das Ergebnis lautet

$$Z = \begin{vmatrix} \dfrac{Y_2 + Y_3}{Y_1 Y_2 + Y_2 Y_3 + Y_3 Y_1} & \dfrac{-Y_3}{Y_1 Y_2 + Y_2 Y_3 + Y_3 Y_1} \\[2ex] \dfrac{-Y_3}{Y_1 Y_2 + Y_2 Y_3 + Y_3 Y_1} & \dfrac{Y_1 + Y_3}{Y_1 Y_2 + Y_2 Y_3 + Y_3 Y_1} \end{vmatrix}$$

Aufgabe 11.3

Von einem passiven linearen Vierpol sind bekannt:

> der eingangsseitige Leerlaufwiderstand Z_{1l},
> der ausgangsseitige Leerlaufwiderstand Z_{2l} und
> der eingangsseitige Kurzschlußwiderstand Z_{1k}.

11.3.1 Man bestimme die Elemente der T-Ersatzschaltung als Funktion der gegebenen Widerstände.

11.3.2 Man bestimme die Größe des ausgangsseitigen Kurzschlußwiderstandes Z_{2k}.

Lösung 11.3

11.3.1 Die gesuchten Größen Z_{1l} und Z_{2l} lassen sich unmittelbar der Schaltung aus Bild 11.3 entnehmen:

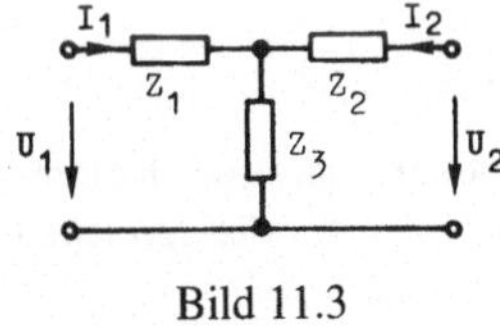

Bild 11.3

$$Z_{1l} = Z_1 + Z_3$$
$$Z_{2l} = Z_2 + Z_3$$

Wir denken uns nun das Klemmenpaar 2 kurzgeschlossen und erhalten für den eingangsseitigen Kurschlußwiderstand Z_{1k}

$$Z_{1k} = Z_1 + \frac{Z_2 Z_3}{Z_2 + Z_3}$$

Die Auflösung dieser 3 Gleichungen nach Z_1, Z_2 und Z_3 ergibt

$$Z_1 = Z_{1l} - \sqrt{(Z_{1l} - Z_{1k})Z_{2l}}$$
$$Z_2 = Z_{2l} - \sqrt{(Z_{1l} - Z_{1k})Z_{2l}}$$
$$Z_3 = \sqrt{(Z_{1l} - Z_{1k})Z_{2l}}$$

11.3.2

Der ausgangsseitige Kurschlußwiderstand läßt sich ebenfalls aus der T-Schaltung ablesen. Es ist

$$Z_{2k} = Z_2 + \frac{Z_1 Z_3}{Z_1 + Z_3}$$

Aufgabe 11.4

Gegeben ist eine Ketten-schaltung aus drei gleichen Vierpolen.

11.4.1 Man bestimme mit Hilfe der Vierpolrechnung die Größe U_1 / U_2 für $I_2 = 0$.

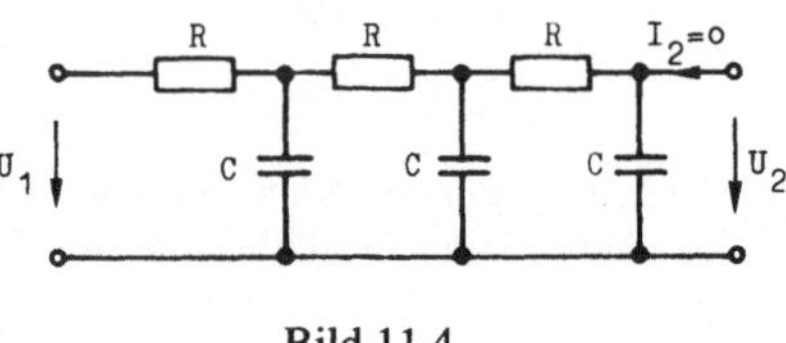

Bild 11.4

11.4.2 Für welche Kreisfrequenzen wird das Verhältnis U_1 / U_2 reell und wie groß ist in diesem Fall U_1 / U_2?

Lösung 11.4

11.4.1 Wir lösen die Auf-gabe mit Hilfe der Vierpol-rechnung. Sinnvollerweise benutzen wir hierbei die Kettengleichungen, weil der Vierpol als Kettenschaltung von drei Halbgliedern aufge-faßt werden kann, deren

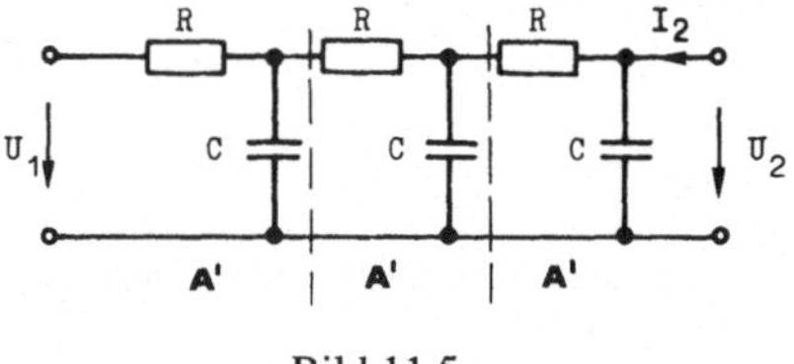

Bild 11.5

Kettenmatrizen einfach zu bestimmen sind. Gesucht ist das Verhältnis U_2 / U_1 für $I_2 = 0$. Hierfür erhalten wir aus der 1. Kettengleichung

$$U_1 = A_{11}U_2 + A_{12}I_2$$
$$I_1 = A_{21}U_2 + A_{22}I_2$$

wegen $I_2 = 0$ das Ergebnis:

$$\frac{U_1}{U_2} = A_{11},$$

d.h. wir brauchen nur einen Kettenparameter des Vierpols zu bestimmen. Bekanntlich ist die Kettenmatrix einer Kettenschaltung von Vierpolen gleich dem Produkt der Kettenmatrizen der Teilvierpole. Nennen wir die Ketten-matrix des Halbgliedes A' (Bild 11.5), dann gilt für die Kettenmatrix des gesamten Vierpols

$$A = A'A'A' \tag{11.2}$$

Zur Bestimmung von A' schreiben wir zunächst
die Kettengleichungen des Halbgliedes in allgemeiner Form an:

$$U_1 = A'_{11}U_2 + A'_{12}I_2$$
$$I_1 = A'_{21}U_2 + A'_{22}I_2$$

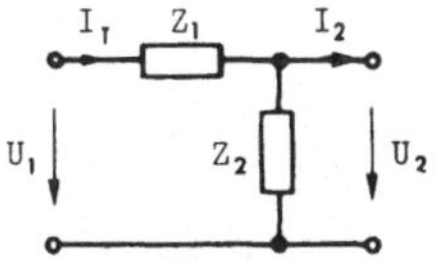

Andererseits entnehmen wir der Schaltung des
Halbgliedes (Bild 11.6) folgende Beziehungen:

Bild 11.6

$$U_1 = U_2 + Z_1 I_1 \quad \text{(Umlauf)}$$

$$I_1 = \frac{1}{Z_2}U_2 + I_2 \quad \text{(Knoten)}$$

Wir setzen die 2. Gleichung in die 1. Gleichung ein und erhalten

$$U_1 = (1 + \frac{Z_1}{Z_2})U_2 + Z_1 I_2$$

$$I_1 = \frac{1}{Z_2}U_2 + I_2$$

Hieraus ergibt sich für die Kettenmatrix des Halbgliedes

$$A = \begin{bmatrix} 1 + \dfrac{Z_1}{Z_2} & Z_1 \\ \dfrac{1}{Z_2} & 1 \end{bmatrix}$$

Wir bilden nun das Matrizenprodukt entsprechend Gl. (11.2), brauchen die
Rechnung aber nicht vollständig auszuführen, weil nur der Koeffizient A_{11}
benötigt wird. Zum besseren Überblick über die notwendigen Rechen-
operation schreiben wir das Matrizenprodukt ausführlich an:

$$\begin{bmatrix} A_{11} & \cdot \\ \cdot & \cdot \end{bmatrix} = \begin{bmatrix} A'_{11} & A'_{12} \\ A'_{21} & A'_{22} \end{bmatrix}\begin{bmatrix} A'_{11} & A'_{12} \\ A'_{21} & A'_{22} \end{bmatrix}\begin{bmatrix} A'_{11} & A'_{12} \\ A'_{21} & A'_{22} \end{bmatrix}$$

$$= \begin{bmatrix} x & x \\ \cdot & \cdot \end{bmatrix}\begin{bmatrix} A'_{11} & A'_{12} \\ A'_{21} & A'_{22} \end{bmatrix}$$

Von dem 1. Teilprodukt wird also nur die 1. Zeile benötigt:

$$\frac{U_1}{U_2} = A_{11} = (A'^2_{11} + A'_{12}A'_{21})A'_{11} + (A'_{11}A'_{12} + A'_{12}A'_{22})A'_{21}$$

$$\frac{U_1}{U_2} = \left(1 + \frac{Z_1}{Z_2}\right)^3 + 2\left(1 + \frac{Z_1}{Z_2}\right)\frac{Z_1}{Z_2} + \frac{Z_1}{Z_2}$$

$$= 1 + 6\frac{Z_1}{Z_2} + 5\left(\frac{Z_1}{Z_2}\right)^2 + \left(\frac{Z_1}{Z_2}\right)^3$$

Mit $Z_1 = R$ und $Z_2 = 1 / j\omega C$ wird

$$\frac{U_1}{U_2} = 1 - 5(\omega CR)^2 + j\left[6\,\omega CR - (\omega CR)^3\right].$$

11.4.2

Das Verhältnis U_2 / U_1 wird reell für den Fall

$$\mathrm{Im}\frac{U_1}{U_2} = 0 = \omega CR\left[6 - (\omega CR)^2\right].$$

Diese Gleichung hat die Lösungen

$$\omega_1 = 0$$

$$\omega_2 = \pm\frac{\sqrt{6}}{RC}$$

Zur Berechnung von U_2 / U_1 setzen wir die Kreisfrequenzen ω_1 und ω_2 in den Ausdruck für U_2 / U_1 ein und berücksichtigen außerdem, daß für diese Kreisfrequenzen der Imaginärteil von U_2 / U_1 gleich null ist:

$$\omega_1 = 0 \quad \rightarrow \quad \frac{U_1}{U_2} = 1$$

$$\omega_2 = \pm\frac{\sqrt{6}}{RC} \quad \rightarrow \quad \frac{U_1}{U_2} = -29$$

Aufgabe 11.5

In der nebenstehenden Schaltung ist $I_2 = 0$.

11.5.1 Man bestimme das Verhältnis U_1 / U_2 mit Hilfe der Matrizenrechnung.

11.5.2 Für welche Kreisfrequenz wird das Verhältnis U_1 / U_2 reell?

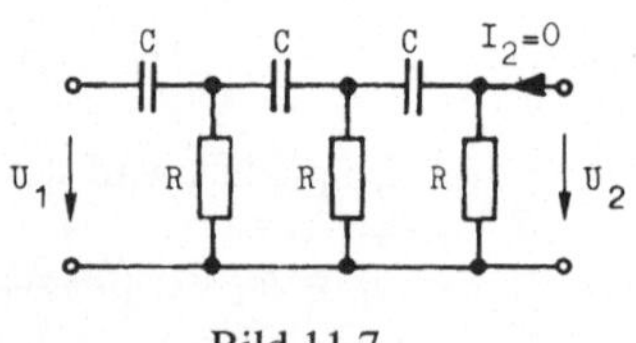

Bild 11.7

Lösung 11.5

Die Aufgabe entspricht im Lösungsweg der Aufgabe 11.4. Die Ergebnisse lauten:

11.5.1

$$\frac{U_2}{U_1} = \frac{1}{A_{11}} = \frac{1}{1 - \dfrac{5}{(\omega CR)^2} + j\left[-\dfrac{6}{\omega CR} + \dfrac{1}{(\omega CR)^2} \right]}$$

11.5.2

$$\omega_1 = \infty \qquad \rightarrow \quad \frac{U_1}{U_2} = 1$$

$$\omega_2 = \pm\frac{1}{RC\sqrt{6}} \qquad \rightarrow \quad \frac{U_1}{U_2} = -29$$

Aufgabe 11.6

Der gegebene Vierpol ist am Klemmenpaar 2 kurzgeschlossen.

11.6.1 Man berechne das Verhältnis I_{2k} / I_1.

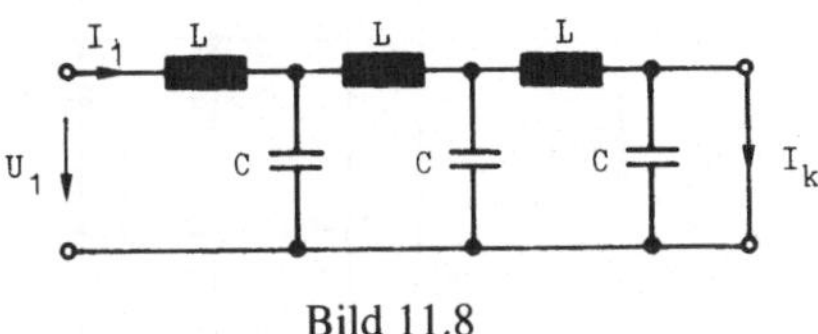

Bild 11.8

11.6.2 Gibt es eine oder mehrere Frequenzen, für die die Amplitude des Kurzschlußstromes I_{2k} bei einem Eingangsstrom mit endlicher Amplitude über alle Grenzen anwächst? Welche Frequenzen sind dies?

Lösung 11.6

11.6.1 Es ist das Verhältnis I_{2k} / I_1 zu bestimmen. Den Kettengleichungen entnehmen wir, daß

$$\frac{I_{2k}}{I_1} = \frac{1}{A_{22}} \quad \text{für} \quad U_2 = 0$$

ist. Bei der Berechnung von A_{22} können wir genauso vorgehen wie in Aufgabe 11.4. Das Ergebnis lautet:

$$\frac{I_{2k}}{I_1} = \frac{1}{1 - 3\omega^2 LC + (\omega^2 LC)^2}$$

11.6.2

Die Amplitude des Kurzschlußstromes I_{2k} wächst bei endlichem I_1 dann
über alle Grenzen, wenn der Nenner des Ergebnisses für I_{2k} / I_1 gleich null
wird. Diese Forderung ist für

$$\omega_1 = \pm\sqrt{\frac{3+\sqrt{5}}{2LC}}$$

$$\omega_2 = \pm\sqrt{\frac{3-\sqrt{5}}{2LC}}$$

erfüllt.

Aufgabe 11.7

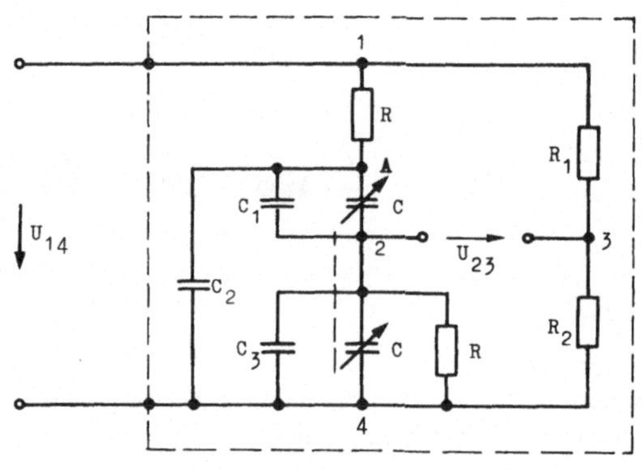

Bild 11.9

Der Zweifachdrehkondensator, der in der Schaltung von Aufgabe 10.18
benötigt wird, ist ein Bauelement mit erheblicher räumlicher Ausdehnung.
Die Streukapazitäten zwischen den einzelnen Teilen des Drehkondensators
und der Abschirmung sind deshalb nicht vernachlässigbar klein. Dabei soll
angenommen werden, daß die Abschirmung mit Punkt 4 der Schaltung
verbunden ist. Denkt man sich die Streukapazitäten durch Kondensatoren
ersetzt, dann muß die ursprüngliche Schaltung der Wien-Robinson-Brücke
durch drei Kondensatoren C_1, C_2 und C_3 ergänzt werden, wie in Bild 11.9
angegeben (warum?).

11.7.1 Man berechne das Spannungsverhältnis U_{24} / U_{14}. Dabei fasse man
den Brückenzweig 1, A, 2, 4 als Kettenschaltung zweier Vierpole auf.

11.7.2 Für welche Frequenz wird das Verhältnis U_{24} / U_{14} reell?

11.7.3 Welche Beziehung muß zwischen den Streukapazitäten C_1, C_2 und C_3 bestehen, damit die Spannung U_{24} für die in Punkt 2 berechnete Frequenz unabhängig von der Kapazität C des Zweifach-Drehkondensators wird? Wie groß muß in diesem Fall das Verhältnis R_1 / R_2 sein, damit die Spannung U_{23} gleich Null wird?

Lösung 11.7

11.7.1 Der Brückenzweig 1, A, 2, 4 kann als Kettenschaltung zweier Halbglieder aufgefaßt werden. Da in dem Brückenzweig 2, 3 kein Strom fließt, entspricht der Rechengang zur Bestimmung von U_{24} / U_{14} im Prinzip dem Lösungsweg von Aufgabe 11.4. Wir erhalten folgendes Ergebnis:

$$\frac{U_{14}}{U_{24}} = A_{11} = 2 + \frac{C + C_2 + C_3}{C + C_1} +$$

$$+ j\left[\omega C_2 R(1 + \frac{C + C_3}{C + C_1}) + \omega R(C + C_3) - \frac{1}{\omega R(C + C_1)} \right]$$

11.7.2

Das Verhältnis U_{14} / U_{24} wird reell für den Fall

$$\operatorname{Im}\{A_{11}\} = 0 = \omega C_2 R(1 + \frac{C + C_3}{C + C_1}) + \omega R(C + C_3) - \frac{1}{\omega R(C + C_1)}$$

Die Lösungen dieser Gleichung lauten:

$$\omega_0 = \pm \frac{1}{R\sqrt{(C + C_1)(C + C_3) + C_2(2C + C_1 + C_3)}}$$

Dieses Ergebnis muß die Abgleichbedingung der idealen Wien-Robinson Brücke ($C_1 = C_2 = C_3 = 0$) als Sonderfall enthalten. Wir setzen deshalb $C_1 = C_2 = C_3 = 0$ und erhalten die Abgleichbedingung

$$\omega_0 = \pm \frac{1}{RC},$$

die uns bereits aus Aufgabe 10.18 bekannt ist.

11.7.3

Wir bestimmen zunächst das Spannungsverhältnis U_{24} / U_{14} für die Frequenz ω_0: Wegen $\mathrm{Im}\{U_{14} / U_{24}\} = 0$ erhalten wir das Ergebnis

$$\frac{U_{14}}{U_{24}} = 2 + \frac{C + C_2 + C_3}{C + C_1}.$$

Dieses Verhältnis ist offensichtlich für ein beliebiges Wertetripel C_1, C_2 und C_3 nicht unabhängig von C. Da die Variable C sowohl im Zähler als auch im Nenner in der 1. Potenz auftritt, können wir eine Konstante von dem Bruch abspalten, indem wir den Bruch teilweise ausdividieren:

$$\frac{C + C_2 + C_3}{C + C_1} = 1 + \frac{C_2 + C_3 - C_1}{C + C_1}$$

Offensichtlich wird der Wert des Bruches unabhängig von C, wenn der Rest verschwindet, wenn also

$$C_2 + C_3 - C_1 = 0$$

ist. Für diesen Fall beträgt das Spannungsverhältnis U_{14} / U_{24}

$$\frac{U_{14}}{U_{24}} = 3$$

Wir bestimmen nun das Verhältnis R_1 / R_2 für den Fall $U_{23} = 0$. Wegen

$$U_{23} = U_{24} - U_{34}$$

ist die Bedingung $U_{23} = 0$ für

$$\frac{U_{14}}{U_{34}} = 3 \tag{11.5}$$

erfüllt. Andererseits entnehmen wir der Schaltung, daß

$$\frac{U_{14}}{U_{34}} = \frac{R_1 + R_2}{R_2}$$

ist. Wir setzen dieses Ergebnis mit (11.5) gleich:

$$\frac{U_{14}}{U_{34}} = \frac{R_1 + R_2}{R_2} = 3 \quad \rightarrow \quad \frac{R_1}{R_2} = 2$$

Das Widerstandsverhältnis ist demnach genauso groß wie bei der idealen Wien-Robinson Brücke.

Aufgabe 11.8

Die sich entsprechenden Klemmenpaare der beiden T-Glieder sollen in Reihe geschaltet werden.

8.1 In welchen Fällen der Zusammenschaltung ist die Widerstandsmatrix Z des gesamten Vierpols gleich der Summe der einzelnen Widerstandsmatrizen?

8.2 Man bestimme die Widerstandsmatrix Z des zusammengeschalteten Vierpols.

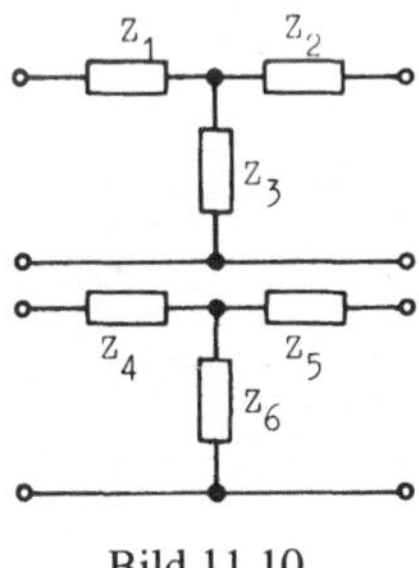

Bild 11.10

Lösung 11.8

11.8.1 Die entsprechenden Tore der Teilvierpole sollen so in Reihe geschaltet werden, daß die Widerstandsmatrix Z des gesamten Vierpols gleich der Summe der Widerstandsmatrizen der beiden Teilvierpole ist.

Eine notwendige und hinreichende Bedingung hierfür lautet (siehe Abschnitt 11.5 des Bandes "Grundlagen der Elektrotechnik III"): In der Prüfschaltung Bild 11.11 muß U gleich

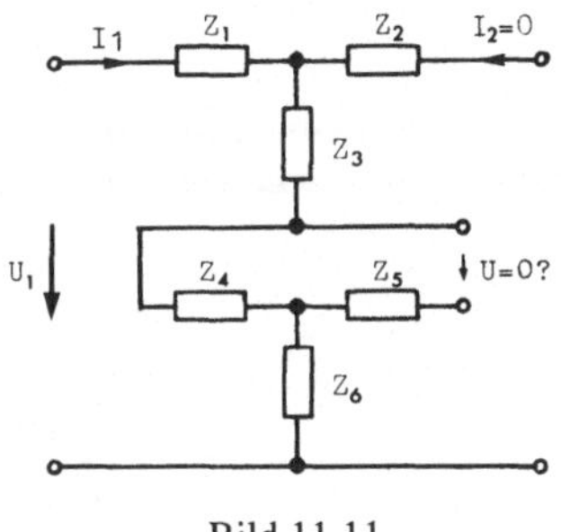

Bild 11.11

null sein. Dasselbe gilt für die umgekehrte Betriebsrichtung. Offensichtlich ist die Bedingung hier nicht erfüllt, wir erhalten nämlich aus einem Spannungsumlauf

$$U = Z_4 \, I_1$$

Dagegen ist die Bedingung $U = 0$ für beide Betriebsrichtungen erfüllt, wenn wir den unteren Teilvierpol um seine Längsachse drehen (Bild 11.12).

Die Bedingung $U = 0$ bzw. $I = 0$ ist bei geschlossener Masche auch dann erfüllt, wenn wir an einem der vier Klemmenpaare der Teilvierpole einen idealen Übertrager mit dem Übersetzungsverhältnis $ü = 1$ zwischenschalten (Bild 11.13). Der Übertrager verändert die Vierpoleigenschaften des Teilvierpoles nicht, erzwingt aber, daß die Klemmenströme aller Teilvierpol-Tore entgegengesetzt gleich sind. Aus diesem Verhalten folgt nach der

Kirchhoffschen Knotengleichung die Tatsache $I = 0$ bzw. $U = 0$, falls man den Zweig der Prüfschaltung auftrennt

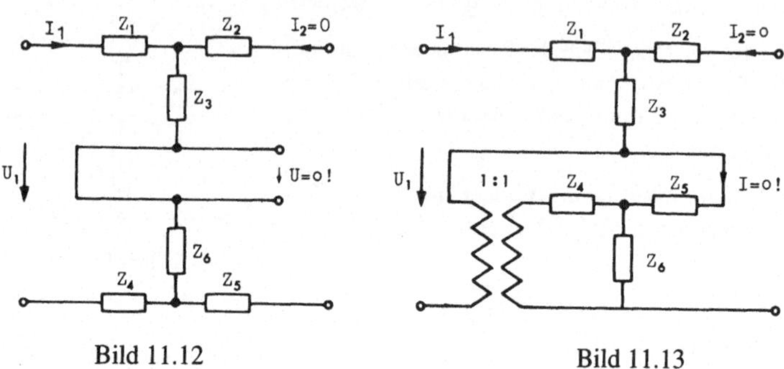

Bild 11.12   Bild 11.13

11.8.2

Wir erhalten zusammen mit den Widerstandsmatrizen $\mathbf{Z}'$ und $\mathbf{Z}''$ der Teilvierpole folgendes Ergebnis für die Matrix des zusammengeschalteten Vierpols:

$$\mathbf{Z} = \mathbf{Z}' + \mathbf{Z}'' = \begin{bmatrix} Z_1 + Z_3 & Z_3 \\ Z_3 & Z_2 + Z_3 \end{bmatrix} + \begin{bmatrix} Z_4 + Z_6 & Z_6 \\ Z_6 & Z_5 + Z_6 \end{bmatrix}$$

$$= \begin{bmatrix} Z_1 + Z_3 + Z_4 + Z_6 & Z_3 + Z_6 \\ Z_3 + Z_6 & Z_2 + Z_3 + Z_5 + Z_6 \end{bmatrix}$$

Dasselbe Ergebnis folgt auch unmittelbar aus je einem Spannungsumlauf am Tor 1 und Tor 2 der Schaltung 11.12.

Aufgabe 11.9

Gegeben ist der dargestellte Vierpol. Man bestimme die Elemente seiner Leitwertmatrix $\mathbf{Y}$

11.9.1 durch Addition der Matrizen zweier einfacher Vierpole,

11.9.2 unmittelbar aus dem kurzgeschlossenen bzw. leerlaufenden Vierpol.

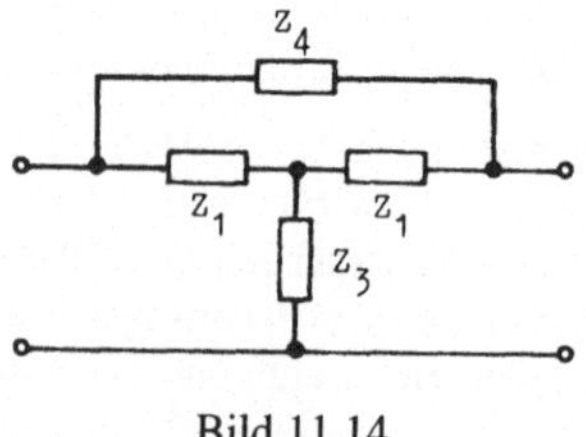

Bild 11.14

Lösung 11.9

11.9.1 Wir fassen das über-
brückte T-Glied als Parallelschaltung zweier einfacher
Teilvierpole auf. Die Leitwertmatrix des gesamten Vierpols
ist dann gleich der Summe der
Leitwertmatrizen Y' und Y''
der Teilvierpole:

$$Y = Y' + Y''$$

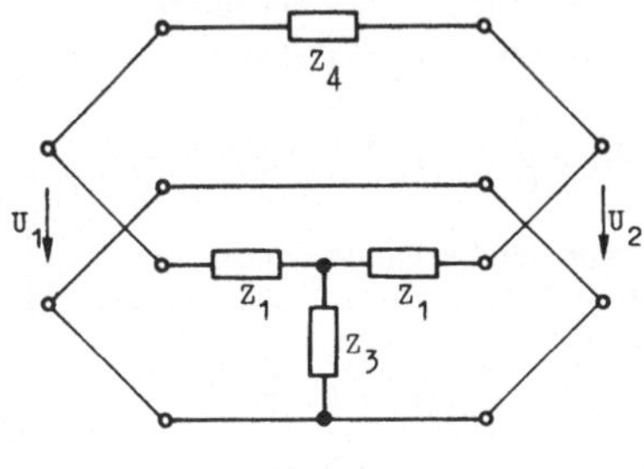

Bild 11.15

Die Leitwertmatrix Y' des oberen Teilvierpols können wir unmittelbar
angeben:

$$Y' = \begin{bmatrix} \dfrac{1}{Z_4} & -\dfrac{1}{Z_4} \\ -\dfrac{1}{Z_4} & \dfrac{1}{Z_4} \end{bmatrix}$$

Die Leitwerkmatrix Y'' des T-Gliedes haben wir bereits in Aufgabe 11.1
bestimmt: Es gilt mit $Z_2 = Z_1$

$$Y'' = \frac{1}{Z_1^2 + 2Z_1 Z_2} \begin{bmatrix} Z_1 + Z_3 & -Z_3 \\ -Z_3 & Z_1 + Z_3 \end{bmatrix}$$

Damit ergibt sich für die Leitwertmatrix Y des gesamten Vierpols:

$$Y = \begin{bmatrix} \dfrac{Z_1 + Z_3}{Z_1^2 + 2Z_1 Z_2} + \dfrac{1}{Z_4} & \dfrac{-Z_3}{Z_1^2 + 2Z_1 Z_2} - \dfrac{1}{Z_4} \\ \dfrac{-Z_3}{Z_1^2 + 2Z_1 Z_2} - \dfrac{1}{Z_4} & \dfrac{Z_1 + Z_3}{Z_1^2 + 2Z_1 Z_2} + \dfrac{1}{Z_4} \end{bmatrix}$$

11.9.2

Wir überlegen zunächst, wie viele Leitwertparameter zu bestimmen sind: Da
es sich um einen umkehrbaren Vierpol handelt ist $Y_{21} = Y_{12}$. Außerdem ist
der Vierpol symmetrisch zur Mittelachse, so daß $Y_{11} = Y_{22}$ wird. D. h.: wir
brauchen nur die zwei Leitwertparameter einer Zeile oder Spalte der Leitwertmatrix zu bestimmen. Hierzu schreiben wir die Leitwertgleichungen an:

$$I_1 = Y_{11}U_1 + Y_{12}U_2$$
$$I_2 = Y_{21}U_1 + Y_{22}U_2$$

Aus der ersten Zeile folgt für den ausgangsseitigen Kurzschluß:

$$Y_{11} = \frac{I_1}{U_1} = Y_{1k} \quad \text{für} \quad U_2 = 0$$

Entsprechend erhalten wir aus der 2. Zeile

$$Y_{21} = \frac{I_2}{U_1} \quad \text{für} \quad U_2 = 0$$

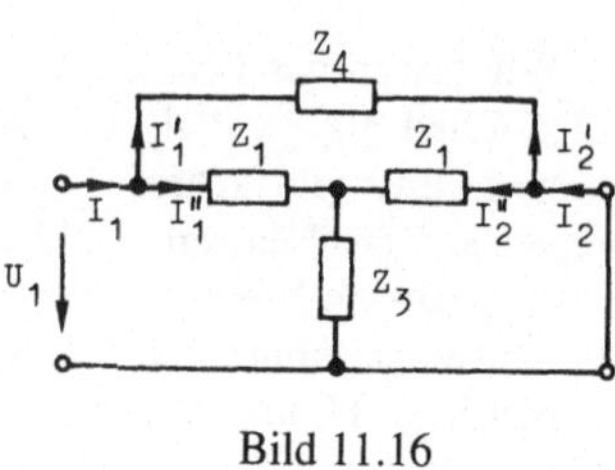

Bild 11.16

Damit sind alle Leitwertparameter bestimmt. An Hand der Schaltung erhalten wir folgende Ergebnisse:

$$Y_{11} = Y_{1k} = \frac{1}{Z_{1k}} = \frac{1}{Z_4 \| (Z_1 + Z_1 \| Z_3)}$$

Ausführlich geschrieben lautet diese Gleichung

$$Y_{11} = \frac{1}{Z_4} + \frac{1}{Z_1 + \dfrac{Z_1 Z_3}{Z_1 + Z_3}}$$

$$= \frac{1}{Z_4} + \frac{Z_1 + Z_3}{Z_1^2 + 2 Z_1 Z_3}$$

Zur Berechnung von I_2 / U_1 denken wir uns die Ströme I_1 und I_2 in die Teilströme I_1' und I_1'' bzw. I_2' und I_2'' zerlegt. Es ist dann

$$I_2 = I_2' + I_2''$$

Wegen des Kurzschlusses beträgt

$$I_2' = -I_1' = -\frac{U_1}{Z_4}$$

Den Teilstrom I_2'' bestimmen wir mit Hilfe des Ergebnisses der Grundaufgabe 10.1.4; hierbei müssen wir lediglich die andere Zuordnung der Zählpfeile von I_2'' und U_1 beachten:

$$I_2'' = -\frac{Z_3}{Z_1^2 + 2 Z_1 Z_3} U_1$$

Damit ergibt sich für Y_{21}

$$Y_{21} = \frac{I_2}{U_1} = \frac{I_2' + I_2''}{U_1} = -\frac{1}{Z_4} - \frac{Z_3}{Z_1^2 + 2 Z_1 Z_3}$$

Wir sehen, daß die unmittelbare Bestimmung der Leitwertparameter wesentlich aufwendiger ist als die 1. Methode, weil wir nur in beschränktem Maße auf bereits Bekanntes zurückgreifen können.

Aufgabe 11.10

In der dargestellten Schaltung sind L, C, R und $u_1(t) = \hat{u}_1 \cos\omega t$ gegeben.

11.10.1 Man berechne die an R abgegebene mittlere Leistung.

11.10.2 Gibt es eine oder mehrere Frequenzen, für die die von der Spannungsquelle abgegebene mittlere Leistung gleich null wird? Man bestimme diese Frequenz oder diese Frequenzen.

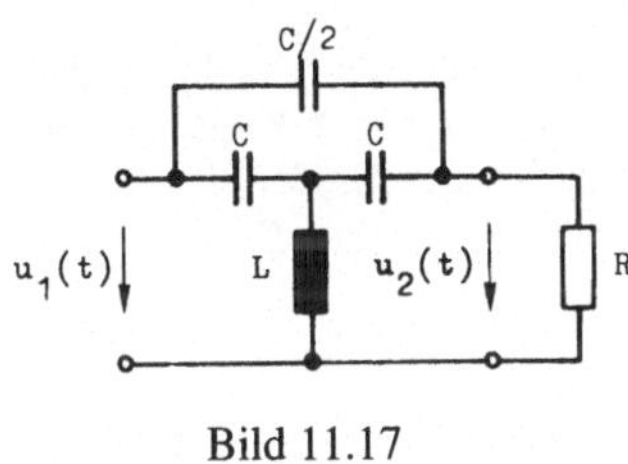

Bild 11.17

Lösung 11.10

Die gesuchten Größen lassen sich mit Hilfe der Leitwertparameter bestimmen. Die Ermittlung der Leitwertparameter verläuft entsprechend zur Aufgabe 11.9.

11.10.1

$$\overline{P} = \frac{\hat{u}^2}{2} \cdot \frac{R\left[\omega C(1 - 4\omega^2 LC)\right]^2}{\left[2(1 - 2\omega^2 LC)\right]^2 + \left[\omega CR(3 - 4\omega^2 LC)\right]^2}$$

11.10.2

$$\overline{P} = 0 \;\rightarrow\; \omega_1 = 0; \quad \omega_2 = \pm\frac{1}{2\sqrt{LC}}$$

Aufgabe 11.11

In der dargestellten Schaltung sind die Größen R, R_1, R_2, C und ω gegeben.

11.11.1 Man bestimme aus der Leitwertmatrix des Vierpols das Verhältnis U_2 / U_1.

11.11.2 Welche Beziehung muß für eine gegebene Kreisfrequenz zwischen den Größen R_1, R_2 und C bestehen, damit U_2 / U_1 gleich null wird?

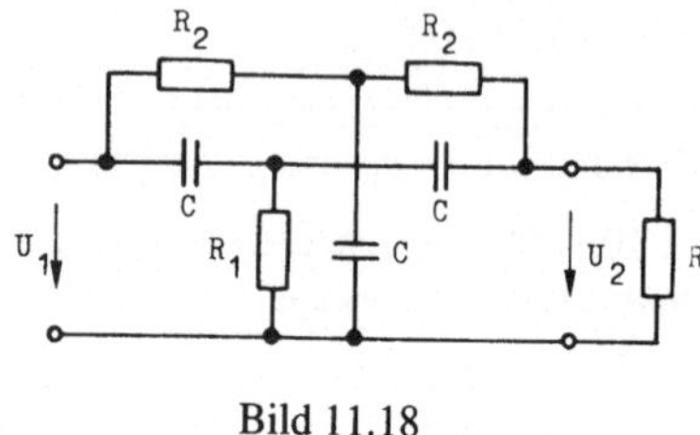

Bild 11.18

Lösung 11.11

Die gesuchten Größen lassen sich mit Hilfe der Leitwertparameter bestimmen. Die Ermittlung der Leitwertparameter verläuft entsprechend zur Aufgabe 11.9:

11.11.1

$$\frac{U_2}{U_1} = \frac{-Y_{21}}{Y_{22} + \dfrac{1}{R}}$$

mit

$$Y_{21} = \frac{(\omega C)^2 R_1}{1 + j2\omega CR_1} - \frac{1}{R_2(2 + j\omega CR_2)}$$

$$Y_{22} = \frac{j\omega C(1 + j\omega CR_1)}{1 + j2\omega CR_1} + \frac{1 + j\omega CR_2}{R_2(2 + j\omega CR_2)}$$

11.11.2

$$\frac{U_2}{U_1} = 0 \;\rightarrow\; \frac{R_2}{R_1} = 4; \quad C = \frac{1}{\omega R_1 \, 2\sqrt{2}}$$

Aufgabe 11.12

11.12.1 Man berechne den Wellenwiderstand Z_0 der dargestellten symmetrischen Kreuzschaltung.

12.2 Der Eingang des Vierpols wird an eine Spannungsquelle mit dem Innenwiderstand R und der Leerlaufspannung U_0 gelegt, während der Ausgang des Vierpols mit dem gleichen Widerstand R belastet wird. Man bestimme für den Fall $Z_0 = R$ die Spannungen U_1 und U_2 und die vom Abschlußwiderstand aufgenommene mittlere Leistung $\overline{P}$.

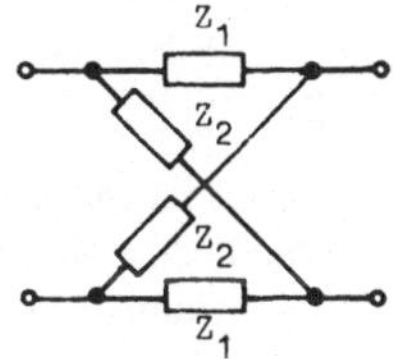

Bild 11.20

Lösung 11.12

11.12.1 Wegen der Symmetrie des Vierpols sind die Wellenwiderstände an beiden Toren des Vierpols gleich groß. Zu ihrer Berechnung benutzen wir die Beziehung

$$Z_0 = \sqrt{Z_{1l}\, Z_{1k}}$$

Hierbei ist Z_{1l} die Eingangsleerlauf-Impedanz und Z_{1k} die Eingangskurzschluß-Impedanz. Wir erhalten für Bild 11.21

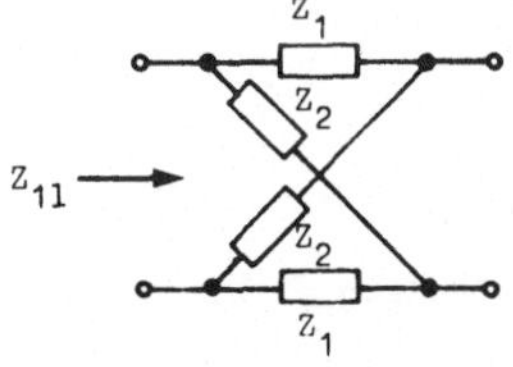

Bild 11.21

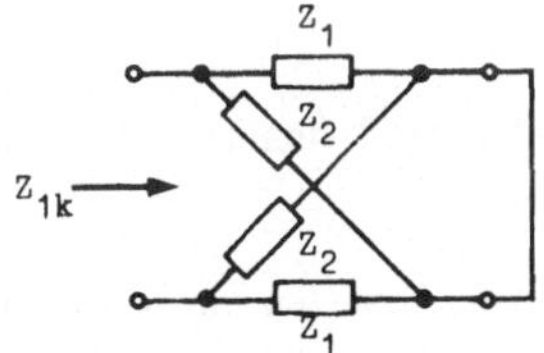

Bild 11.22

$$Z_{1l} = (Z_1 + Z_2)\|(Z_1 + Z_2)$$
$$= \frac{(Z_1 + Z_2)(Z_1 + Z_2)}{2(Z_1 + Z_2)} = \frac{1}{2}(Z_1 + Z_2)$$

und für Bild 11.22:

$$Z_{1k} = Z_1 \| Z_2 + Z \| Z_2$$

$$= 2\frac{Z_1 Z_2}{Z_1 + Z_2}$$

Hieraus folgt für den Wellenwiderstand Z_0

$$Z_0 = \sqrt{Z_{1l}\, Z_{1k}} = \sqrt{Z_1 Z_2}$$

11.12.2

Der Vierpol ist mit seinem Wellenwiderstand $Z_0 = R$ abgeschlossen.
Die Eingangsimpedanz des Vierpols
ist deshalb gleich dem Wellenwiderstand, so daß U_1 gleich der halben
Leerlaufspannung U_0 wird:

$$U_1 = \frac{U_0}{2}$$

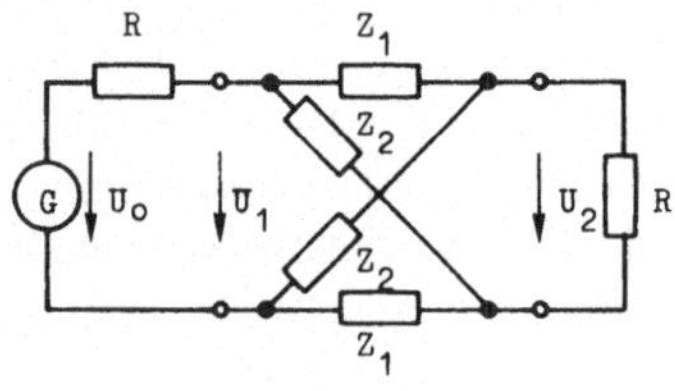

Bild 11.23

Die Spannung U_2 können wir beispielsweise aus den Vierpolgleichungen
bestimmen. Dabei ist im Prinzip jede Form der Vierpolgleichungen brauchbar; die Entscheidung für eine bestimmte Darstellung werden wir deshalb
nach dem Gesichtspunkt möglichst geringen Arbeitsaufwandes fällen.
Hierzu erinnern wir uns, daß wir im 1. Teil der Aufgabe bereits die Größen
Z_{1l} und Z_{1k} des Vierpols bestimmt haben. Bekanntlich ist

$$Z_{1k} = \frac{1}{Y_{1k}} = \frac{1}{Y_{11}} = 2\frac{Z_1 Z_2}{Z_1 + Z_2}$$

Wegen der Symmetrie gilt weiter

$$Y_{11} = Y_{22}$$

d.h., wir benutzen sinnvollerweise die Leitwertgleichungen für die Berechnung von U_2. Aus den Leitwertgleichungen

$$I_1 = Y_{11}U_1 + Y_{12}U_2$$

$$I_2 = Y_{21}U_1 + Y_{22}U_2$$

folgt mit $I_2 = -U_2 / R$

$$U_2 = \frac{-Y_{21}}{1/R + Y_{22}}U_1$$

In diesem Ausdruck ist die Größe Y_{21} unbekannt. Hierfür erhalten wir aus der 2. Leitwertgleichung

$$Y_{21} = \frac{I_2}{U_1} \quad \text{für} \quad U_2 = 0$$

d.h., für den kurzgeschlossenen Vierpol ist das Verhältnis I_2 / U_1 zu bestimmen (Bild 11.24). Die Spannung an jeder Impedanz ist gleich $U_1 / 2$, so daß für I_2 gilt:

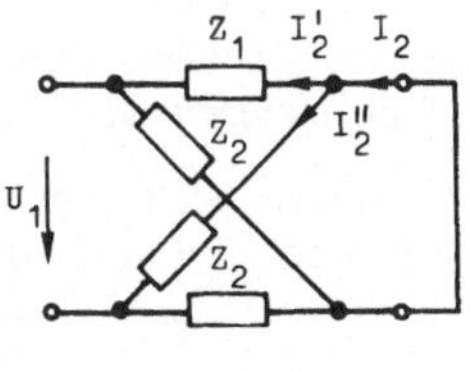

Bild 11.24

$$I_2 = I'_2 + I''_2 = -\frac{U_1}{2Z_1} + \frac{U_1}{2Z_2} = \frac{U_1}{2}\left(\frac{1}{Z_2} - \frac{1}{Z_1}\right)$$

$$Y_{21} = \frac{I_2}{U_1} = \frac{1}{2}\left(\frac{1}{Z_2} - \frac{1}{Z_1}\right)$$

(Ein anderer Weg zur Bestimmung der Leitwertparameter eines Kreuzgliedes ist in Abschnitt 11.5 des Bandes "Grundlagen der Elektrotechnik III" angegeben).

Nachdem wir Y_{11} und Y_{21} bestimmt haben, setzen wir diese Werte in den Ausdruck für U_2 ein:

$$U_2 = \frac{-\frac{1}{2}\left(\frac{1}{Z_2} - \frac{1}{Z_1}\right)}{\frac{1}{R} + \frac{1}{2}\frac{Z_1 + Z_2}{Z_1 Z_2}} \cdot \frac{U_0}{2} = \frac{Z_2 - Z_1}{Z_2 + Z_1 + \frac{2Z_1 Z_2}{R}} \cdot \frac{U_0}{2}$$

Hieraus folgt wegen $Z_0 = \sqrt{Z_1 Z_2} = R$

$$U_2 = \frac{Z_2 - Z_1}{Z_2 + Z_1 + \frac{2Z_1 Z_2}{R}} \cdot \frac{U_0}{2} = \frac{R^2 - Z_1^2}{R^2 + 2RZ_1 + Z_1^2} \cdot \frac{U_0}{2}$$

$$= \frac{(R + Z_1)(R - Z_1)}{(R + Z_1)^2} \cdot \frac{U_0}{2} = \frac{R - Z_1}{R + Z_1} \cdot \frac{U_0}{2}$$

Schließlich erhalten wir für die vom Widerstand R aufgenommene mittlere Leistung

$$\bar{P} = \frac{|U_2|^2}{2R} = \frac{|U_0|^2}{8R}\left|\frac{R - Z_1}{R + Z_1}\right|^2$$

Aufgabe 11.13

11.13.1 Man berechne für den nebenstehenden Vierpol den Wellenwiderstand

11.13.2 Man bestimme für $Z_0 = R$ und $Z_1 = j\omega L$ die Größe Z_2.

11.13.3 An das Klemmenpaar 1 wird ein Generator mit dem Innenwiderstand
$$R = Z_0$$

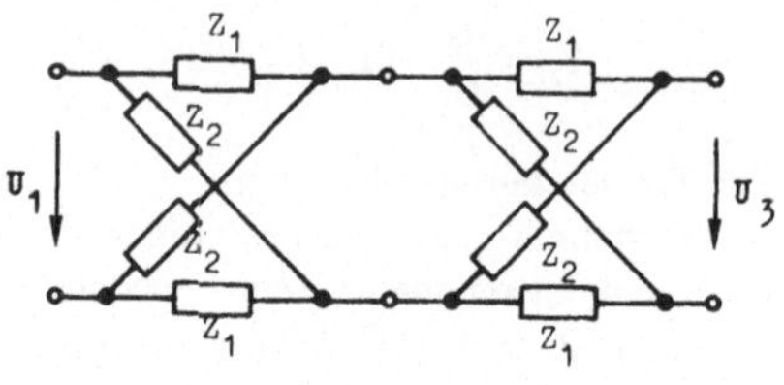

Bild 11.25

gelegt, während das Klemmenpaar 2 mit einem Widerstand $R = Z_0$ belastet wird. Man berechne für $Z_1 = j\omega L$ die Spannungen U_1 und U_3 und die vom Abschlußwiderstand aufgenommene mittlere Leistung $\overline{P}$.

Lösung 11.13

11.13.1 Die beiden Teilvierpole der Kettenschaltung haben an dem zusammenstossenden Klemmenpaar den gleichen Wellenwiderstand, so daß der Wellenwiderstand des gesamten Vierpols wegen der Symmetrie gleich dem Wellenwiderstand des Teilvierpols ist, den wir bereits in Aufgabe 11.12 berechnet haben

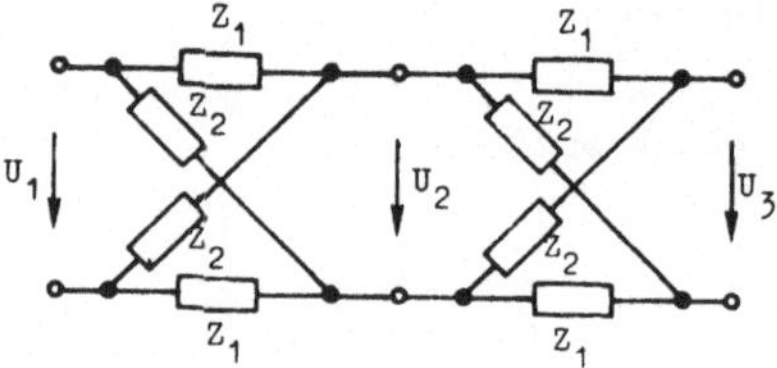

Bild 11.26

$$Z_0 = \sqrt{Z_{1l}\, Z_{1k}} = \sqrt{Z_1\, Z_2}$$

11.13.2

Für $Z_1 = j\omega L$ wird

$$Z_2 = \frac{R^2}{j\omega L}$$

11.13.3

Laut Aufgabenstellung ist die Vierpolkette mit ihrem Wellenwiderstand abgeschlossen. In diesem Fall ist das Verhältnis von Ausgangs- zur Eingangsspannung bei jedem Teilvierpol gleich groß:

$$\frac{U_2}{U_1} = \frac{U_3}{U_2}$$

Hieraus folgt

$$\frac{U_3}{U_1} = \left(\frac{U_2}{U_1}\right)^2$$

Mit dem Ergebnis für U_2 / U_1 aus Aufgabe 11.12 wird

$$U_3 = \left(\frac{R-Z_1}{R+Z_1}\right)^2 U_1 = \left(\frac{R-Z_1}{R+Z_1}\right)^2 \frac{U_0}{2}$$

Für $Z_1 = j\omega L$ erhalten wir schließlich

$$\overline{P} = \frac{1}{2}\frac{|U_2|^2}{R} = \frac{1}{8}\frac{|U_0|^2}{R}$$

Man überlege sich, wie man das letzte Ergebnis unmittelbar aus der Tatsache folgern kann, daß im Vierpol keine Leistung in Wärme umgesetzt wird.

Aufgabe 11.14

Gegeben ist ein Vierpol aus den Elementen Z_1, Z_2 und R.

11.14.1 Man bestimme den Wellenwiderstand Z des Vierpols.

11.14.2 Welcher Zusammenhang besteht zwischen den Größen Z_1, Z_2 und R für den Sonderfall $Z = R$?

11.14.3 Man bestimme Z_2 für den Fall $Z_1 = R$ und $Z_1 = j\omega L$. Man gebe ein Bauelement an, dessen Impedanz gleich Z_2 ist.

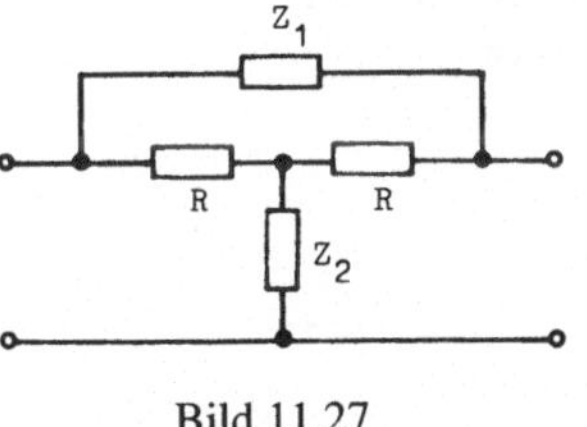

Bild 11.27

11.14.4 Der Vierpol mit dem Wellenwiderstand $Z = R$ wird mit seinem Klemmenpaar 1 an eine Wechselspannungsquelle mit der Leerlaufspannung U_0 und dem Innenwiderstand $R_i = R$ angeschlossen und an dem Klemmenpaar 2 mit dem ohmschen Widerstand $R_a = R$ belastet. Man berechne für den Fall $Z_1 = j\omega L$ die Größen U_1 und U_2 und die vom Abschlußwiderstand aufgenommene mittlere Leistung $\overline{P}$

Lösung 11.14

Wir erhalten entsprechend zum Lösungsgang der Aufgabe 11.12 die Ergebnisse:

11.14.1

$$Z = \sqrt{\frac{R + 2Z_2}{2R + Z_1} R Z_1}$$

11.14.2

$$Z^2 = R^2 = Z_1 Z_2$$

11.14.3

$$Z_1 = R \quad \rightarrow Z_2 = R \qquad \text{(ohmscher Widerstand)}$$

$$Z_1 = j\omega L \rightarrow Z_2 = \frac{R^2}{j\omega L} \qquad \text{(Kondensator mit der Kapazität } C = \frac{L}{R^2}\text{)}$$

11.14.4 Es ist

$$U_1 = \frac{U_0}{2}$$

Zur Bestimmung von U_2 greifen wir auf die Ergebnisse von Aufgabe 11.9 zurück

$$U_2 = \frac{-Y_{21}}{\dfrac{1}{R} + Y_{22}} \frac{U_0}{2} = \frac{R}{R + Z_1} \frac{U_0}{2}$$

Für $Z_1 = j\omega L$ wird

$$\overline{P} = \frac{|U_0|^2}{8} \frac{R}{R^2 + (\omega L)^2}$$

Aufgabe 11.15

11.15.1 Für den gegebenen Vierpol bestimme man die Abbildung der Achsen der
Z_2-Ebene auf die Z_1-Ebene.

11.15.2 Man bestimme die Abbildung des
komplexen Widerstandes

$$Z_2 = \frac{1}{\omega C} e^{j\varphi} \quad \text{für} \quad -\pi/2 \le \varphi \le 0$$

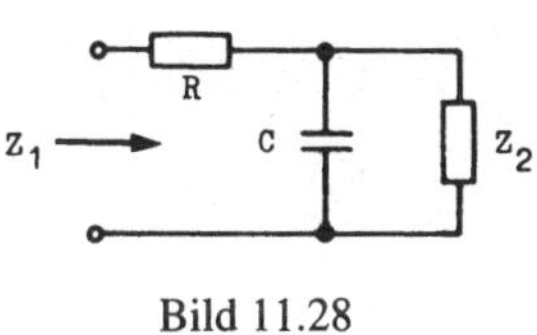

Bild 11.28

Lösung 11.15

11.15.1 Es ist

$$Z_1 = R + \frac{1}{j\omega C + \dfrac{1}{Z_2}}.$$

Mit $Z_2 = R_2 + jX_2$ erhalten wir

$$Z_1 = R + \frac{1}{j\omega C + \dfrac{1}{R_2 + jX_2}}$$

Wir bestimmen zunächst die Abbildung der reellen Achse der Z_2-Ebene auf
die Z_1-Ebene. Es gilt für die reelle Achse

$$X_2 = 0$$
$$R_2 = -\infty \ldots +\infty$$

Damit wird

$$Z_1 = R + \frac{1}{j\omega C + \dfrac{1}{R_2}}$$

d.h., wir haben die Ortskurve der Größe $Z_1(R_2)$ zu bestimmen. Dabei
können wir auf die aus Abschnitt 10 bekannten Methoden zurückgreifen:
Die Ortskurve des Nenners ist eine Gerade im Abstand ωC parallel zur
reellen Achse (Bild 11.29); die Inversion ergibt einen Kreis, der die reelle
Achse im Nullpunkt berührt (Bild 11.30). Der Summand R bewirkt schließlich eine Verschiebung in Richtung der reellen Achse (Bild 11.31).

4*

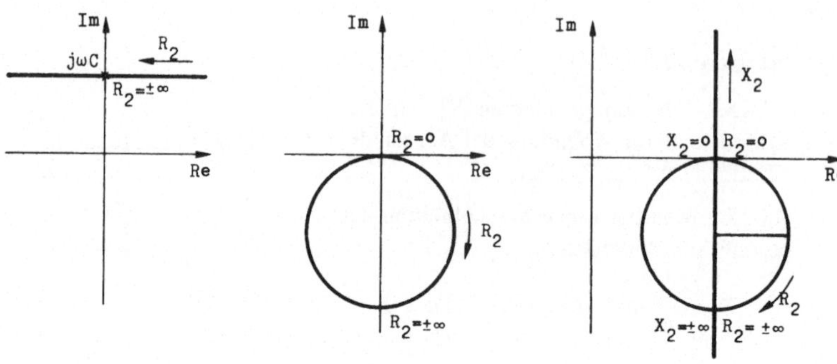

Bild 11.29   Bild 11.30   Bild 11.31

Für die imaginäre Achse der Z_2-Ebene gilt

$$R_2 = 0$$
$$X_2 = -\infty \ldots +\infty$$

Damit wird

$$Z_1 = R + \frac{1}{j\omega C + \dfrac{1}{jX_2}} = R + \frac{1}{j\left(\omega C - \dfrac{1}{X_2}\right)} = Z_1(X_2) \qquad (11.9)$$

Die Ortskurve dieses Ausdruckes ist eine Gerade im Abstand R parallel zur imaginären Achse (siehe Bild 11.31). Die Punkte $X_2 = 0$ bzw. $X_2 = \pm\infty$ müssen ebenso wie in der Z_2-Ebene auch in der Z_1-Ebene mit den Punkten $R_2 = 0$ bzw. $R_2 = \pm\infty$ zusammenfallen.

Die Richtung wachsender X_2-Werte erhalten wir entweder aus Gl. (11.9) durch Einsetzen einiger Zahlenwerte für X_2 oder durch Anwendung des Gesetzes der Winkeltreue.

11.15.2

Die Ortskurve der Impedanz

$$Z_2 = \frac{1}{\omega C} e^{j\varphi} \quad \text{für} \quad -\pi/2 \le \varphi \le 0$$

ist in der Z_2-Ebene ein Viertelkreis mit dem Radius $1/\omega C$ (Bild 11.32).

Die lineare Abbildung dieses Viertelkreises durch die Gleichung

$$Z_1 = R + \cfrac{1}{j\omega C + \cfrac{1}{Z_2}}$$

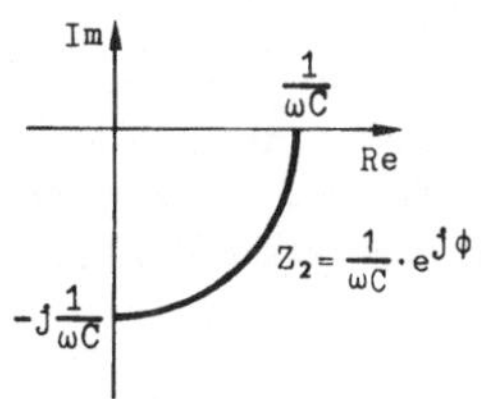

Bild 11.32

ergibt wiederum einen Kreisbogen oder eine gerade Strecke. Die Lage und Form der Kurve können wir aus den Gesetzen der linearen Abbildung ermitteln:

1. Der Punkt

$$Z_2 = -j\frac{1}{\omega C}$$

wird in der Z_1-Ebene mit den Koordinaten

$$Z_1 = R + \frac{1}{j\omega C + j\omega C} = R - j\frac{1}{2\omega C}$$

abgebildet. Da die Ortskurve in diesem Punkt senkrecht auf der imaginären Achse steht, muß sie wegen der Winkeltreue auch in der Z_1-Ebene senkrecht auf der abgebildeten imaginären Achse der Z_2-Ebene stehen.

2. Der Punkt

$$Z_2 = \frac{1}{\omega C}$$

wird in der Z_1-Ebene mit den Koordinaten

$$Z_1 = R + \frac{1}{j\omega C + \omega C} = R + \frac{1}{\omega C}\frac{1-j}{2}$$

abgebildet. Da die Ortskurve in diesem Punkt senkrecht auf der reellen Achse steht, muß sie wegen der Winkeltreue auch in der Z_1-Ebene senkrecht auf der abgebildeten reellen Achse der Z_2-Ebene stehen.

Aus diesen beiden Ergebnissen folgt notwendig, daß die Abbildung des Viertelkreises ein Kreisradius parallel zur reellen Achse ist (siehe Bild 11.31).

Aufgabe 11.16

Für den gegebenen Vierpol bestimme
man die Abbildung der positiv-reellen
Achse und der imaginären Achse der Z_2-
Ebene auf die Z_1-Ebene.

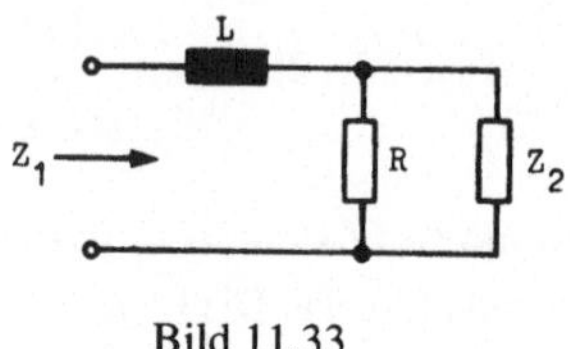

Bild 11.33

Lösung 11.16

Wir erhalten entsprechend dem Lösungsgang der Aufgabe 11.15 folgende Ergebnisse. Abbildung der positiv-reellen
Achse der Z_2-Ebene:

$$Z_1 = j\omega C + \frac{1}{\dfrac{1}{R} + \dfrac{1}{R_2}} \qquad 0 \leq R_2 \leq \infty$$

Abbildung der imaginären Achse der Z_2-
Ebene:

$$Z_1 = j\omega C + \frac{1}{\dfrac{1}{R} - j\dfrac{1}{X_2}} \qquad -\infty \leq X_2 \leq \infty$$

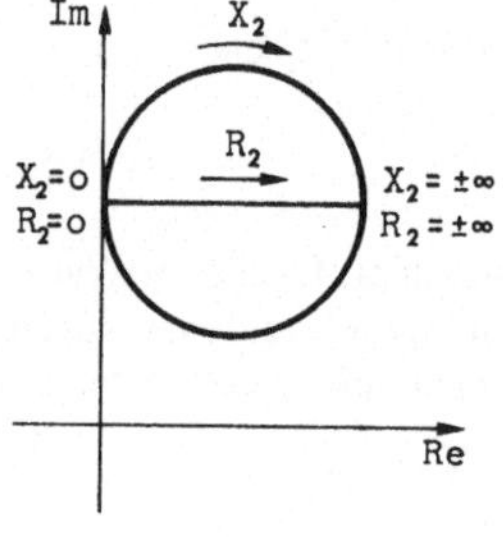

Bild 11.34

Aufgabe 11.17

Die Induktivitäten L_1 und L_2 eines Übertragers sind als die Induktivitäten definiert, die zwischen den Eingangsklemmen bzw. Ausgangsklemmen bei leerlaufendem Ausgang bzw. leerlaufendem Eingang gemessen werden.

Man bestimme in den beiden Ersatzschaltbildern das Übersetzungsverhältnis des idealen Übertragers so, daß die oben angegebene Meßvorschrift erfüllt ist.

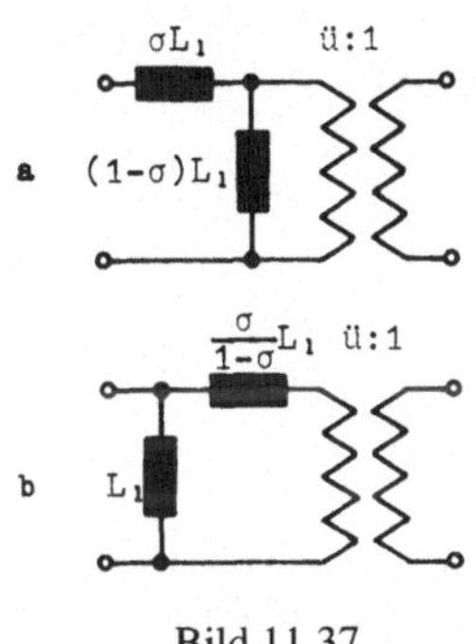

Bild 11.37

Lösung 11.17

Wir untersuchen zunächst Schaltung a aus Bild 11.37: Beim ausgangsseitigen Leerlauf kann der ideale Übertrager weggelassen werden, so daß wir die Ersatzschaltung 11.38 erhalten. Wir messen zwischen den Eingangsklemmen offensichtlich die Induktivität L_1, wie es die Definition von L_1 fordert. Eine Aussage über das Übersetzungsverhältnis ü ist nicht möglich.

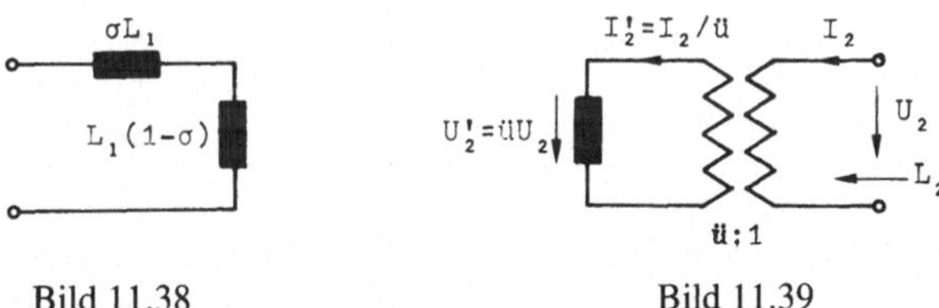

Bild 11.38   Bild 11.39

Beim Leerlauf am Klemmenpaar 1 kann in der Schaltung a aus Bild 11.37 die Längsinduktivität σL_1 weggelassen werden (Bild 11.39). Laut Definition von L_2 beträgt die Impedanz am Klemmenpaar 2

$$Z_2 = j\omega L_2$$

Andererseits entnehmen wir der Schaltung 11.39 folgende Beziehung für Z_2

$$Z_2 = \frac{U_2}{I_2} = \frac{U_2' / \ddot{u}}{I_2' / \ddot{u}} = \frac{1}{\ddot{u}^2} \frac{U_2'}{I_2'}$$

$$= \frac{1}{\ddot{u}^2} j\omega(1-\sigma)L_1 \qquad\qquad (11.11)$$

Wir setzen die beiden Ausdrücke gleich und erhalten für das Übersetzungsverhältnis ü

$$j\omega L_2 = \frac{1}{\ddot{u}^2} j\omega(1-\sigma)L_1$$

$$\ddot{u}^2 = \frac{L_1}{L_2}(1-\sigma)$$

$$\ddot{u} = \sqrt{\frac{L_1}{L_2}} \sqrt{1-\sigma}$$

Gleichung (11.11) läßt sich noch allgemeiner deuten: Ein idealer Übertrager
mit dem Übersetzungsverhältnis $\ddot{u}$: 1 transformiert die Impedanzen im
Verhältnis $\ddot{u}^2$:1.

Schaltung b aus Bild 11.37: Beim ausgangsseitigen Leerlauf können der
ideale Übertrager und die Längsinduktivität weggelassen werden. Die
Induktivität zwischen dem Klemmenpaar 1 beträgt L_1, wie es die Definition
von L_1 fordert. Eine Aussage über das Übersetzungsverhältnis ist nicht
möglich.

Beim Leerlauf am Klemmen-
paar 1 erhalten wir die Ersatzschaltung 11.40. Es gilt

$$Z_2 = j\omega L_2 \quad (11.13)$$

Andererseits entnehmen wir
der Schaltung

$$Z_2 = \frac{U_2}{I_2} = \frac{U_2' / \ddot{u}}{I_2' / \ddot{u}} = \frac{1}{\ddot{u}^2} \frac{U_2'}{I_2'}$$

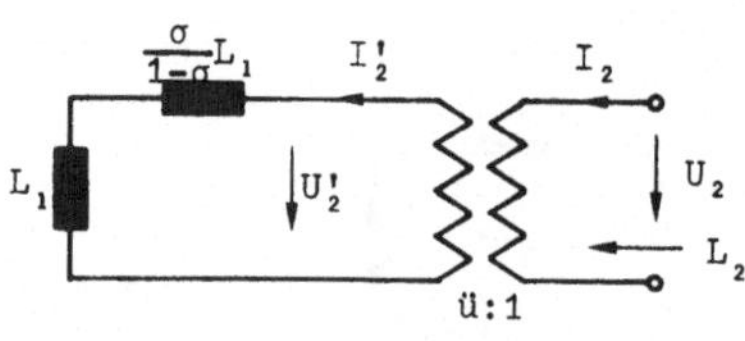

Bild 11.40

oder

$$Z_2 = \frac{1}{\ddot{u}^2} j\omega(L_1 + \frac{\sigma}{1-\sigma}L_1) = \frac{1}{\ddot{u}^2} j\omega \frac{1}{1-\sigma}L_1$$

Ein Vergleich mit (11.13) ergibt:

$$j\omega L_2 = \frac{1}{\ddot{u}^2} j\omega \frac{1}{1-\sigma}L_1$$

$$\ddot{u} = \sqrt{\frac{L_1}{L_2}}\,\frac{1}{\sqrt{1-\sigma}} \tag{11.14}$$

Beide Ergebnisse für ü sind uns schon aus Abschnitt 11.9 des Bandes "Grundlagen der Elektrotechnik III" bekannt.

Aufgabe 11.18

An das Klemmenpaar 1 eines verlustfreien Übertragers wird eine sinusförmige Spannung mit der Amplitude $\hat{u}_1$ und der Kreisfrequenz ω gelegt. Anschießend werden folgende Messungen durchgeführt:

Leerlauf am Klemmenpaar 2: $\qquad |I_{1l}| = \hat{i}_{1l}$

Kurzschluß am Klemmenpaar 2: $\qquad |I_{1k}| = 10\,\hat{i}_{1l},\ |I_{2k}| = 20\,\hat{i}_{1l}$

Man berechne hieraus L_1, L_2, M, σ und k des Übertragers und benutze dabei die Abkürzung $\hat{u}_1 / \hat{i}_{1l} = R$.

Lösung 11.18

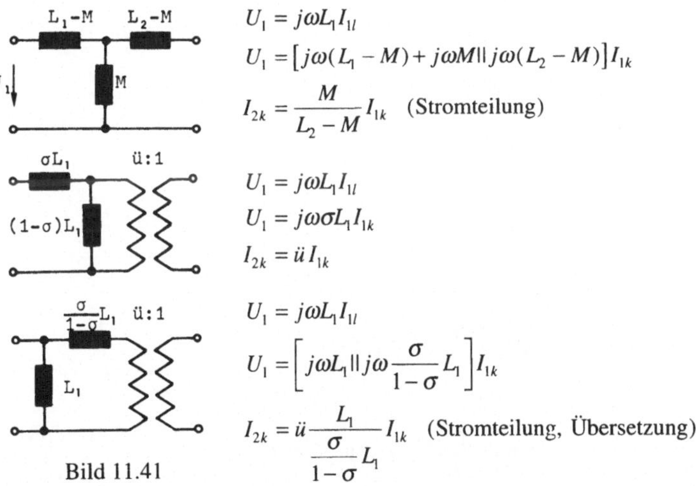

$$U_1 = j\omega L_1 I_{1l}$$
$$U_1 = \left[\,j\omega(L_1 - M) + j\omega M \| j\omega(L_2 - M)\right]I_{1k}$$
$$I_{2k} = \frac{M}{L_2 - M}\,I_{1k} \quad \text{(Stromteilung)}$$

$$U_1 = j\omega L_1 I_{1l}$$
$$U_1 = j\omega\sigma L_1 I_{1k}$$
$$I_{2k} = \ddot{u}\,I_{1k}$$

$$U_1 = j\omega L_1 I_{1l}$$
$$U_1 = \left[\,j\omega L_1 \| j\omega\frac{\sigma}{1-\sigma}L_1\right]I_{1k}$$
$$I_{2k} = \ddot{u}\,\frac{L_1}{\dfrac{\sigma}{1-\sigma}L_1}\,I_{1k} \quad \text{(Stromteilung, Übersetzung)}$$

Bild 11.41

Wir überlegen uns an Hand der bekannten Ersatzschaltbilder (Bild 11.41), in welcher Schaltung die gegebenen Größen am einfachsten mit den gesuchten Größen verknüpft sind. Da die gemessenen Größen durch Betragsbildung aus den zugehörigen komplexen Amplituden hervorgehen, brauchen wir nur die Beziehungen zwischen U_1, I_{1l}, I_{1k} und I_{2k} für jede der Ersatzschaltungen zu untersuchen.

Offensichtlich sind die Verknüpfungen bei der mittleren Ersatzschaltung am einfachsten. Wir werden deshalb diese Ersatzschaltung benutzen.

Leerlauf: Es ist

$$U_1 = j\omega L_1 I_{1l}$$

Wir bilden die Beträge:

$$\hat{u}_1 = \omega L_1 \hat{i}_{1l} \;\rightarrow\; \omega L_1 = \frac{\hat{u}_1}{\hat{i}_{1l}} = R$$

Kurzschluß: Wir entnehmen der Schaltung folgende Beziehungen:

$$U_1 = j\omega\sigma L_1 I_{1k}$$

$$\hat{u}_1 = \omega\sigma L_1 \hat{i}_{1k} = 10\,\omega\sigma L_1 \hat{i}_{1l}$$

$$\sigma = \frac{\hat{u}_1}{10\,\omega\sigma L_1 \hat{i}_{1l}} = 0,1$$

Weiterhin gilt

$$I_{2k} = \ddot{u}\,I_{1k} = \sqrt{\frac{L_1}{L_2}}\,\sqrt{1-\sigma}\,I_{1k}$$

$$\hat{i}_{2k} = 2\hat{i}_{1k} = \sqrt{\frac{L_1}{L_2}}\,\sqrt{0,9}\,\hat{i}_{1k}$$

$$L_2 = \frac{0,9}{4}L_1 = 0,225\frac{R}{\omega}$$

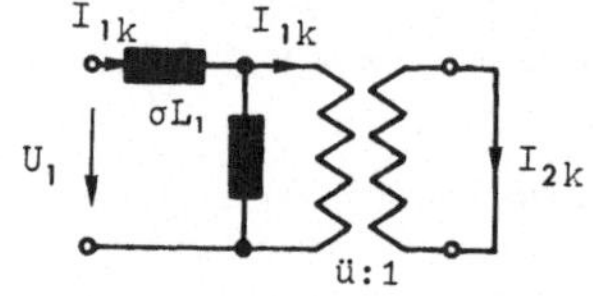

Bild 11.42

Hieraus folgt:

$$L_2 = \frac{0,9}{4}L_1 = 0,225\frac{R}{\omega}$$

$$k^2 = 1-\sigma = 0,9 \;\rightarrow\; k = 0,95$$

$$k^2 = \frac{M^2}{L_1 L_2} \;\rightarrow\; M = 0,45L_1 = 0,45\frac{R}{\omega}$$

Aufgabe 11.19

Von einem verlustfreien Übertrager sind die eingangsseitige Leerlaufinduktivität L_1=20 H und die ausgangsseitige Leerlaufinduktivität L_2=0,8 H
bekannt. Der ausgangsseitig kurzgeschlossene Übertrager wird mit seinem
Klemmenpaar 1 an eine sinusförmige Spannung mit der Amplitude
$\hat{u}_1 = 10$ V und der Frequenz $f = 50\,\text{Hz}$ gelegt. Es wird ein Eingangsstrom
$\hat{i}_1 = 0,2\,\text{A}$ gemessen. Wie groß sind der Streufaktor σ, der Kopplungsfaktor k und die Gegeninduktivität M des Übertragers?

Lösung 11.19

Die Ergebnisse lauten

$$\sigma = 0,008; \quad k = 0,996; \quad M = 3,98\,\text{H}$$

Aufgabe 11.20

Gegeben ist ein eisenloser Transformator mit zwei Wicklungen. An den
Klemmen der Wicklung 1 liegt eine Spannungsquelle mit der Spannung
$u_1(t) = \hat{u}_1 \sin \omega t$. Es werden folgende Messungen durchgeführt:

Leerlauf: $\qquad |I_{1l}| = \hat{i}_{1l} \qquad \overline{P}_{1l} = 0,05\,\hat{u}_1\,\hat{i}_{1l}$

Kurzschluß: $\qquad |I_{1k}| = 10\,\hat{i}_{1l} \qquad \overline{P}_{1k} = 0,4\,\hat{u}_1\,\hat{i}_{1k}$

Außerdem ist das Verhältnis $L_2 / L_1 = 0,3$ bekannt.

Man berechne die Wicklungsinduktivitäten L_1 und L_2, die ohmschen Wicklungswiderstände R_1 und R_2 und den Streufaktor σ des Transformators. In
der Rechnung darf angenommen werden, daß $R_2 \ll \omega L_2$ ist. In den Ergebnissen benutze man - soweit möglich - die Abkürzung $\hat{u}_1 / \hat{i}_{1l} = R$.

Lösung 11.20

Wir überlegen, welche Vereinfachungen gegenüber dem vollständigen Ersatzschaltbild eines verlustbehafteten Übertragers möglich sind: Da es sich
um einen eisenlosen Übertrager handelt, können keine Hysterese- und
Wirbelstromverluste auftreten, es brauchen deshalb nur die Stromwärme-
verluste in den Wicklungen durch zwei Ersatzwiderstände R_1 und R_2
berücksichtigt zu werden.

Wegen der fehlenden Eisenverluste ist jedes der drei bekannten Ersatzschaltbilder brauchbar; wir werden selbstverständlich eine Ersatzschaltung

wählen, die möglichst wenig Elemente enthält, z. B. die Schaltung in Bild 11.43 a. Denken wir uns den Widerstand R_2 auf die andere Seite des idealen Übertragers transformiert, dann erhalten wir die Schaltung 11.43 b.

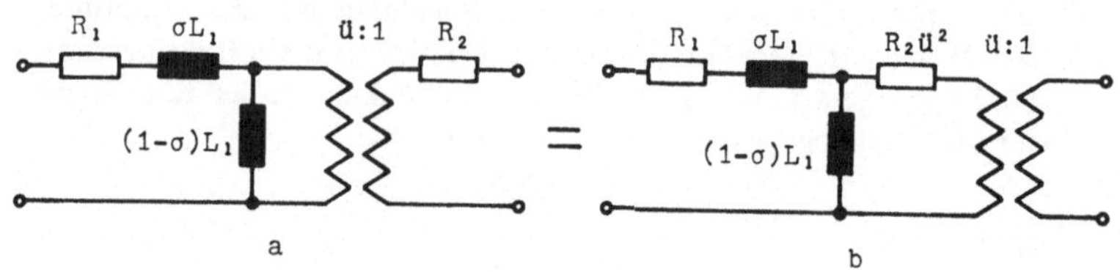

Bild 11.43

Leerlauf:

Im ausgangsseitigen Leerlauf läßt sich die Schaltung weiter vereinfachen (Bild 11.44). Unsere Aufgabe lautet nun, die gegebenen Größen $\hat{u}_1$, $\hat{i}_{1l}$ und $\overline{P}_{1l}$ an Hand der Ersatzschaltung 11.44 mit den unbekannten Größen R_1 und L_1 zu verknüpfen.

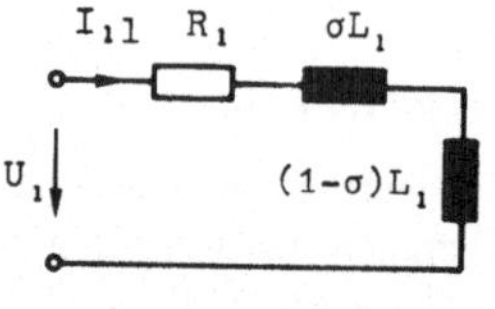

Bild 11.44

Wir beginnen mit der Größe $\overline{P}_{1l}$: Von den bekannten Leistungsbeziehungen wählen wir zweckmäßigerweise den Ausdruck, der möglichst nur gegebene und gesuchte Größen enthält:

$$\overline{P}_{1l} = \frac{1}{2}\hat{i}_{1l}^{2}\, R_1$$

Andererseits beträgt $\overline{P}_{1l}$ laut Aufgabenstellung:

$$\overline{P}_{1l} = 0,05\,\hat{u}_1\,\hat{i}_{1l}$$

Damit ergibt sich für R_1

$$R_1 = 0,1\frac{\hat{u}_1}{\hat{i}_{1l}} = 0,1R$$

Eine weitere Verknüpfung zwischen den bekannten und gesuchten Größen besteht über die Eingangsimpedanz der Ersatzschaltung 11.44. Es gilt

$$\frac{\hat{u}_1}{\hat{i}_{1l}} = \left|\frac{U_1}{I_{1l}}\right| = |Z_{1l}| = |R_1 + j\omega L_1| = \sqrt{R_1^2 + (\omega L_1)^2}$$

Mit dem Ergebnis für R_1 folgt hieraus

$$\left|\frac{\hat{u}_1}{\hat{i}_{1l}}\right|^2 = R^2 = 0,01\,R^2 + (\omega L_1)^2$$

$$L_1 = \frac{R}{\omega}\sqrt{0,99} = 0,995\,\frac{R}{\omega}$$

Kurzschluß:

Da der ideale Übertrager in Bild 11.43 b den Kurzschluß des Klemmenpaares 2 "ideal" auf die andere Seite überträgt, kann Schaltung 11.43 b im Kurzschlußfall durch Bild 11.45 ersetzt werden.

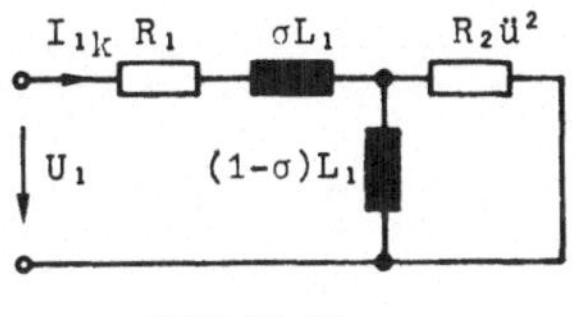

Bild 11.45

In dieser Ersatzschaltung tritt die Größe $R_2\ddot{u}^2$ auf. Wir überlegen deshalb, ob die Angabe $R_2 \ll \omega L_2$ irgendeine Bedeutung für das Ersatzschaltbild hat. Dazu bereiten wir die Angabe $R_2 \ll \omega L_2$ so auf, daß links und rechts des Ungleichheitszeichens Größen stehen, die auch in der Schaltung 11.45 auftreten. Wir multiplizieren die Ungleichung beispielsweise mit $\ddot{u}^2$

$$\ddot{u}^2 R_2 \ll \ddot{u}^2 \omega L_2$$

Wegen

$$\ddot{u}^2 = \frac{L_1}{L_2}(1-\sigma)$$

ist

$$\ddot{u}^2 R_2 \ll \omega L_1(1-\sigma),$$

d.h., der Strom durch die Querinduktivität $\omega L_1(1-\sigma)$ ist sehr viel kleiner als der Strom durch den Widerstand $\ddot{u}^2 R_2$. Oder anders ausgedrückt: Wir dürfen die Querinduktivität im Kurzschlußfall in erster Näherung vernachlässigen und lassen sie deshalb weg (Bild 11.46). Wir berechnen nun wie im Leerlauffall an Hand der Schaltung die Größen $\hat{i}_{1k}$ und $\overline{P}_{1k}$ und vergleichen sie mit den gegebenen Werten. Es ist

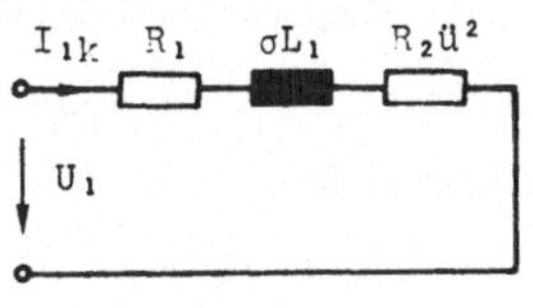

Bild 11.46

$$\overline{P}_{1k} = \frac{1}{2}\hat{i}_{1k}^2 (R_1 + \ddot{u}^2 R_2) = 0,4\,\hat{i}_{1k}\,\hat{u}_1$$

oder

$$R_1 + \ddot{u}^2 R_2 = 0,8\frac{\hat{u}_1}{\hat{i}_{1k}} = 0,16\frac{\hat{u}_1}{\hat{i}_{1l}} = 0,16\,R$$

$$\ddot{u}^2 R_2 = 0,06\,R$$

Weiter gilt

$$\frac{\hat{u}_1}{\hat{i}_{1k}} = \left|\frac{U_1}{I_{1k}}\right| = |Z_{1k}| = |R_1 + \ddot{u}^2 R_2 + j\omega\sigma L_1|$$

oder

$$\left(\frac{\hat{u}_1}{\hat{i}_{1k}}\right)^2 = \left(\frac{\hat{u}_1}{5\hat{i}_{1l}}\right)^2 = (0,2R)^2 = (R_1 + \ddot{u}^2 R_2)^2 + (\omega\sigma L_1)^2$$

Hieraus folgt mit den Ergebnissen für R_1, $\ddot{u}^2 R_2$ und ωL_1:

$$\sigma = \frac{\sqrt{(0,2R)^2 - (0,16R)^2}}{0,995\,R} = 0,12$$

Damit ergibt sich für R_2:

$$\ddot{u}^2 R_2 = 0,06\,R = \frac{L_1}{L_2}(1-\sigma)R_2$$

$$R_2 = \frac{L_2}{L_1}\frac{0,06\,R}{1-\sigma} = 0,02\,R$$

Aufgabe 11.21

Die Primärwicklung eines Übertragers liegt an einer Wechselspannungsquelle mit dem Effektivwert $\tilde{u}_1 = 220$ V und der Frequenz $f = 50$ Hz.
Zwischen der Spannungsquelle und dem Übertrager liegt ein Wirkleistungs-
messer (Wattmeter). Es werden folgende Messungen durchgeführt:

Leerlauf:　　　　　$\tilde{u}_{2l} = 0,45\tilde{u}_1$,　$\tilde{i}_{1l} = 0,1\,\mathrm{A}$,　$\overline{P}_{1l} = 0\,\mathrm{W}$

Kurzschluß:　　　　$\tilde{i}_{2k} = 2\,\mathrm{A}$,　$\overline{P}_{1k} = 0\,\mathrm{W}$

Man bestimme die Leerlaufinduktivitäten L_1 und L_2 der Wicklungen sowie
den Streufaktor σ und die Wicklungswiderstände.

Lösung 11.21

Die Ergebnisse lauten

$$L_1 = 7\,\mathrm{H}, \quad L_2 = 1,58\,\mathrm{H}, \quad \sigma = 0,1, \quad R_1 = 0, \quad R_2 = 0$$

Aufgabe 11.22

Ein Übertrager mit den Daten $L_1 = L$, $L_2 = L/4$ und $\sigma = 0,36$ wird am Klemmenpaar 1 von einem Generator mit der sinusförmigen Leerlaufspannung $u_0(t)$ und dem Innenwiderstand R_1 gespeist, Das Klemmenpaar 2 ist mit der Impedanz Z_2 abgeschlossen.

Man bestimme die Impedanz Z_2 so, daß die von Z_2 aufgenommene mittlere Leistung möglichst groß wird.

Lösung 11.22

Wir untersuchen zuerst die Frage, ob diese Anpassungsaufgabe auf einen bereits bekannten Anpassungsfall zurückzuführen ist: Von der Abschlußimpedanz aus gesehen kann der Übertrager und der Generator durch eine Ersatzspannungsquelle mit konstanter Leerlaufspannung und konstantem Innenwiderstand ersetzt werden (Bild 11.47). Da die Abschlußimpedanz gesucht ist, liegt offensichtlich der Anpassungsfall vor, der im Abschnitt 11.3 des Bandes "Grundlagen der Elektrotechnik" ausführlich beschrieben wird. Das Ergebnis lautet

$$Z_2 = Z_i^*$$

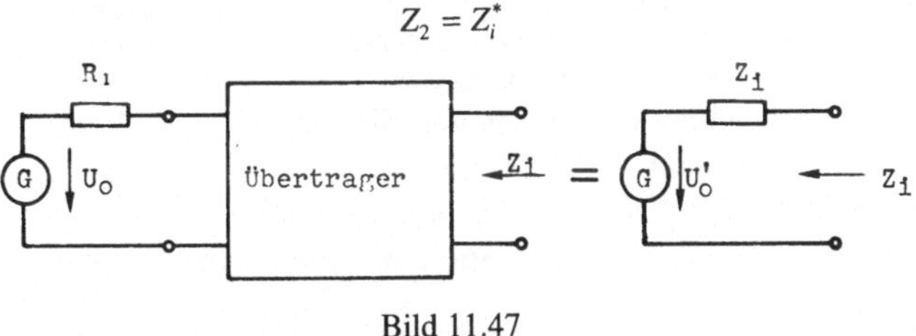

Bild 11.47

Unsere Aufgabe ist damit auf die Bestimmung von Z_i der Ersatzspannungsquelle reduziert. Hierfür gibt es verschiedene Lösungswege, z.B. die Bestimmung von Z_i aus einer der Übertragerersatzschaltungen.

Wir wählen folgenden Weg: Fassen wir den Übertrager als Vierpol auf, so ist Z_i die Impedanz, die wir am Tor 2 des Übertragers messen, wenn Tor 1 mit dem Widerstand R_1 abgeschlossen ist (Bild 11.48). Da es sich bei dem Übertrager um einen kopplungssymmetrischen Vierpol handelt, ist

(siehe Abschnitt 11.4 in "Grundlagen
der Elektrotechnik III")

$$Z_i = \frac{A_{22}R_1 + A_{12}}{A_{21}R_1 + A_{11}}$$

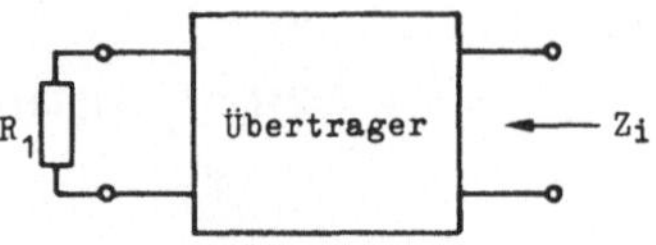

Mit den Kettenparametern des Übertragers folgt hieraus

Bild 11.48

$$Z_i = \frac{R_1\dfrac{L_2}{M} + j\omega\sigma\dfrac{L_1 L_2}{M}}{R_1\dfrac{1}{j\omega M} + \dfrac{L_1}{M}} = \frac{-\omega^2\sigma L_1 L_2 + j\omega L_2 R_1}{R_1 + j\omega L_1}$$

$$= \frac{-0,09\,\omega^2 L^2 + j0,25\,\omega L R_1}{R_1 + j\omega L}\cdot\frac{R_1 - j\omega L}{R_1 - j\omega L}$$

$$= \frac{0,16\,\omega^2 L^2 R_1 + j\omega L(0,25 R_1^2 + 0,09\,\omega^2 L^2)}{R_1^2 + (\omega L)^2}$$

und

$$Z_2 = Z_i^* = \frac{0,16\,\omega^2 L^2 R_1 - j\omega L(0,25 R_1^2 + 0,09\,\omega^2 L^2)}{R_1^2 + (\omega L)^2}$$

Aufgabe 11.23

In dem dargestellten Vierpol kann die Spule mit
der Anzapfung 3 als Übertrager aufgefaßt
werden. Sein Kopplungsfaktor k ist gleich 1.
Die Leerlaufinduktivität zwischen den Klemmen 1 und 2 beträgt $L_1 = L$. Zwischen den
Klemmen 1 und 3 beträgt sie $L_2 = L/4$.

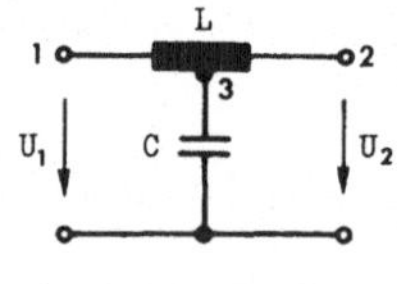

Bild 11.49

11.23.1 Man ersetze die angezapfte Spule durch eine Übertragerersatzschaltung.

11.23.2 Man berechne den Wellenwiderstand Z des Vierpols.

11.23.3 Der Vierpol wird mit seinem Klemmenpaar 1 an eine Wechselspannung mit der Leerlaufspannung U_0 und dem Innenwiderstand $R_i = Z$
angeschlossen und am Klemmenpaar 2 mit seinem Wellenwiderstand Z
belastet.

Man bestimme für diesen Fall die am Klemmenpaar 1 in den Vierpol hinein-
fließende mittlere Leistung $\overline{P_1}$.

Man berechne die im Abschlußwiderstand umgesetzte Wärmeleistung $\overline{P}_2$ und das Verhältnis $|U_2|/|U_1|$.

Wie läßt sich das Ergebnis für $|U_2|/|U_1|$ physikalisch deuten?

Lösung 11.23

11.23.1 Grundsätzlich läßt sich die angezapfte Spule durch jede der bekannten Übertrager-Ersatzschaltungen darstellen. Da wir nicht überblicken, welche Ersatzschaltung für die weitere Rechnung günstig ist, versuchen wir die Aufgabe mit der einfachen T-Ersatzschaltung zu lösen. Die Zuordnung der Klemmen 1, 2 und 3 zu der Ersatzschaltung ergibt sich aus der Aufgabenstellung: L_1 ist laut Aufgabenstellung die

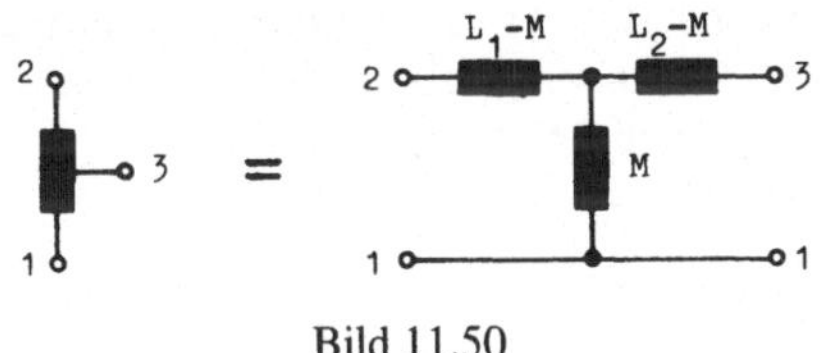

Bild 11.50

Induktivität zwischen den Klemmen 1 und 2 und L_2 die Induktivität zwischen den Klemmen 1 und 3, d.h., Klemme 1 ist die Bezugsklemme (Bild 11.50). Die Zuordnung der Klemmen 2 und 3 bereitet keine Schwierigkeiten.

In der Ersatzschaltung ist die Größe M unbekannt, die wir über den Kopplungsfaktor k berechnen. Laut Aufgabenstellung ist $k = 1$, so daß wir zusammen mit der Definitionsgleichung

$$k^2 = \frac{M^2}{L_1 L_2}$$

das Ergebnis

$$M = \pm \frac{L}{2}$$

erhalten. Das Vorzeichen von M ergibt sich aus folgender Überlegung: Da die Klemme 3 eine Anzapfung der Spule ist, muß stets

$$L_{13} < L_{12} \quad \text{und} \quad L_{23} < L_{12}$$

sein. Wir ermitteln L_{23} aus der Ersatzschaltung und setzen dieses Ergebnis in die Ungleichung ein:

$$L_{23} = L_1 - M + L_2 - M = L_1 + L_2 - 2M < L_{12} = L_1$$

Hieraus folgt

$$2M > L_2$$

d.h., M muß positiv sein, weil L_2 laut Definition ebenfalls positiv ist. Damit haben wir die drei Induktivitäten der Ersatzschaltung eindeutig bestimmt:

$$L_1 - M = L/2$$
$$L_2 - M = -L/4$$
$$M = L/2$$

Nun schließen wir den Kondensator entsprechend Bild 11.49 an Klemme 3 an und drehen die Übertragerersatzschaltung wieder in die ursprüngliche Lage (Bild 11.51).

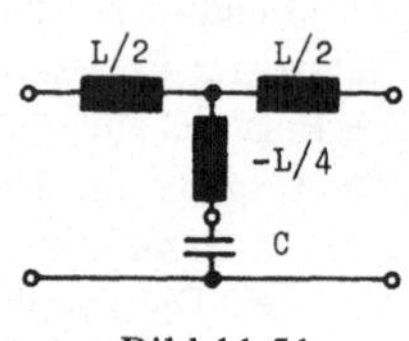

Bild 11.51

11.23.2

Es gilt entsprechend zur Aufgabe 11.12:

$$Z = \sqrt{Z_{1l} Z_{1k}}$$

mit

$$Z_{1l} = j\omega\left(\frac{L}{2} - \frac{L}{4}\right) + \frac{1}{j\omega C} = j\omega\frac{L}{4} + \frac{1}{j\omega C}$$

und

$$Z_{1k} = j\omega\frac{L}{2} + \frac{j\omega\dfrac{L}{2}\left(-j\omega\dfrac{L}{4} + \dfrac{1}{j\omega C}\right)}{j\omega\dfrac{L}{4} + \dfrac{1}{j\omega C}} = \frac{L}{C}\frac{1}{j\omega\dfrac{L}{4} + \dfrac{1}{j\omega C}}$$

Damit erhalten wir für den Wellenwiderstand Z:

$$Z = \sqrt{\frac{L}{C}}$$

11.23.3

Wir ergänzenden die Schaltung entsprechend der Aufgabenstellung (siehe Bild 11.52). Es ist

$$\overline{P_1} = \frac{1}{2}\mathrm{Re}\{U_1 I_1^*\} = \frac{1}{2}\mathrm{Re}\left\{U_1 U_1^* \frac{1}{Z_i^*}\right\} = \frac{|U_1|^2}{2}\mathrm{Re}\left\{\frac{1}{Z_i}\right\}.$$

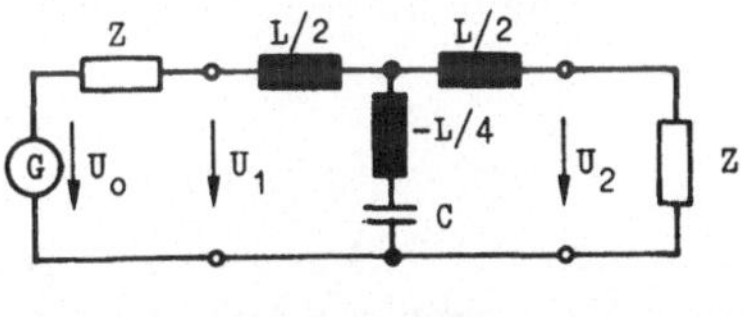

Bild 11.52

Da der Vierpol mit seinem Wellenwiderstand abgeschlossen ist, ist die Eingangsimpedanz Z_1 gleich dem reellen Wellenwiderstand, so daß

$$\overline{P}_1 = \frac{|U_1|^2}{2}\sqrt{\frac{C}{L}}$$

und

$$U_1 = \frac{U_0}{2}$$

wird. Damit erhalten wir das Ergebnis:

$$\overline{P}_1 = \frac{|U_0|^2}{8}\sqrt{\frac{C}{L}}$$

Wegen der Verlustfreiheit des Vierpols wird die mittlere Leistung $\overline{P}_1$ vollständig an den Abschlußwiderstand abgegeben; es ist also

$$\overline{P}_2 = \frac{|U_2|^2}{2}\sqrt{\frac{C}{L}} = \overline{P}_1 = \frac{|U_1|^2}{2}\sqrt{\frac{C}{L}} \;\rightarrow\; |U_2| = |U_1|$$

11.23.4

Die physikalische Deutung dieses Ergebnisses haben wir bereits in Punkt 3 der Aufgabe vorweggenommen. Wir fassen noch einmal zusammen:

1. Der Vierpol ist verlustfrei, deshalb wird $\overline{P}_1 = \overline{P}_2$

2. Der Vierpol ist mit seinem Wellenwiderstand abgeschlossen, deshalb wird $Z_1 = Z$.

Aus beiden Ergebnissen folgt $|U_2| = |U_1|$. Das bedeutet aber nicht, daß auch die Phasenwinkel der komplexen Amplituden gleich sind. Die Rechnung würde ergeben, daß eine Phasendrehung in Abhängigkeit von der Frequenz auftritt. Man bezeichnet Vierpole mit derartigen Eigenschaften als Vierpole mit Allpaßverhalten oder kurz als Allpässe.

12 Die homogene Leitung

Aufgabe 12.1

Man berechne und skizziere den Verlauf der Eingangsimpedanz Z_1 einer verlustfreien Leitung in Abhängigkeit von der Leitungslänge l, wenn

12.1.1 das Leitungsende offen ist und

12.1.2 das Leitungsende kurzgeschlossen ist.

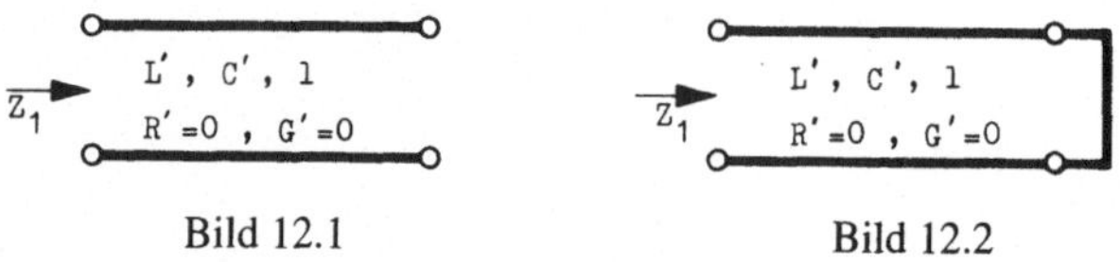

Bild 12.1   Bild 12.2

Lösung 12.1

Die Eingangsimpedanz Z_1 einer verlustfreien Leitung, die mit der Impedanz Z_2 abgeschlossen ist, ergibt sich aus den Vierpolgleichungen zu

$$Z_1 = \frac{Z_2 \cos\beta l + jZ_w \sin\beta l}{j\dfrac{Z_2}{Z_w}\sin\beta l + \cos\beta l} = Z_w \frac{Z_2 \cos\beta l + jZ_w \sin\beta l}{jZ_2 \sin\beta l + Z_w \cos\beta l}. \tag{12.1}$$

Dabei ist der Wellenwiderstand $Z_w = \sqrt{L'/C'}$ reell. Die Phasenkonstante beträgt $\beta = \omega\sqrt{L'C'}$ (verlustfreie Leitung).

12.1.1

Für das offene Leitungsende ist $Z_2 = \infty$ einzusetzen. Damit wird

$$Z_1 = \frac{\cos\beta l}{j\dfrac{1}{Z_w}\sin\beta l}$$

$$= -j\sqrt{\frac{L'}{C'}}\cot(\omega l\sqrt{L'C'}).$$

Der Verlauf der Eingangsimpedanz ist in Bild 12.3 dargestellt. Je nach Leitungslänge ist die Eingangsimpedanz eine Reaktanz mit induktivem oder kapazitivem Verhalten.

12.1.2

Für Kurzschluß am Leitungsende ist $Z_2 = 0$ einzusetzen:

$$Z_1 = \frac{jZ_w \sin\beta l}{\cos\beta l} = jZ_w \tan\beta l$$

$$= j\sqrt{\frac{L'}{C'}} \tan(\omega l\sqrt{L'C'})$$

Der Verlauf der Eingangsimpedanz ist in Bild 12.4 dargestellt. Je nach Leitungslänge ist die Eingangsimpedanz eine Reaktanz mit induktivem oder kapazitivem Verhalten.

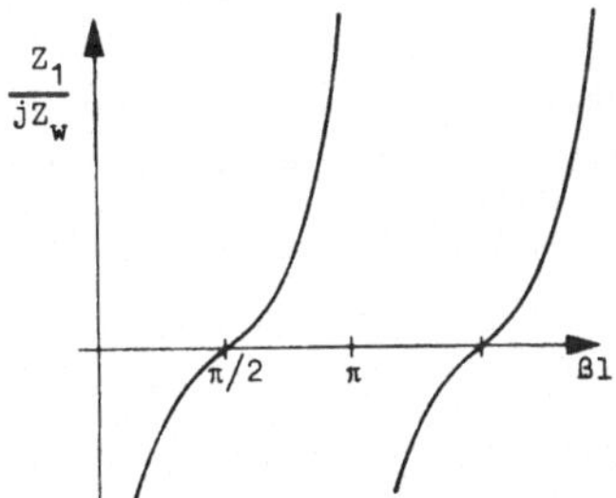

Bild 12.3   Bild 12.4

Für

$$l = k\frac{\pi}{\omega\sqrt{L'C'}} \quad k = 0,1,2,\ldots$$

erscheint der Kurzschluß am Ausgang als Kurzschluß am Eingang, ebenso der Leerlauf. Für

$$l = \frac{2k+1}{2}\frac{\pi}{\omega\sqrt{L'C'}}$$

transformiert sich der Kurzschluß am Ausgang in einen Leerlauf am Eingang und umgekehrt.

Aufgabe 12.2

Für Freileitungen der Fernsprechtechnik (Frequenz ≤ 5 kHz) gilt im allgemeinen

$$\frac{R'}{\omega L'} << 1 \quad \text{und} \quad \frac{G'}{\omega C'} << 1$$

Deshalb wird mit guter Näherung (siehe Abschnitt 12.2 des Bandes „Grundlagen der Elektrotechnik III")

$$Z_w = \sqrt{\frac{L'}{C'}} \quad \text{und} \quad \alpha = \frac{1}{2}\left(\frac{R'}{Z_w} + G'Z_w\right)$$

12.2.1 Man berechne die Dämpfung einer Freileitung mit den Daten

$$R' = 4\Omega / \text{km}, \; G' = 4 \cdot 10^{-7}(\Omega \text{km})^{-1}, \; L' = 1\text{mH} / \text{km}, \; C' = 4\text{nF} / \text{km}$$

12.2.2 Wie groß muß der Wellenwiderstand Z_w gewählt werden, damit die Dämpfung möglichst klein wird? Wie groß wird α für die angegebenen Zahlenwerte von R' und G'?

Lösung 12.2

12.2.1 Wir erhalten

$$Z_w = \sqrt{\frac{L'}{C'}} = 500\,\Omega$$

$$\alpha = \frac{1}{2}\left(\frac{R'}{Z_w} + G'Z_w\right) = 4,1 \cdot 10^{-3}\frac{\text{Np}}{\text{km}}$$

12.2.2

Das Minimum der Dämpfung ergibt sich durch Differenzieren nach dem Wellenwiderstand

$$\frac{d\alpha}{dZ_w} = \frac{1}{2}\left(-\frac{R'}{Z_w^2} + G'\right) = 0 \;\; \rightarrow \;\; Z_w = \sqrt{\frac{R'}{G'}}$$

Wir erhalten mit den angegebenen Zahlenwerte:

$$Z_w = 3160\,\Omega \quad \text{und} \quad \alpha = 1,26 \cdot 10^{-3}\,\text{Np} / \text{km}$$

Aufgabe 12.3

Wie groß ist die Eingangsimpedanz Z_1
der skizzierten verlustfreien Leitung?

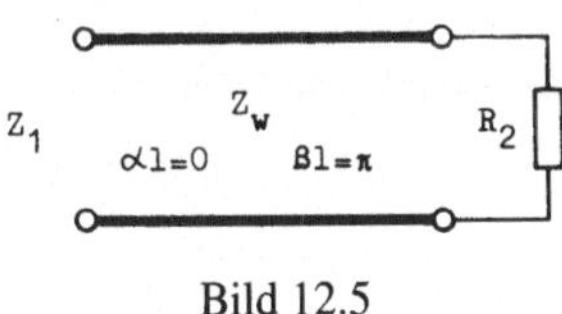

Bild 12.5

Lösung 12.3

Wir setzen ein und erhalten mit $Z_2 = R_2$ für den Eingangswiderstand:

$$Z_1 = \frac{R_2 \cos\beta l + jZ_w \sin\beta l}{j\dfrac{R_2}{Z_w}\sin\beta l + \cos\beta l} = R_2 .$$

Allgemein gilt: Eine verlustfreie Leitung der Länge $l = k\pi / \beta$ ($k = 0,1,2,...$)
bildet ihre Abschlußimpedanz unverändert auf den Eingang ab. Man bezeichnet eine solche Leitung als "$\lambda / 2$-Leitung", weil ihre Länge wegen

$$\beta = 2\pi / \lambda$$

ein Vielfaches der halben Wellenlänge beträgt:

$$l = k\lambda / 2$$

Dieses Ergebnis gilt nur für eine feste Frequenz, weil β frequenzabhängig
ist.

Aufgabe 12.4

Als Abschluß einer verlustfreien
Leitung stehen eine Spule oder ein
Kondensator zur Verfügung. Die
Leitung hat den Wellenwiderstand
Z_w und die Länge l. Die Ausbrei-
tungsgeschwindigkeit der Welle
längs der Leitung ist $c = c_0$.

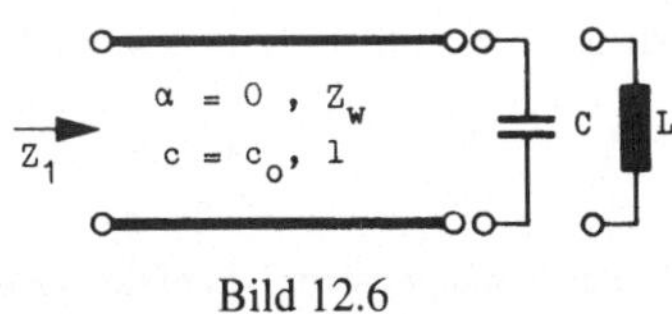

Bild 12.6

Wie groß müssen die Kapazität C des Kondensators bzw. die Induktivität L
der Spule gewählt werden, damit bei einer Frequenz

$$\omega_0 < \frac{\pi}{2}\frac{c_0}{l}$$

12.4.1 die Eingangsimpedanz $Z_1(\omega_0) = 0$ oder

12.4.2 die Eingangsimpedanz $Z_1(\omega_0) = \infty$ ist?

Lösung 12.4

Die Abschlußimpedanz ist $Z_2 = jX$. Wir verwenden Gl. (12.1) und erhalten für die Eingangsimpedanz

$$Z_1 = jZ_w \frac{X\cos\beta l + Z_w \sin\beta l}{-X\sin\beta l + Z_w \cos\beta l} \quad \text{mit} \quad \beta = \frac{\omega_0}{c_0} \tag{12.2}$$

12.4.1

Z_1 wird bei endlichem X nur gleich null, wenn der Zähler verschwindet, wenn also

$$X = -Z_w \tan\beta l = -Z_w \tan\left(\frac{\omega_0}{c_0}l\right)$$

ist.

Wegen der Voraussetzung

$$\omega_0 < \frac{\pi}{2}\frac{c_0}{l} \quad \rightarrow \quad \frac{\omega_0}{c_0}l < \frac{\pi}{2},$$

ist der Tangenswert positiv. Die Admittanz X muß durch einen Kondensator mit der Kapazität

$$X = -Z_w \tan\beta l = -\frac{1}{\omega_0 C} \quad \rightarrow \quad C = \frac{1}{\omega_0 Z_w}\cot\left(\frac{\omega_0}{c_0}l\right)$$

realisiert werden.

12.4.2

Für $Z_2 = \infty$ muß der Nenner von Gl. (12.2) null werden:

$$X = Z_w \cot\beta l = Z_w \cot\left(\frac{\omega_0}{c_0}l\right)$$

Da der Kotangenswert ebenfalls positiv ist, muß X durch eine Induktivität

$$X = Z_w \cot\beta l = \omega_0 L \quad \rightarrow \quad L = \frac{Z_w}{\omega_0}\cot\left(\frac{\omega_0}{c_0}l\right)$$

realisiert werden.

Aufgabe 12.5

Zwei hintereinander geschaltete verlustfreie Leitungen sind mit dem Widerstand $R_2 = 300\,\Omega$ abgeschlossen. Gegeben sind die Phasenkonstanten β_1 und β_2 sowie die Leitungslängen l_1 und l_2.

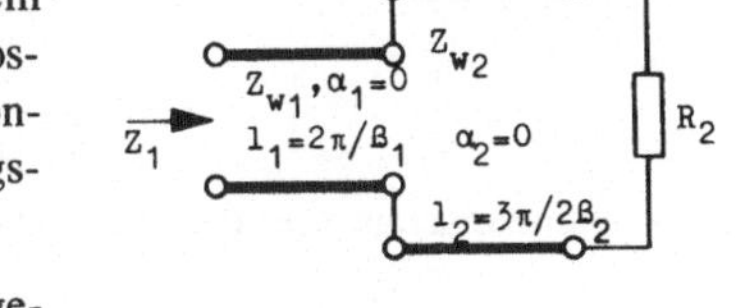

Bild 12.7

12.5.1 Wie groß müssen bei den angegebenen Leitungsgrößen und -längen die Wellenwiderstände Z_{w1} und Z_{w2} sein, damit die Eingangsimpedanz $Z_1 = R_1 = 75\,\Omega$ wird?

12.5.2 Wie groß wird Z_1, wenn bei unveränderten Leitungslängen die Leitungen bei doppelter Frequenz untersucht werden?

Lösung 12.5

12.5.1

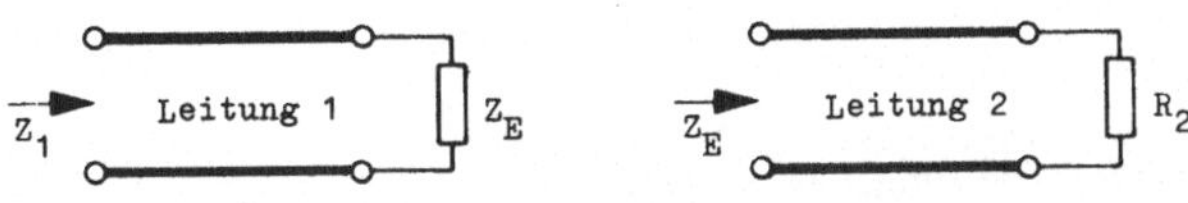

Bild 12.8

Der Eingangswiderstand der Leitung 2 bildet den Abschlußwiderstand der Leitung 1 (Bild 12.8). Wegen

$$\beta_2 l_2 = \frac{3\pi}{2}$$

wird

$$\sin\beta_2 l_2 = -1, \quad \cos\beta_2 l_2 = 0$$

und

$$Z_E = Z_{w2}\frac{R_2\cos\beta l + jZ_{w2}\sin\beta l}{jR_2\sin\beta l + Z_{w2}\cos\beta l} = \frac{Z_{w2}^2}{R_2}.$$

Die Leitung 2 wirkt als "Dualwandler". Die Leitung 1 hat das Phasenmaß $\beta_1 l_1 = 2\pi$; ihr Eingangswiderstand ist also entsprechend den Überlegungen der Aufgabe 12.3 gleich ihrem Abschlußwiderstand, d.h. gleich dem Eingangswiderstand der Leitung 2:

$$Z_1 = Z_E = \frac{Z_{w2}^2}{R_2}$$

Laut Aufgabenstellung ist $Z_1 = R_1 = 75\,\Omega$; deshalb gilt für den Wellenwiderstand der Leitung 2:

$$Z_{w2} = \sqrt{Z_1 R_2} = \sqrt{R_1 R_2} = \sqrt{75\,\Omega \cdot 300\,\Omega} = 150\,\Omega$$

Der Wellenwiderstand der Leitung 1 ist beliebig.

12.5.2

Wenn sich die Frequenz verdoppelt, verdoppeln sich wegen

$$\beta = \omega \sqrt{L'C'}$$

die Phasenkonstanten und die Phasenmaße

$$\beta_1^{(2)} = 2\beta_1, \qquad \beta_2^{(2)} = 2\beta_2$$
$$\beta_1^{(2)} l_1 = 4\pi, \qquad \beta_2^{(2)} l_2 = 3\pi$$

In diesem Fall bilden beide Leitungen ihre Abschlußwiderstände unverändert auf den Eingang ab:

$$Z_E^{(2)} = R_2$$
$$Z_1^{(2)} = Z_E^{(2)} = R_2 = 300\,\Omega$$

Das bedeutet: Die Eingangsimpedanz der Hintereinanderschaltung der beiden Leitungen ist gleich der Abschlußimpedanz, unabhängig von den Wellenwiderstände der beiden Leitungen.

Aufgabe 12.6

Eine verlustfreie Leitung mit der Länge $l_1 = \pi / 2\beta$ und dem Wellenwiderstand Z_w ist an ihrem Ende durch eine kurzgeschlossene Stichleitung mit gleichem Wellenwiderstand Z_w und einem ohmschen Widerstand R_2 abgeschlossen.

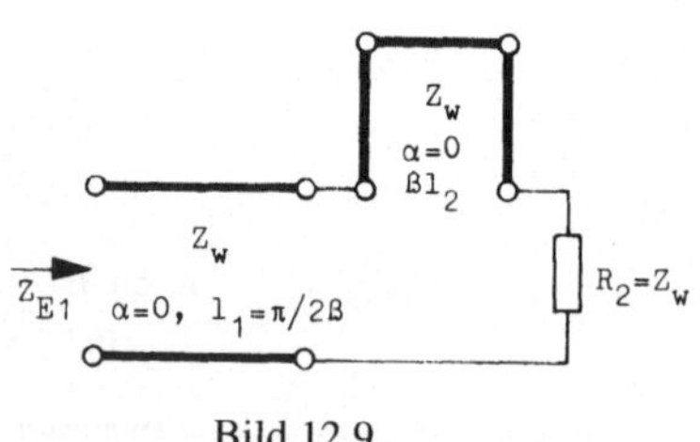

Bild 12.9

Man ermittle die Eingangsimpedanz Z_{E1} in Abhängigkeit von der Länge l_2 der Stichleitung und skizziere $|Z_{E1}| = f(l_2)$.

Lösung 12.6

Der Abschlußwiderstand der Leitung 1 setzt sich aus der Reihenschaltung von R_2 und dem Eingangswiderstand der Stichleitung zusammen. Damit beträgt der Abschlußwiderstand der Leitung 1:

$$Z_2 = R_2 + Z_{E2} = Z_w + Z_{E2}$$

Da die Leitung 2 kurzgeschlossen ist, beträgt

$$Z_{E2} = j Z_w \tan \beta l_2$$

Wir erhalten damit für Z_2

$$Z_2 = Z_w + j Z_w \frac{\sin \beta l_2}{\cos \beta l_2} = \frac{Z_w}{\cos \beta l_2} (\cos \beta l_2 + j \sin \beta l_2)$$

$$= \frac{Z_w}{\cos \beta l_2} e^{j \beta l_2}$$

Wegen $\cos \beta l_1 = 0$ ist die Eingangsimpedanz Z_{E1} der Leitung 1:

$$Z_{E1} = Z_w \frac{j Z_w \sin \beta l_1}{j Z_2 \sin \beta l_1} = \frac{Z_w^2}{Z_2}$$

$$= Z_w \cos \beta l_2 e^{-j \beta l_2}$$

Verlauf von $|Z_{E1}|$:

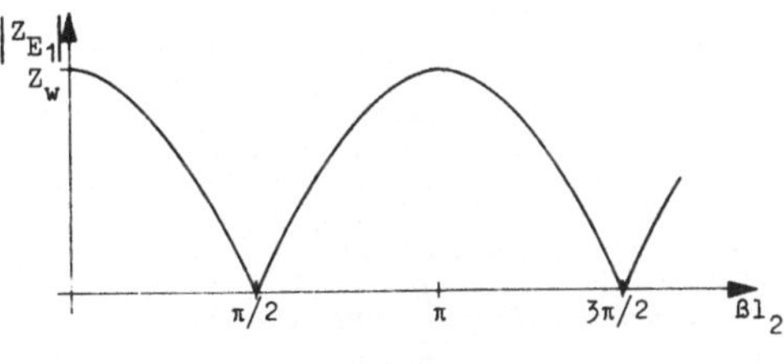

Bild 12.10

Beispielsweise läuft die Stichleitung bei $\beta l_2 = \pi / 2$ an ihrem Eingang leer. Dieser Leerlauf wird durch die Leitung 1 in einen Kurzschluß transformiert. Durch Verändern der Länge von l_2 (z.B. durch einen verschiebbaren Kurzschlußbügel) können Betrag und Phasenwinkel von Z_{E1} verändert werden.

Aufgabe 12.7

Man bestimme für die dargestellte Leitung die Quotienten $|U_1 / U_0|$ und $|U_2 / U_0|$ allgemein und für die angegebenen Zahlenwerte in Dezibel. Es ist $R_1 = Z_w$.

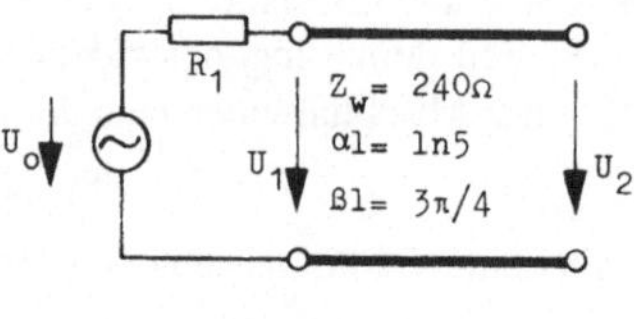

Bild 12.11

Lösung 12.7

Die beiden Kettengleichungen der Leitung lauten mit $I_2 = 0$

$$U_1 = U_2 \cosh \gamma l \qquad (12.3)$$

$$I_1 = \frac{U_2}{Z_w} \sinh \gamma l \qquad (12.4)$$

Am Eingang der Leitung gilt zusammen mit Gl. (12.4)

$$U_1 = U_0 - R_1 I_1 = U_0 - \frac{R_1}{Z_w} U_2 \sinh \gamma l$$

Diese Beziehung in (12.3) eingesetzt, ergibt

$$U_0 - \frac{R_1}{Z_w} U_2 \sinh \gamma l = U_2 \cosh \gamma l$$

oder mit $\gamma l = \alpha l + j\beta l$

$$\frac{U_2}{U_0} = \frac{1}{\cosh(\alpha l + j\beta l) + \dfrac{R_1}{Z_w} \sinh(\alpha l + j\beta l)} \qquad (12.5)$$

$$\frac{U_1}{U_0} = \frac{\cosh(\alpha l + j\beta l)}{\cosh(\alpha l + j\beta l) + \dfrac{R_1}{Z_w} \sinh(\alpha l + j\beta l)} \qquad (12.6)$$

Zur numerischen Auswertung benutzen wir die Additionstheoreme der Hyperbelfunktionen:

$$\sinh(\alpha l + j\beta l) = \cosh(\alpha l) \sinh(j\beta l) + \sinh(\alpha l) \cosh(j\beta l)$$

$$= \sinh(\alpha l) \cos(\beta l) + j \cosh(\alpha l) \sin(\beta l)$$

$$\cosh(\alpha l + j\beta l) = \cosh(\alpha l) \cosh(j\beta l) + \sinh(\alpha l) \sinh(j\beta l)$$

$$= \cosh(\alpha l) \cos(\beta l) + j \sinh(\alpha l) \sin(\beta l)$$

Mit $\alpha l = \ln 5$ und $\beta l = 3\pi / 4$ erhalten wir

$$\cosh(\alpha l) = \frac{1}{2}(5 + \frac{1}{5}) = \frac{5,2}{2} \quad \cos(\beta l) = -\frac{\sqrt{2}}{2}$$

$$\sinh(\alpha l) = \frac{1}{2}(5 - \frac{1}{5}) = \frac{4,8}{2} \quad \sin(\beta l) = +\frac{\sqrt{2}}{2}$$

Damit beträgt das Spannungsverhältnis

$$\left|\frac{U_2}{U_0}\right| = \left|\frac{4}{-10\sqrt{2} + j10\sqrt{2}}\right| = \left|-\frac{\sqrt{2}}{10}(1 + j)\right| = \frac{1}{5} \triangleq -14\,\text{dB}$$

Dieses Ergebnis hätten wir aus Gl. (12.5) wegen $R_1 = Z_w$ rascher erhalten, weil

$$\cosh(\alpha l + j\beta l) + \sinh(\alpha l + j\beta l) = e^{\alpha l}\, e^{j\beta l}$$

ist und damit

$$\frac{U_2}{U_0} = e^{-\alpha l}\, e^{-j\beta l} = \frac{1}{5}(-\frac{\sqrt{2}}{2} + j\frac{\sqrt{2}}{2})$$

wird. Entsprechend erhalten wir

$$\left|\frac{U_1}{U_0}\right| = |0,5 + j0,02| \approx 0,5 \triangleq -6\,\text{dB}$$

Aufgabe 12.8

Eine verlustfreie Leitung (siehe Bild 12.12) wird durch einen Generator mit dem ohmschen Innenwiderstand R_1 gespeist und ist mit dem ohmschen Widerstand R_2 abgeschlossen. Es ist $l = \pi / 2\beta$.

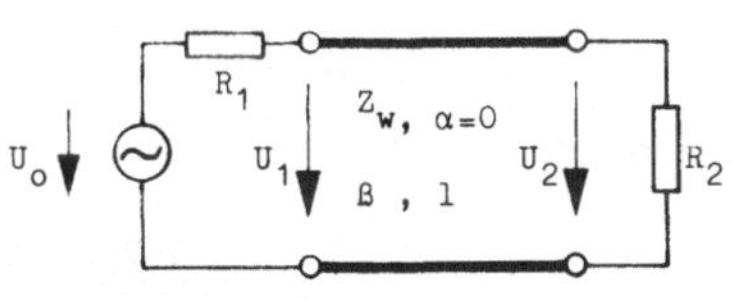

Bild 12.12

12.8.1 Man berechne die komplexe Amplitude der Spannung U_2.

12.8.2 Wie groß muß der Wellenwiderstand Z_w sein, damit $|U_2|$ ein Maximum erreicht?

Lösung 12.8

12.8.1 Wir betrachten die Leitung als Vierpol und setzen in die bekannte
Formel

$$\frac{U_0}{U_2} = A_{11} + \frac{R_1}{R_2}A_{22} + \frac{1}{R_2}A_{12} + R_1 A_{21}$$

die Kettenparameter der verlustfreien Leitung ein:

$$U_2 = \frac{U_0}{(1+\frac{R_1}{R_2})\cos(\beta l)+j(\frac{R_1}{Z_w}+\frac{Z_w}{R_2})\sin(\beta l)} \qquad (12.8)$$

Da die Leitung das Phasenmaß $\beta l = \pi / 2$ hat, wird

$$U_2 = \frac{-jU_0}{\frac{R_1}{Z_w}+\frac{Z_w}{R_2}}$$

12.8.2

Der Betrag der Ausgangsspannung

$$|U_2| = \frac{|U_0|}{\frac{R_1}{Z_w}+\frac{Z_w}{R_2}} \qquad (12.9)$$

hat als Funktion des Wellenwiderstandes ein Maximum, wenn der Nenner
von Gl. (12.9) ein Minimum hat. Aus der Bedingung

$$\frac{\mathrm{d}}{\mathrm{d}Z_w}\left\{\frac{R_1}{Z_w}+\frac{Z_w}{R_2}\right\} = 0 = -\frac{R_1}{Z_w^2}+\frac{1}{R_2}$$

erhalten wir

$$Z_{w,opt} = \sqrt{R_1 R_2}$$

Es handelt sich tatsächlich um ein Maximum von $|U_2|$, denn für $Z_w = 0$ und
$Z_w = \infty$ ist $|U_2| = 0$, also muß dazwischen ein Maximum liegen.

Aufgabe 12.9

Ein Verbraucher mit dem Widerstand R_2 wird entsprechend Bild 12.9 über eine verlustfreie Leitung an eine Spannungsquelle mit der Leerlaufspannung U_0 und dem ohmschen Innenwiderstand R_1 angeschlossen.

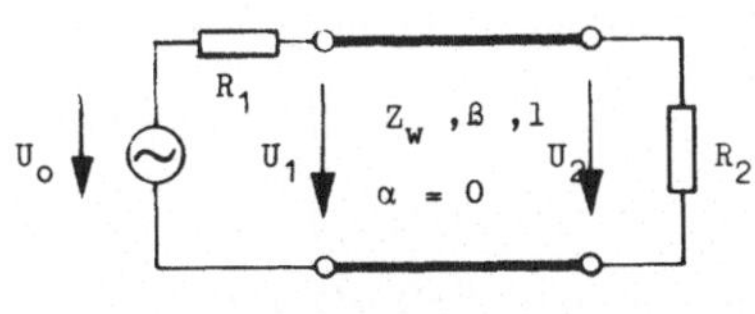

Bild 12.13

12.9.1 Man berechne die in R_2 verbrauchte mittlere Leistung $\overline{P}$ als Funktion der Leitungslänge l.

12.9.2 Bei welcher Leitungslänge l erreicht $\overline{P}$ ein Maximum bzw. ein Minimum und wie groß ist $\overline{P}$ an den Extremstellen?

12.9.3 Es sei $R_1 = Z_w$. Man bestimme R_2 so, daß die Leistung $\overline{P}$ möglichst groß wird.

Anmerkung: Zur Vereinfachung verwende man die Abkürzungen

$$a = 1 + \frac{R_1}{R_2} \quad \text{und} \quad b = \frac{Z_w}{R_2} + \frac{R_1}{Z_w}$$

Lösung 12.9

12.9.1 Der Leistungsumsatz im Verbraucherwiderstand R_2 beträgt

$$\overline{P}_2 = \frac{1}{2} \frac{|U_2|^2}{R_2}$$

Die Spannung U_2 haben wir in der Aufgabe 12.8 bereits berechnet. Mit den angegebenen Abkürzungen erhalten wir für das Betragsquadrat

$$|U_2|^2 = \frac{|U_0|^2}{a^2 \cos^2 \beta l + b^2 \sin^2 \beta l}$$

und damit für die Leistung:

$$\overline{P}_2 = \frac{|U_0|^2}{2R_2} \frac{1}{a^2 \cos^2 \beta l + b^2 \sin^2 \beta l}$$

12.9.2

Die Leistung $\overline{P}$ hat in Abhängigkeit von l ein Extremum, wenn der Nenner seinerseits ein Extremum aufweist. Wir differenzieren deshalb den Nenner nach l und setzen die Ableitung gleich null:

$$0 = -a^2 \beta \cos\beta l \sin\beta l + b^2 \beta \cos\beta l \sin\beta l$$

$$0 = (b^2 - a^2)\cos\beta l \sin\beta l$$

Extremwerte der Leistung $\overline{P}$ treten auf für

$$1. \quad \cos\beta l = 0 \;\rightarrow\; \beta l = (2k+1)\frac{\pi}{2} \quad k = 0,1,2,\ldots$$

$$2. \quad \sin\beta l = 0 \;\rightarrow\; \beta l = k\pi \qquad k = 0,1,2,\ldots$$

(Eine weitere Nullstelle tritt für $a = b$ auf; sie ist aber keine Lösung im Sinne der Aufgabenstellung.) Ob ein Maximum oder Minimum der Leistung vorliegt, entscheiden wir am schnellsten durch Einsetzen:

$$1. \quad \beta l = (2k+1)\frac{\pi}{2} \;\rightarrow\; \overline{P}_2 = \frac{|U_0|^2}{2R_2}\frac{1}{b^2}$$

$$2. \quad \beta l = k\pi \qquad \;\rightarrow\; \overline{P}_2 = \frac{|U_0|^2}{2R_2}\frac{1}{a^2}$$

Für $a^2 > b^2$ oder

$$1 + \frac{R_1}{R_2} > \frac{Z_w}{R_2} + \frac{R_1}{Z_w}$$

weist die Leistung im Fall 1 ein Maximum und im Fall 2 ein Minimum auf; für $a^2 < b^2$ ist es umgekehrt.

Für beliebige Widerstände R_1 und R_2 ist die übertragene Leistung also periodisch von der Leitungslänge abhängig.

12.9.3

Wenn $R_1 = Z_w$ ist, wird

$$a = b = 1 + \frac{Z_w}{R_2}$$

Damit erhalten wir für die Leistung

$$\overline{P}_2 = \frac{|U_0|^2}{2R_2}\frac{1}{(1+\frac{Z_w}{R_2})^2(\cos^2\beta l + \sin^2\beta l)}$$

$$= \frac{|U_0|^2}{2R_2}\frac{1}{(1+\frac{Z_w}{R_2})^2}$$

Die Leistung wird unabhängig von der Leitungslänge l. Zur Bestimmung des Maximums von $\overline{P}_2$ in Abhängigkeit von R_2 differenzieren wir den Nenner nach R_2 und setzen das Ergebnis gleich null:

$$0 = (1 + \frac{Z_w}{R_2}) - 2R_2(1 + \frac{Z_w}{R_2})\frac{Z_w}{R_2^2}$$

$$R_2 = Z_w$$

Die Leistung im Verbraucherwiderstand R_2 erreicht ein Maximum, wenn dieser gleich dem Wellenwiderstand gewählt wird. In der Energietechnik strebt man diesen Fall der maximalen Leistungsübertragung oftmals an und bezeichnet

$$\overline{P}_{2\,max} = \frac{|U_0|^2}{8Z_w}$$

als die natürliche Leistung der Leitung. Deshalb ist bei Energieübertragungsleitungen ein kleiner Wellenwiderstand von Vorteil.

Aufgabe 12.10

Eine verlustfreie Leitung der Länge l ist mit ihrem Wellenwiderstand abgeschlossen. Sie wird durch einen idealen Generator mit der Spannung $u_1(t) = \hat{u}_1 \cos \omega t$ gespeist.

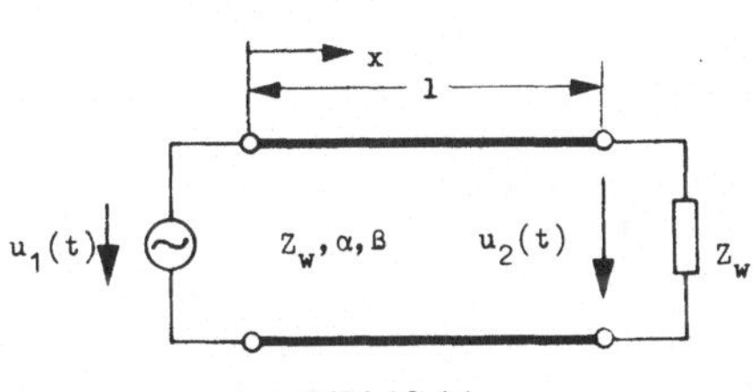

Bild 12.14

12.10.1 Man bestimme die Amplitude der Spannung längs der Leitung.

12.10.2 Man ermittle die komplexe Amplitude U_2 der Spannung am Ende der Leitung und skizziere den Verlauf der Ortskurve $U_2 / U_1 = f(l)$ in der komplexen Ebene.

Lösung 12.10

12.10.1 Um das Problem auf die Berechnung der Spannung am Ende einer Leitung zurückzuführen, denken wir uns die Leitung wie in Bild 12.15 an der Stelle x aufgetrennt. Der Abschlußwiderstand Z_x des 1. Leitungsstückes ist gleich dem Eingangswiderstand des 2. Leitungsstückes der Länge l-x.

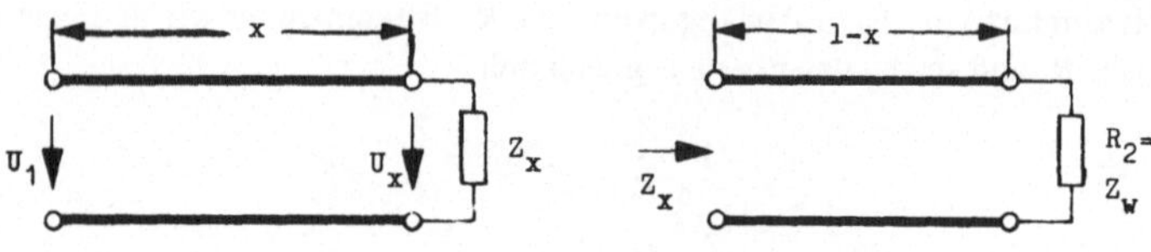

Bild 12.15

Wegen $R_2 = Z_w$ ist $Z_x = Z_w$. Damit ist auch das 1. Leitungsstück mit dem Wellenwiderstand abgeschlossen. Aus der Leitungsgleichung

$$U_1 = U_x \cosh \gamma x + I_x Z_w \sinh \gamma x$$

erhalten wir mit

$$I_x Z_w = U_x$$

$$U_1 = U_x(\cosh \gamma x + \sinh \gamma x) = U_x e^{\gamma x} \quad \rightarrow \quad U_x = U_1 e^{-\gamma x}. \qquad (12.10)$$

Wegen

$$u_1(t) = \hat{u}_1 \cos \omega t$$

wird

$$|U_x| = \hat{u}_1 e^{-\alpha x}.$$

12.10.2

Am Leitungsende ist $x = l$ und $U_x = U_2$. Damit erhalten wir aus Gl. (12.10):

$$U_2 = U_1 e^{-\gamma l} = \hat{u}_1 e^{-\alpha l} e^{-j\beta l}$$

Um die Ortskurve $U_2 / U_1 = f(l)$ zu skizzieren, betrachten wir die beiden Faktoren in

$$\frac{U_2}{U_1} = e^{-\alpha l} e^{-j\beta l}$$

Mit wachsendem l bewirkt der erste Faktor eine exponentielle Abnahme des Betrages von U_2 / U_1, der zweite eine Drehung im mathematisch negativen Sinne. Ausgangspunkt ist $f(l = 0) = 1$.

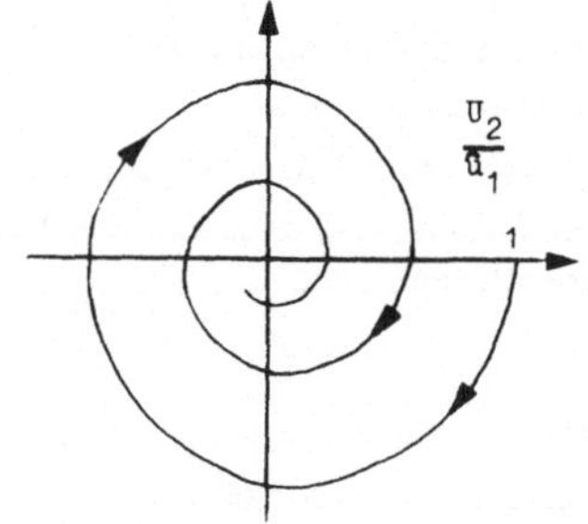

Bild 12.16

Aufgabe 12.11

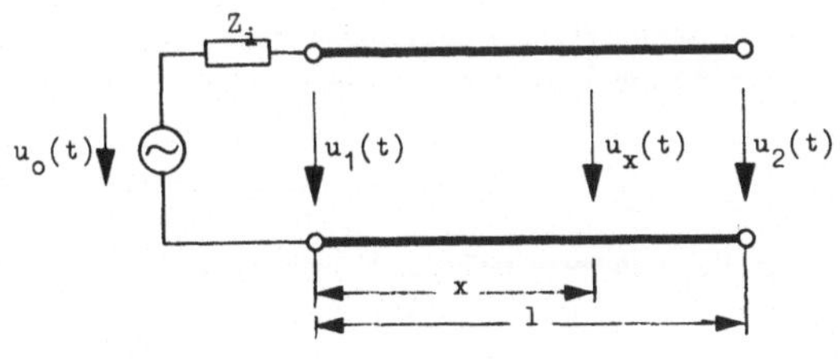

Bild 12.17

Eine verlustfreie Leitung mit dem Wellenwiderstand Z_w und der Länge $l = 1,25\lambda$ ist an ihrem Eingang an einen Wechselspannungsgenerator mit der Leerlaufspannung

$$u_0(t) = \hat{u}\cos\omega t$$

und dem Innenwiderstand $Z_i = Z_w$ angeschlossen. Die Leitung ist an ihrem Ende nicht belastet.

12.11.1 Man berechne die komplexe Amplitude U_x der Spannung längs der Leitung.

12.11.2 Man berechne die Spannung $u_x(t)$ längs der Leitung.

Lösung 12.11

12.11.1 Der Lösungsweg ist derselbe wie in der Aufgabe 12.10:

$$U_x = -j\hat{u}\sin\beta x.$$

12.11.2

Die Zeitfunktion bestimmen wir aus der komplexen Amplitude:

$$u_x(t) = \mathrm{Re}\{U_x e^{j\omega t}\} = \hat{u}\,\sin\beta x\,\sin\omega t$$

Für $x = 0$ wird

$$u_x(t) = u_1(t) = 0,$$

weil die Leitung mit der Länge

$$l = \frac{5}{4}\lambda \;\rightarrow\; \beta l = \frac{5}{2}\pi$$

den Leerlauf am Ausgang in einen Kurzschluß am Leitungseingang transformiert.

Aufgabe 12.12

Eine Leitung besteht aus zwei Abschnitten mit den Längen l_1 und l_2. Zwischen beiden Abschnitten liegt ein Längswiderstand R_2. Man berechne für die Schaltung 12.18 die Spannung U_2 allgemein und für die angegebenen Zahlenwerte.

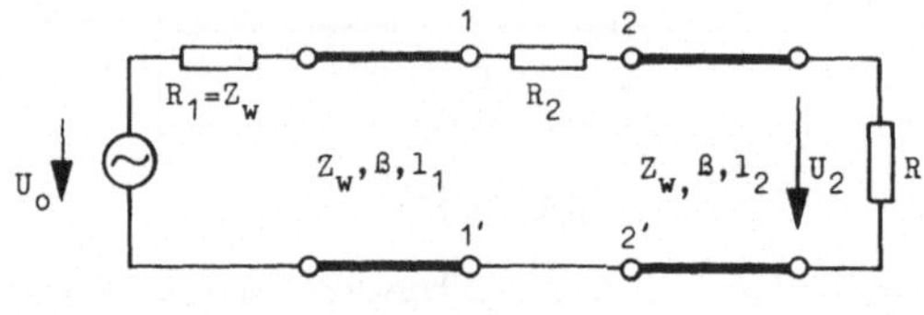

Bild 12.18

$Z_w = 600\,\Omega, \quad R = 300\,\Omega, \quad R_2 = 200\,\Omega$
$\alpha = 0, \quad \beta = 0{,}1\,/\,\mathrm{km}, \quad l_1 = 100\,\mathrm{km}, \quad l_2 = 200\,\mathrm{km}, \quad U_0 = 100\,\mathrm{V}$

Lösung 12.12

Prinzipiell können wir die Aufgabe so lösen, daß wir die beiden Leitungen und den Widerstand R_2 als Vierpole betrachtet, die in Kette geschaltet sind. Durch Multiplikation der 3 Kettenmatrizen gewinnen wir die Kettenmatrix der Gesamtschaltung. Hierbei entstehen jedoch umfangreiche Ausdrücke.

Wir kommen rascher zum Ziel, wenn wir den Schaltungsteil links von den Klemmen 2 - 2' durch eine Ersatzspannungsquelle nachbilden: Zu diesem Zweck bestimmen wir den Innenwiderstand und die Leerlaufspannung zwischen den Klemmen 2 - 2' (Bild 12.19).

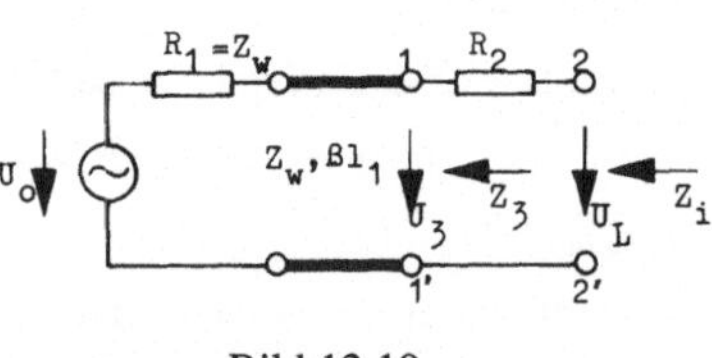

Bild 12.19

Innenwiderstand:

Dazu denken wir uns die Spannungsquelle kurzgeschlossen. Die Impedanz Z_3 zwischen den Klemmen 1 - 1' ist dann gleich Z_w, weil die Leitung am Eingang mit ihrem Wellenwiderstand abgeschlossen ist:

$$Z_i = R_2 + Z_3 = R_2 + Z_w.$$

Leerlaufspannung:

Die Leerlaufspannung U_L ist gleich U_3, also gleich der Ausgangsspannung einer leerlaufenden Leitung, wie sie in Aufgabe 12.7 bereits berechnet wurde. Mit den Bezeichnungen dieser Aufgabe erhalten wir aus Gl. (12.5)

$$U_L = U_3 = \frac{U_0}{\cos\beta l_1 + j\sin\beta l_1} = U_0 e^{-j\beta l_1}$$

Mit dieser Ersatzspannungsquelle wird die 2. Leitung gespeist (Bild 12.20). Damit ist
die Aufgabe auf die Berechnung der Ausgangsspannung
einer beschalteten Leitung
zurückgeführt. Hierzu setzen
wir in Gl. (12.8) unsere Bezeichnungen ein:

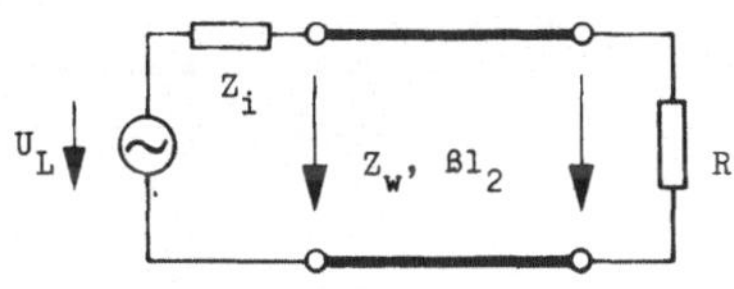

Bild 12.20

$$U_2 = \frac{U_L}{(1+\frac{Z_i}{R})\cos(\beta l_2) + j(\frac{Z_i}{Z_w} + \frac{Z_w}{R})\sin(\beta l_2)}$$

Mit den Kenngrößen der Ersatzquelle erhalten wir schließlich:

$$U_2 = \frac{U_0 e^{-j\beta l_1}}{(1+\frac{R_2+Z_w}{R})\cos(\beta l_2) + j(\frac{R_2+Z_w}{Z_w} + \frac{Z_w}{R})\sin(\beta l_2)}$$

Die Zahlenrechnung ergibt die komplexe Amplitude

$$U_2 = 3,48\,\text{V} + j29,28\,\text{V}.$$

Wir überprüfen das allgemeine Ergebnis für U_2, indem wir $R_2 = 0$ setzen

$$U_2 = \frac{U_0 e^{-j\beta l_1}}{(1+\frac{Z_w}{R})(\cos(\beta l_2) + j\sin(\beta l_2))} = \frac{U_0}{1+\frac{Z_w}{R}} e^{-j\beta(l_1+l_2)},$$

und erhalten die bereits bekannte Beziehung (12.8) für den Sonderfall $R_1 = Z_w$.

Aufgabe 12.13

Eine verlustfreie Leitung der Länge l ist am Eingang und Ausgang mit dem Wellenwiderstand abgeschlossen. An der Stelle l_1 tritt eine leitende Verbindung auf. Der Widerstand zwischen beiden Leitern habe die Größe R_q.

Man bestimme das Verhältnis R_q / Z_w für den Fall, daß die Spannung U_2 nach dem Auftreten der Querverbindung auf 1/5 ihres ursprünglichen Wertes (ohne Querverbindung) abfällt.

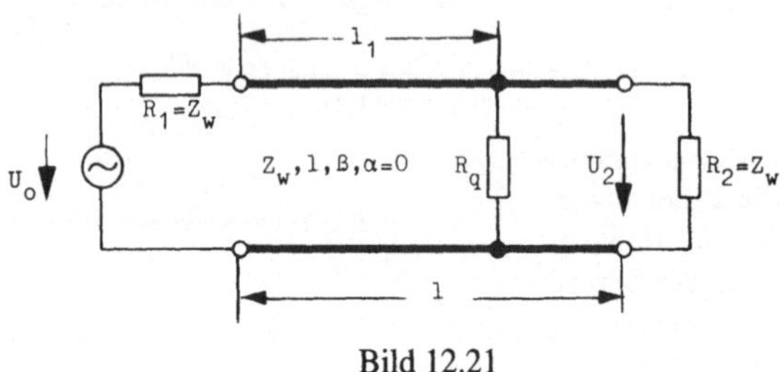

Bild 12.21

Lösung 12.13

Wir ermitteln zunächst die Spannung $U_2^{(1)}$ vor dem Auftreten der leitenden Verbindung. Aus Gl. (12.8) für die beschaltete verlustfreie Leitung erhalten wir für $R_1 = R_2 = Z_w$

$$U_2^{(1)} = \frac{U_0}{(1 + \dfrac{R_1}{R_2})\cos(\beta l) + j(\dfrac{R_1}{Z_w} + \dfrac{Z_w}{R_2})\sin(\beta l)}$$

$$U_2^{(1)} = \frac{U_0}{2\cos(\beta l) + j2\sin(\beta l)} = \frac{U_0}{2} e^{-j\beta l} \tag{12.11}$$

Anschließend berechnen wir die Spannung $U_2^{(2)}$ nach dem Auftreten der leitenden Verbindung durch R_q. Die Rechnung führen wir ähnlich durch wie in der vorhergehenden Aufgabe und bestimmen zunächst die Ersatzspannungsquelle für den vorderen Teil der Leitung einschließlich R_q.

Innenwiderstand:

Er ergibt sich aus der Parallelschaltung von Z_w und R_q:

$$Z_i = \frac{Z_w R_q}{Z_w + R_q} = Z_w \frac{1}{1 + \dfrac{Z_w}{R_q}}$$

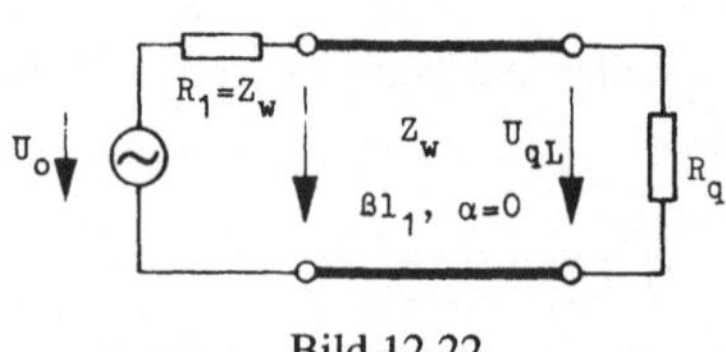

Bild 12.22

Leerlaufspannung:

Zur Ermittlung der Leerlaufspannung U_{qL} verwenden wir wieder die Beziehung (12.8):

$$U_{qL} = \frac{U_0}{1 + \dfrac{Z_w}{R_q}}\, e^{-j\beta l_1}$$

Damit ist die Schaltung auf die Schaltung von Bild 12.20 reduziert. Zusammen mit Gl. (12.8) erhalten wir für die beschaltete Leitung der Länge $l - l_1$

$$U_2^{(2)} = U_{qL}\, \frac{1}{1 + \dfrac{Z_i}{Z_w}}\, e^{-j\beta(l-l_1)}$$

$$U_2^{(2)} = \frac{U_0\, e^{-j\beta l}}{\left(1 + \dfrac{Z_w}{R_q}\right)\left(1 + \dfrac{Z_i}{Z_w}\right)} = \frac{U_0\, e^{-j\beta l}}{\left(1 + \dfrac{Z_w}{R_q}\right)\left(1 + \dfrac{1}{1 + Z_w / R_q}\right)}$$

$$U_2^{(2)} = \frac{U_0}{2 + \dfrac{Z_w}{R_q}}\, e^{-j\beta l} \tag{12.12}$$

Die Spannung $U_2^{(2)}$ soll auf $1/5$ von $U_2^{(1)}$ absinken:

$$U_2^{(1)} = 5\, U_2^{(2)}$$

Wir setzen Gl. (12.11) und Gl. (12.12) ein

$$\frac{U_0}{2}\, e^{-j\beta l} = 5\, \frac{U_0}{2 + \dfrac{Z_w}{R_q}}\, e^{-j\beta l}$$

und erhalten

$$2 + \frac{Z_w}{R_q} = 10 \;\;\rightarrow\;\; \frac{R_q}{Z_w} = \frac{1}{8}.$$

Aufgabe 12.14

12.14.1 Man bestimme das Übersetzungsverhältnis $\ddot{u}$ des als ideal zu betrachtenden Übertragers so, daß die auf der Leitung in Richtung Klemmenpaar 1 - 2 zurücklaufende Welle nicht reflektiert wird (Bild 12.23).

12.14.2 Wie groß ist in diesem Fall die Spannung U_2 allgemein und für die angegebenen Zahlenwerte?

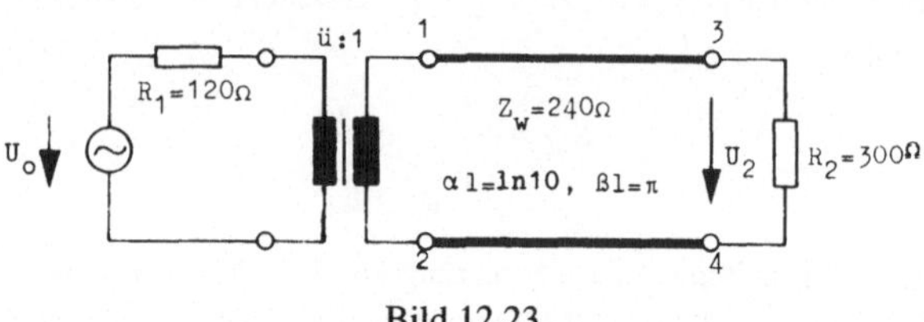

Bild 12.23

Lösung 12.14

12.14.1 An der Stoßstelle einer Leitung wird eine Welle reflektiert, wenn die Impedanz Z an der Stoßstelle vom Wellenwiderstand Z_w verschieden ist. Als Impedanz Z an der Stoßstelle ist die Impedanz zu betrachten, die die Welle beim Hinlaufen zur Stoßstelle „sieht". Sie ist also für hin- und rücklaufende Wellen im allgemeinen verschieden. Für das Maß der Reflexion ist der Reflexionsfaktor maßgebend

$$r = \frac{Z - Z_w}{Z + Z_w}$$

Ist $r = 0$, so wird nichts reflektiert; wir sprechen von Anpassung. Für $r = \pm 1$ (Leerlauf bzw. Kurschluß) wird die Welle total reflektiert.

In unserem Beispiel ist die Impedanz Z gleich dem transformierten Widerstand R_1 (Bild 12.24):

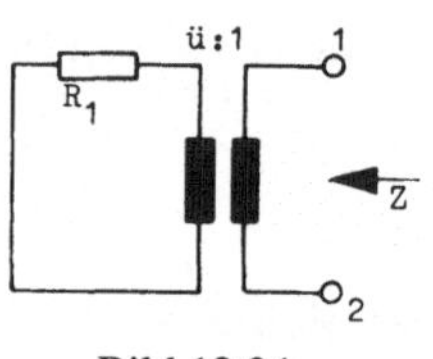

$$Z = \frac{R_1}{\ddot{u}^2}.$$

Es ist $r = 0$ gefordert. Damit wird

$$Z_w = Z = \frac{R_1}{\ddot{u}^2} \rightarrow \ddot{u} = \pm \sqrt{\frac{R_1}{Z_w}}.$$

Bild 12.24

Der Widerstand R_1 wird durch die Transformationseigenschaften des idealen Übertragers an den Wellenwiderstand der Leitung angepaßt. Es sind beide Vorzeichen der Wurzel zulässig. Bei negativem Vorzeichen ändern Strom oder Spannung ihr Vorzeichen; die Widerstandsübersetzung bleibt davon unberührt.

12.14.2

Wir transformieren alle Größen
der Primärseite des Übertragers
auf die Sekundärseite. Da sich
die Spannung mit $1/ü$ und der
Widerstand mit $1/ü^2$ transformieren, erhalten wir die Schaltung 12.25.

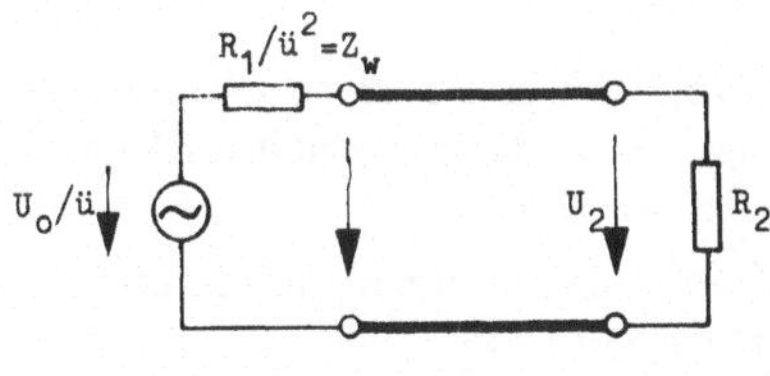

Bild 12.25

Damit ist die Aufgabe auf das
Standardproblem zurückgeführt, die Ausgangsspannung der beschalteten
Leitung zu berechnen. Hierzu verwenden wir wieder Gl. (12.8), diesmal für
den allgemeinen Fall der verlustbehafteten Leitung; statt der Winkelfunktionen sind die Hyperbelfunktionen eingesetzt:

$$\frac{U_2}{U_0/ü} = \frac{1}{(1+\frac{Z_w}{R_2})\cosh(\gamma l)+(\frac{Z_w}{Z_w}+\frac{Z_w}{R_2})\sinh(\gamma l)} = \frac{1}{1+\frac{Z_w}{R_2}}e^{-\gamma l}$$

$$\frac{U_2}{U_0} = \pm\sqrt{\frac{Z_w}{R_1}}\,\frac{1}{1+\frac{Z_w}{R_2}}e^{-\alpha l}\,e^{-j\beta l}$$

Mit den angegebenen Zahlenwerten erhalten wir

$$\frac{U_2}{U_0} = \pm\sqrt{2}\,\frac{1}{1+0{,}8}(-0{,}1)$$

$$= \pm\frac{\sqrt{2}}{18} = \pm0{,}0786$$

Aufgabe 12.15

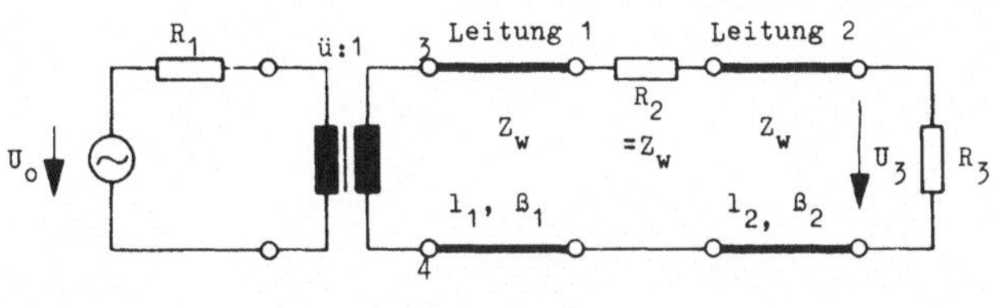

Bild 12.26

Gegeben ist eine Spannungsquelle mit der Leerlaufspannung U_0 und dem
Innenwiderstand R_1, die über einen als ideal zu betrachtenden Übertrager das

dargestellte Leitungssystem speist. Die Leitungen sind als verlustfrei anzunehmen.

12.15.1 Wie groß muß das Übersetzungsverhältnis *ü* des idealisierten Übertragers sein, damit die zu den Klemmen 3 - 4 zurücklaufende Welle nicht reflektiert wird?

12.15.2 Man bestimme für dieses Übersetzungsverhältnis das Spannungsverhältnis U_3 / U_0.

Lösung 12.15

Die Ergebnisse lauten

12.15.1

$$\ddot{u} = \pm \sqrt{\frac{R_1}{Z_w}}$$

12.15.2

$$\frac{U_3}{U_0} = \pm \sqrt{\frac{Z_w}{R_1}}\, e^{-j\beta_1 l_1}\, \frac{1}{(1 + \frac{Z_w + R_2}{R_3})\cos(\beta_2 l_2) + j(1 + \frac{R_2}{Z_w} + \frac{Z_w}{R_3})\sin(\beta_2 l_2)}$$

13 Der Drehstrom

13.1 Das Drehstromsystem

Aufgabe 13.1

Die Spannungen eines Dreiphasen-
systemes mit Mittelpunktleiter nach
Bild 13.1 haben die komplexen Amplituden

$$U_{R0} = 0{,}5(1+j)U_0$$

$$U_{S0} = a^2 U_0$$

$$U_{T0} = a U_0; \quad a = e^{j2\pi/3}$$

Die Impedanz des Mittelpunktleiters
ist $Z_0 = j\omega L$; in den 3 Strängen
liegen ohmsche Widerstände mit
dem Wert $R = 3|Z_0|$.

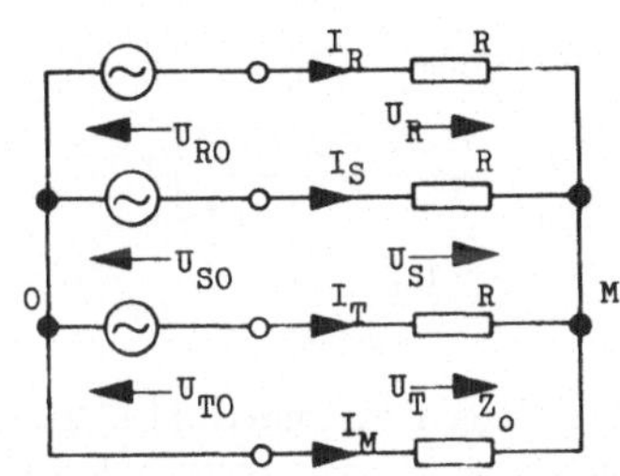

Bild 13.1

13.1.1 Man berechne die Spannung U_{M0} und skizziere das Zeigerdiagramm
der Spannungen.

13.1.2 Man berechne die Ströme I_R, I_S, I_T und I_M.

Anmerkung: In dieser und in den folgenden Aufgaben wird mit a die komplexe Zahl $a = e^{j2\pi/3} = -0{,}5 + j0{,}5\sqrt{3}$ bezeichnet.

Lösung 13.1

13.1.1 Der Drehstromgenerator hat unsymmetrische Spannungen, deshalb ist
die Spannung U_{M0} trotz symmetrischer Belastung von null verschieden. Um
die Spannung U_{M0} zu ermitteln, bestimmen wir die Ersatzstromquelle
zwischen den Punkten M und O (Bild 13.1).

Für die Quellimpedanz Z_p finden wir:

$$\frac{1}{Z_p} = \frac{1}{Z_0} + \frac{3}{R}$$

Der Kurzschlußstrom beträgt

$$I_k = \frac{1}{R}(U_{R0} + U_{S0} + U_{T0}),$$

so daß wir für U_{M0} das Ergebnis erhalten:

$$U_{M0} = Z_p\, I_k = \frac{Z_0}{3Z_0 + R}(U_{R0} + U_{S0} + U_{T0}) = \frac{j}{3j+3}(U_{R0} + U_{S0} + U_{T0})$$

Mit den gegebenen Größen und der Beziehung

$$a^2 + a = -1$$

wird daraus

$$U_{M0} = \frac{jU_0(0,5 + 0,5j + a^2 + a)}{3j+3}$$

$$= \frac{U_0}{6}\frac{j}{1+j}(-1+j) = -\frac{U_0}{6}$$

Das Zeigerdiagramm (Bild 13.2) zeigt neben den Generatorspannungen die Spannungen an den Widerständen. Der Sternpunkt der Belastungswiderstände M ist gegenüber dem Generatorsternpunkt 0 um U_{M0} verschoben.

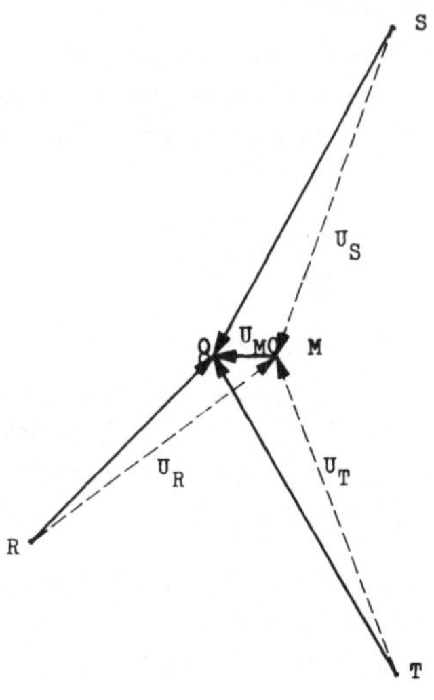

Bild 13.2

13.1.2

An den Widerständen liegt jeweils die Differenzspannung zwischen Generatorstrangspannung und U_{M0}. Die komplexen Amplituden der Ströme sind deshalb

$$I_R = \frac{U_{R0} - U_{M0}}{R} = \frac{U_0}{R}(0,5 + 0,5j + \frac{1}{6}) = \frac{U_0}{R}(\frac{2}{3} + j\frac{1}{2})$$

$$I_S = \frac{U_{S0} - U_{M0}}{R} = \frac{U_0}{R}(-0,5 - j\frac{\sqrt{3}}{2} + \frac{1}{6}) = \frac{U_0}{R}(-\frac{1}{3} - j\frac{\sqrt{3}}{2})$$

$$I_T = \frac{U_{T0} - U_{M0}}{R} = \frac{U_0}{R}(-0,5 + j\frac{\sqrt{3}}{2} + \frac{1}{6}) = \frac{U_0}{R}(-\frac{1}{3} + j\frac{\sqrt{3}}{2})$$

Der Strom im Mittelpunktleiter beträgt

$$I_M = \frac{-U_{M0}}{Z_0} = \frac{U_0}{6Z_0} = -j\frac{U_0}{6\omega L} = -j\frac{U_0}{2R}.$$

Zur Kontrolle können wir überprüfen, ob

$$-I_M = I_R + I_S + I_T$$

ist.

Aufgabe 13.2

Das in Bild 13.3 angegebene Netzwerk wird durch einen Drehstromgenerator mit symmetrischen Spannungen

$$U_{R0}$$

$$U_{S0} = a^2 U_{R0}$$

$$U_{T0} = a U_{R0}$$

gespeist.

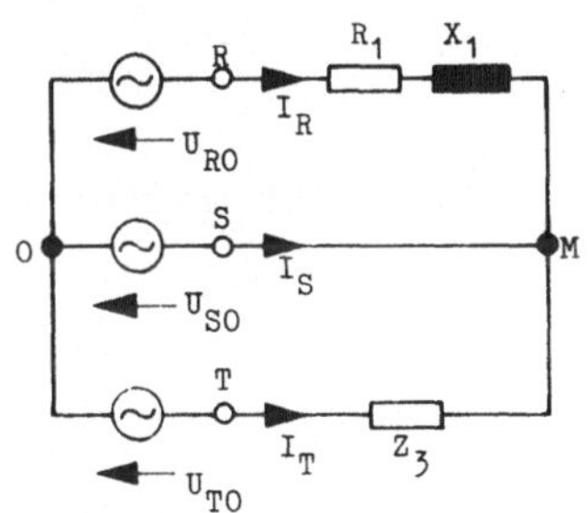

Bild 13.3

13.2.1 Wie groß muß X_1 sein, damit der Strom I_R in Phase mit der Spannung U_{R0} liegt?

13.2.2 Man bestimme mit dem Ergebnis von 13.2.1 den Real- und Imaginärteil der Impedanz Z_3 so, daß die Ströme I_R, I_S, und I_T in Phase mit den zugehörigen Spannungen U_{R0}, U_{S0} bzw. U_{T0} liegen.

13.2.3 Durch welche Elemente R, L oder C kann Z_3 realisiert werden?

Lösung 13.2

13.2.1 Wegen der Verbindung der Punkte S und M ist

$$U_{M0} = U_{S0}$$

Ein Umlauf in der oberen Schleife ergibt

$$-U_{R0} + I_R(R_1 + jX_1) + U_{S0} = 0$$

$$I_R = \frac{U_{R0} - U_{S0}}{R_1 + jX_1}$$

Wegen

$$a^2 = -\frac{1}{2} - j\frac{\sqrt{3}}{2}$$

gilt

$$I_R = \frac{U_{R0}(1-a^2)}{R_1 + jX_1} \rightarrow \frac{I_R}{U_{R0}} = \frac{1-a^2}{R_1 + jX_1} = \frac{1,5 + j0,5\sqrt{3}}{R_1 + jX_1}$$

Wenn I_R mit U_{R0} in Phase sein soll, muß der rechts stehende Bruch reell sein. Diese Bedingung ist erfüllt für

$$\frac{X_1}{R_1} = \frac{\sqrt{3}}{3} \rightarrow X_1 = \frac{1}{\sqrt{3}} R_1.$$

13.2.2

Mit dem unter 13.2.1 berechneten Wert X_1 wird

$$I_R = \frac{U_{R0}}{R_1} \frac{\frac{3}{2} + j\frac{\sqrt{3}}{2}}{1 + j\frac{X_1}{R_1}} = \frac{U_{R0}}{R_1} \frac{\frac{3}{2} + j\frac{\sqrt{3}}{2}}{1 + j\frac{1}{\sqrt{3}}} = \frac{3}{2}\frac{U_{R0}}{R_1}$$

Den Strom I_T erhält man aus dem Umlauf in der unteren Masche

$$I_T = \frac{U_{T0} - U_{S0}}{Z_3} = \frac{U_{T0} - U_{S0}}{R_3 + jX_3} = \frac{U_{T0}(1-a)}{R_3 + jX_3}$$

Wegen $a = -0,5 + j0,5\sqrt{3}$ erhalten wir:

$$I_T = U_{T0} \frac{1,5 - j0,5\sqrt{3}}{R_3 + jX_3}$$

Da I_T mit U_{T0} in Phase sein soll, muß gelten:

$$\frac{X_3}{R_3} = -\frac{\sqrt{3}}{3} \rightarrow X_3 = -\frac{1}{\sqrt{3}} R_3$$

Damit wird

$$I_T = \frac{U_{T0}}{R_3} \frac{\frac{3}{2} - j\frac{\sqrt{3}}{2}}{1 - \frac{1}{\sqrt{3}}} = \frac{3}{2}\frac{U_{T0}}{R_3}.$$

Für den Strom I_S gilt die Knotenpunktsgleichung

$$I_S = -I_R - I_T = -\frac{3}{2}\frac{U_{R0}}{R_1} - \frac{3}{2}\frac{U_{T0}}{R_3}$$

Wegen

$$U_{R0} = a\,U_{S0} \quad \text{und} \quad U_{T0} = a^2\,U_{S0}$$

erhalten wir

$$I_S = \frac{3}{2}U_{S0}\left(-\frac{a}{R_1} - \frac{a^2}{R_3}\right) = \frac{3}{2}U_{S0}\left(-\frac{1}{2R_1} - \frac{1}{2R_3} - j\frac{\sqrt{3}}{2R_1} + j\frac{\sqrt{3}}{2R_3}\right).$$

I_S soll mit U_{S0} in Phase liegen, d.h. der Imaginärteil muß null sein:

$$R_1 = R_3.$$

Damit erhalten wir schließlich für X_3

$$X_3 = -\frac{R_3}{\sqrt{3}} = -\frac{R_1}{\sqrt{3}}$$

und für Z_3

$$Z_3 = R_1 - j\frac{R_1}{\sqrt{3}}.$$

Z_3 kann durch die Reihenschaltung eines ohmschen Widerstandes R_1 und eines Kondensator mit der Kapazität $C = \sqrt{3}\,/\,\omega R_1$ realisiert werden.

Aufgabe 13.3

In dem Drehstromsystem Bild 13.4 wird durch Verändern des Widerstandes R die Spannung zwischen den Punkten M und 0 eingestellt. Es ist

$$U_{R0} = U$$
$$U_{S0} = a^2 U$$
$$U_{T0} = aU.$$

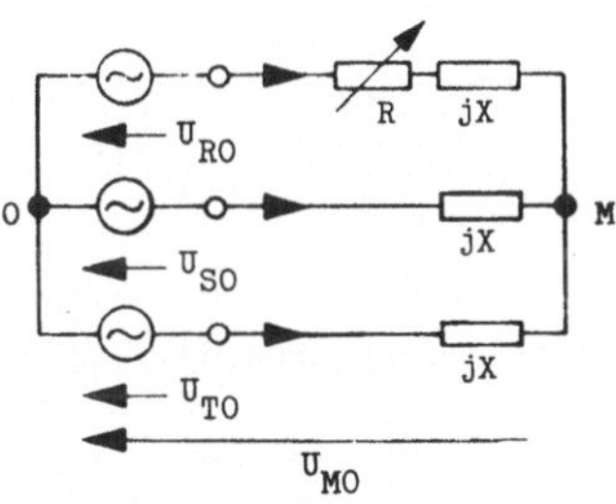

Bild 13.4

13.3.1 Man bestimme die Funktion $U_{M0}\,/\,U = f(X\,/\,R)$.

13.3.2 Man skizziere im Zeigerdiagramm der Spannungen die Ortskurve der Spannung U_{M0} in Abhängigkeit vom Parameter $X\,/\,R$ (X kann positiv oder negativ sein).

Lösung 13.3

13.3.1 Die Spannung U_{M0} berechnen wir wie in der Lösung 13.1 mit Hilfe der Ersatzstromquelle und erhalten allgemein

$$U_{M0} = Z_p I_k = Z_p \left(\frac{U_{R0}}{Z_R} + \frac{U_{S0}}{Z_S} + \frac{U_{T0}}{Z_T} \right)$$

$$\frac{1}{Z_p} = \frac{1}{Z_R} + \frac{1}{Z_S} + \frac{1}{Z_T}$$

Mit

$$Z_R = R + jX, \ Z_S = Z_T = jX$$

und den symmetrischen Generatorspannungen wird

$$U_{M0} = \frac{U}{\dfrac{1}{R+jX} + \dfrac{2}{jX}} \left(\frac{1}{R+jX} + \frac{a^2+a}{jX} \right)$$

Wegen $a^2 + a = -1$ erhalten wir

$$U_{M0} = \frac{jX - R - jX}{jX + 2(R + jX)} U$$

oder

$$\frac{U_{M0}}{U} = \frac{-1}{2 + j3\dfrac{X}{R}} \tag{13.8}$$

13.3.2

Die Ortskurve entsprechend Gl. (13.8) ist ein Kreis durch die Punkte

$$\frac{U_{M0}}{U} = \frac{-1}{2} \ \text{für} \ \frac{X}{R} = 0 \ \text{und} \ \frac{U_{M0}}{U} = 0 \ \text{für} \ \frac{X}{R} = \infty$$

mit dem Mittelpunkt auf der reellen Achse. Im Bild 13.5 ist diese Ortskurve in das Zeigerdiagramm der Spannungen eingetragen, so daß man für verschiedene Werte des Parameters X/R die zugehörige Verschiebung des Sternpunktes U_{M0} entnehmen kann.

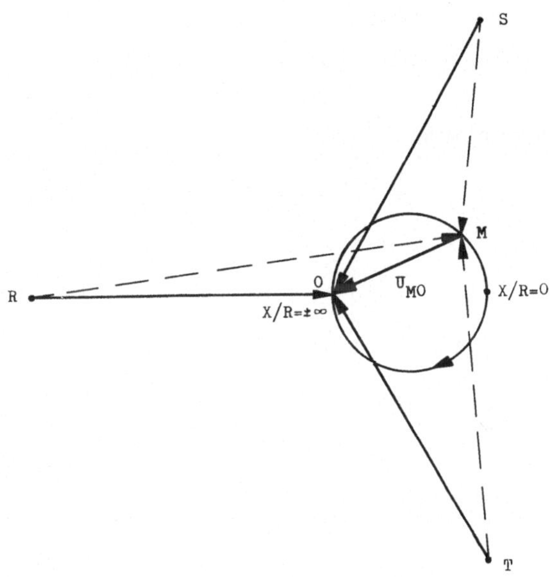

Bild 13.5

Aufgabe 13.4

Der Widerstand R im Strang T des Drehstromsystems von Bild 13.6 ist veränderbar. Der Drehstromgenerator hat die gleichen Spannungen wie in der Aufgabe 13.3.

13.4.1 Man berechne den Strom I_M in Abhängigkeit von R.

13.4.2 Man bestimme die Funktion $I_M R_1 / U = f(R)$ und skizziere ihren Verlauf in der komplexen Ebene für

$$R_0 = 0 \quad \text{und} \quad R_0 = R.$$

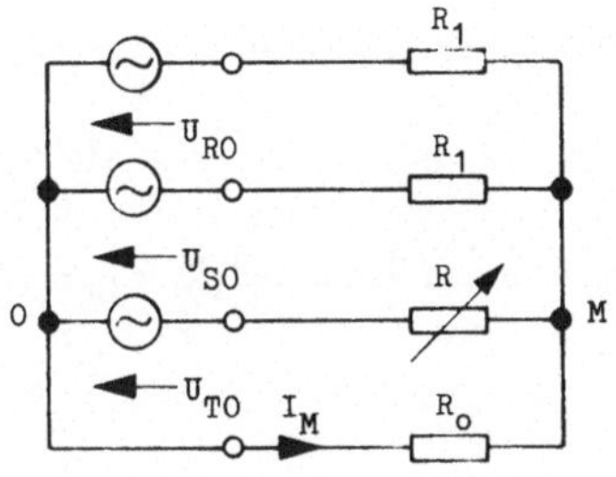

Bild 13.6

Lösung 13.4

13.4.1 Ähnlich wie in Aufgabe 13.1 erhalten wir für die Spannung U_{M0} zusammen mit dem Kurzschlußstrom

$$I_K = \frac{U_{R0}}{Z_R} + \frac{U_{S0}}{Z_S} + \frac{U_{T0}}{Z_T}$$

und dem Innenwiderstand Z_p

$$\frac{1}{Z_p} = \frac{1}{Z_R} + \frac{1}{Z_S} + \frac{1}{Z_T} + \frac{1}{Z_M}$$

das Ergebnis

$$U_{M0} = I_K \, Z_p.$$

Mit den angegebenen Werten beträgt der Strom im Mittelpunktleiter

$$I_M = -\frac{U_{M0}}{R_0} = -U\left(\frac{1+a^2}{R_1} + \frac{a}{R}\right)\frac{1}{2\dfrac{R_0}{R_1} + \dfrac{R_0}{R} + 1}$$

oder umgeformt mit der Beziehung $1 + a^2 = -a$

$$I_M = U\frac{a}{R_1}\frac{1 - \dfrac{R_1}{R}}{1 + \dfrac{R_0}{R} + 2\dfrac{R_0}{R_1}}. \tag{13.12}$$

Da der 2. Bruch eine reelle Größe ist, eilt wegen $a = e^{j3\pi/2}$ der Strom I_M der Spannungen U um den Winkel $3\pi/2$ vor.

13.4.2

Für den Sonderfall $R_0 = 0$ gilt für Gl. (13.12):

$$\frac{I_M R_1}{U} = a\left(1 - \frac{R_1}{R}\right)$$

und für den Sonderfall $R_0 = R_1$ ergibt sich

$$\frac{I_M R_1}{U} = a\frac{1 - \dfrac{R_1}{R}}{1 + 3\dfrac{R_1}{R}}$$

Bild 13.7 zeigt den Verlauf dieser Funktionen in der komplexen Ebene. Durch Verändern von R läßt sich der Betrag von I_M ändern, ohne daß die Phase geändert wird. In beiden Fällen ist für $R = R_1$ der Strom $I_M = 0$, da dann der Generator symmetrisch belastet wird.

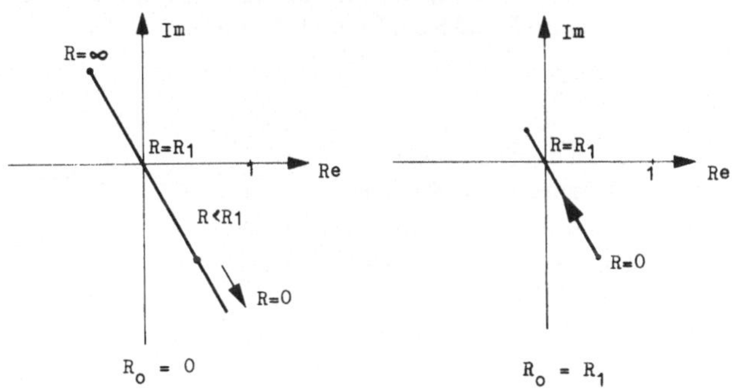

Bild 13.7

Aufgabe 13.5

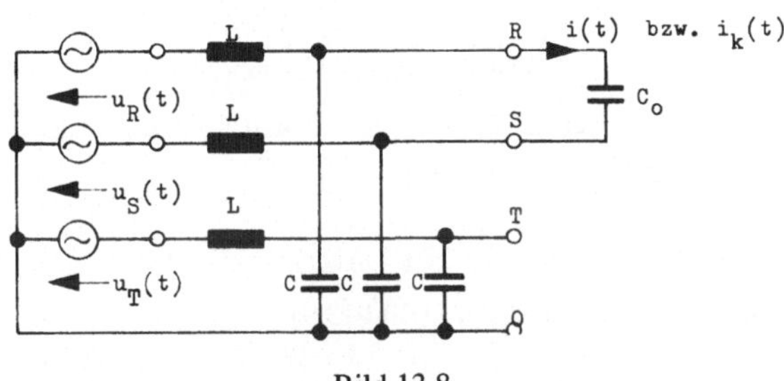

Bild 13.8

Eine Drehstromfreileitung kann durch die dargestellte Schaltung mit Spulen und Kondensatoren angenähert ersetzt werden.

Die Freileitung wird durch einen Drehstromgenerator mit den Strangspannungen

$$u_R(t) = \hat{u}\cos(\omega t)$$
$$u_S(t) = \hat{u}\cos(\omega t - 2\pi / 3)$$
$$u_T(t) = \hat{u}\cos(\omega t + 2\pi / 3)$$

gespeist. Zwischen den Leitern R und S ist ein Kondensator mit der Kapazität C_0 angeschlossen.

13.5.1 Man berechne den Strom $i(t)$, der durch den Kondensator C_0 fließt.

13.5.2 Mit dem Ergebnis von 13.5.1 berechne man den Strom $i_K(t)$, wenn zwischen den Klemmen R und S ein Kurschluß auftritt.

Lösung 13.5

13.5.1 Wir ersetzen das Drehstromnetz zwischen den Klemmen R und S durch eine Ersatzspannungsquelle (Bild 13.9). Die Leerlaufspannung U_L berechnen wir mit den Ströme des unbelasteten Netzes (symmetrische Belastung). Es ist

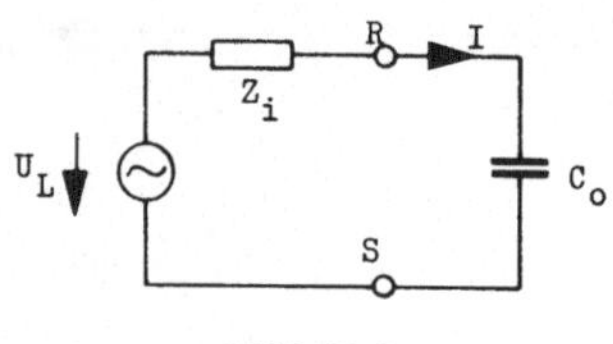

Bild 13.9

$$I_R = \frac{\hat{u}}{j\left(\omega L - \dfrac{1}{\omega C}\right)}, \qquad I_S = a^2 I_R$$

und

$$U_L = \frac{I_R}{j\omega C} - \frac{I_S}{j\omega C} = \hat{u}\,\frac{1-a^2}{1-\omega^2 LC}.$$

Die Impedanz Z_i zwischen den Klemmen R und S ist gleich der doppelten Impedanz der Parallelschaltung von L und C

$$Z_i = 2\,\frac{j\omega L}{1-\omega^2 LC}.$$

Damit erhalten wir für den Strom I (Bild 13.9):

$$I = \frac{U_L}{Z_i + \dfrac{1}{j\omega C_0}} = \hat{u}\,\frac{1-a^2}{j2\omega L - j\dfrac{1-\omega^2 LC}{\omega C_0}}$$

oder wegen $1-a^2 = -j\,a\sqrt{3}$

$$I = \frac{\hat{u}\,a\,\omega\,C_0\,\sqrt{3}}{1-\omega^2 L(C+2C_0)}.$$

Die zugehörigen Zeitfunktion lautet

$$i(t) = \hat{u}\,\frac{\omega\, C_0 \sqrt{3}}{1 - \omega^2 L(C + 2C_0)}\,\cos(\omega t + \frac{2\pi}{3}). \qquad (13.13)$$

13.5.2 Eine sehr große Kapazität zwischen den Klemmen R und S stellt einen Kurzschluß dar. Damit erhalten wir aus Gl. (13.13) für den Grenzfall $C_0 \to \infty$:

$$i_K(t) = -\hat{u}\,\frac{\sqrt{3}}{2\omega L}\,\cos(\omega t + \frac{2\pi}{3})$$

Aufgabe 13.6

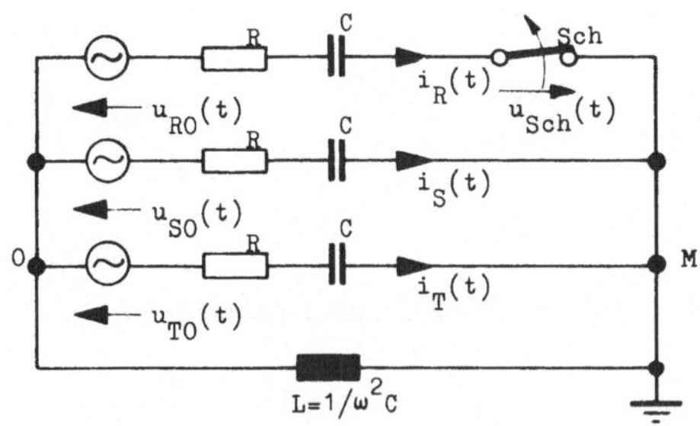

Bild 13.10

In dem Drehstromnetz ist der Generatorsternpunkt über eine Spule mit der Induktivität L geerdet. Der Leiter R wird unterbrochen (der Schalter Sch im Bild 13.10 ist geöffnet). Der zeitliche Verlauf der Generatorspannungen beträgt:

$$u_R(t) = \hat{u}\cos(\omega t)$$
$$u_S(t) = \hat{u}\cos(\omega t - 2\pi/3)$$
$$u_T(t) = \hat{u}\cos(\omega t + 2\pi/3)$$

13.6.1 Man ermittle die komplexen Amplituden der Ströme $i_R(t)$, $i_S(t)$ und $i_T(t)$

a) bei geschlossenem Schaltern Sch und

b) bei offenem Schalter Sch.

13.6.2 Man berechne den zeitlichen Verlauf der Spannung $u_{Sch}(t)$ zwischen den Klemmen des geöffneten Schalters.

Lösung 13.6

13.6.1 Die Ergebnisse lauten:

Fall a:

$$I_R = \frac{\hat{u}}{R - j\dfrac{1}{\omega C}}; \quad I_S = a^2 I_R; \quad I_T = a I_R$$

Fall b:

$$U_{M0} = -\frac{\hat{u}}{1 - j\omega CR}$$

$$I_R = 0; \quad I_S = \hat{u}\,\omega C \frac{a^2 \omega CR - j a}{1 + (\omega CR)^2}; \quad I_T = \hat{u}\,\omega C \frac{a \omega CR - j a^2}{1 + (\omega CR)^2}$$

13.6.2

Für die komplexe Amplitude der Schalterspannung gilt

$$U_{Sch} = U_{R0} - U_{M0} = \hat{u}\left(1 + \frac{1}{1 - j\omega CR}\right).$$

Den zeitlichen Verlauf erhalten wir aus

$$u_{Sch}(t) = \mathrm{Re}\{U_{Sch}\, e^{j\omega t}\}$$

$$= \frac{\hat{u}}{1 + (\omega CR)^2}\left\{\left[2 + (\omega CR)^2\right]\cos\omega t - \omega CR \sin\omega t\right\}$$

Aufgabe 13.7

Der Sternpunkt eines Drehstromgenerators mit dem ohmschen Innenwiderständen R_i ist über eine Petersenspule mit der Induktivität

$$L = \frac{1}{3\omega^2 C}$$

geerdet.

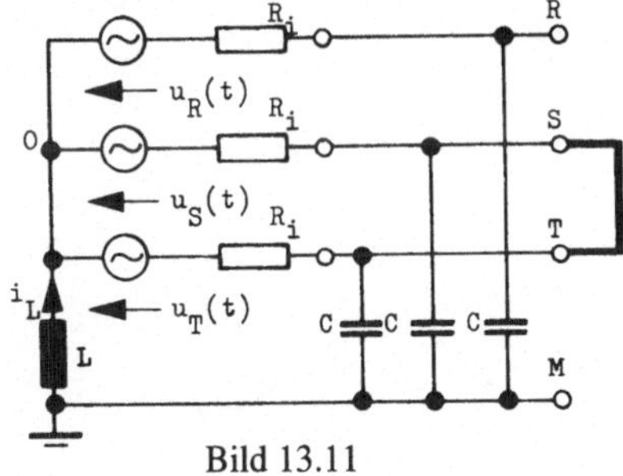

Bild 13.11

Die Amplitude der Generatorspannung $u_R(t)$ ist um 5 % niedriger als die der Spannungen $u_S(t)$ und $u_T(t)$:

$$u_R(t) = 0,95\,\hat{u}\cos(\omega t)$$

$$u_S(t) = \hat{u}\cos(\omega t - 2\pi/3)$$

$$u_T(t) = \hat{u}\cos(\omega t + 2\pi/3)$$

An den Generator ist eine Freileitung mit den Erdkapazitäten C angeschlossen (siehe Bild 13.11). Zwischen den Punkten S und T tritt ein Leiterkurzschluß auf. Man ermittle den über die Spule fließenden Strom $i_L(t)$.

Lösung 13.7

Endergebnis: Der Strom durch die Spule beträgt

$$i_L(t) = -0,05\,\frac{\hat{u}}{R_i}\cos\omega t.$$

Für den Fall symmetrischer Generatorspannungen würde der Spulenstrom verschwinden.

Aufgabe 13.8

An ein Drehstromnetz mit vernachlässigbaren Innenwiderständen und mit symmetrischen Leitererdspannungen

$$U_R = U, \quad U_S = a^2 U, \quad U_T = aU$$

sollen 6 gleiche Heizwiderstände mit dem ohmschen Widerstand R so angeschlossen werden, daß das Netz stets symmetrisch belastet wird. Welche Gesamtleistungen lassen sich jeweils durch unterschiedliches Zusammenschalten aller Widerstände erzielen?

Lösung 13.8

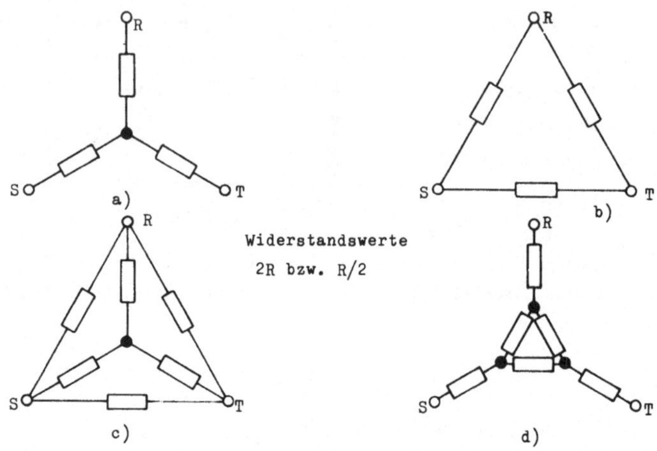

Bild 13.12

Die möglichen Schaltungen der Belastungswiderstände zeigt das Bild 13.12.
Dabei entsteht der Widerstandswert $R/2$ durch die Parallelschaltung, der
Wert $2R$ durch die Reihenschaltung von 2 Widerständen.

Bei der Sternschaltung liegt die Leitererdspannung (Sternschaltung) mit dem
Betrag $|U|$ an den Widerständen. Bei der Dreieckschaltung liegt die verket-
tete Spannung (Dreieckspannung) mit dem Betrag $|U|\sqrt{3}$ an den Wider-
ständen. Die Leistungen betragen dann:

Schaltung a)

$$\overline{P}_1 = 3\frac{|U|^2}{2}\frac{1}{R/2} = 3\frac{|U|^2}{R}$$

$$\overline{P}_2 = 3\frac{|U|^2}{2}\frac{1}{2R} = \frac{3}{4}\frac{|U|^2}{R}$$

Schaltung b)

$$\overline{P}_3 = 3\frac{\left|\sqrt{3}\,U\right|^2}{2}\frac{1}{R/2} = 9\frac{|U|^2}{R}$$

$$\overline{P}_4 = 3\frac{\left|\sqrt{3}\,U\right|^2}{2}\frac{1}{2R} = \frac{9}{4}\frac{|U|^2}{R}$$

Schaltung c)

$$\overline{P}_5 = 3\frac{|U|^2}{2}\frac{1}{R} + 3\frac{\left|\sqrt{3}\,U\right|^2}{2}\frac{1}{R} = 6\frac{|U|^2}{R}$$

Schaltung d)

Das innere Dreieck ist einer Sternschaltung mit dem Strangwiderstand $R/3$ äquivalent. Die Schaltung d) entspricht also einer Sternschaltung mit dem gesamten Widerstand $4R/3$:

$$\overline{P}_6 = 3\frac{|U|^2}{2}\frac{1}{4R/3} = \frac{9}{8}\frac{|U|^2}{R}$$

Die Dreieckschaltung verbraucht gegenüber der Sternschaltung jeweils die 3-fache Leistung.

Aufgabe 13.9

Ein Drehstromgenerator mit symmetrischen Spannungen

$$u_R(t) = \hat{u}\cos(\omega t)$$
$$u_S(t) = \hat{u}\cos(\omega t - 2\pi/3)$$
$$u_T(t) = \hat{u}\cos(\omega t + 2\pi/3)$$

speist über eine Zuleitung mit dem Strangwiderstand R und der Stranginduktivität L einen Heizofen. Dieser hat in jedem Strang den Widerstand R_v (Bild 13.13).

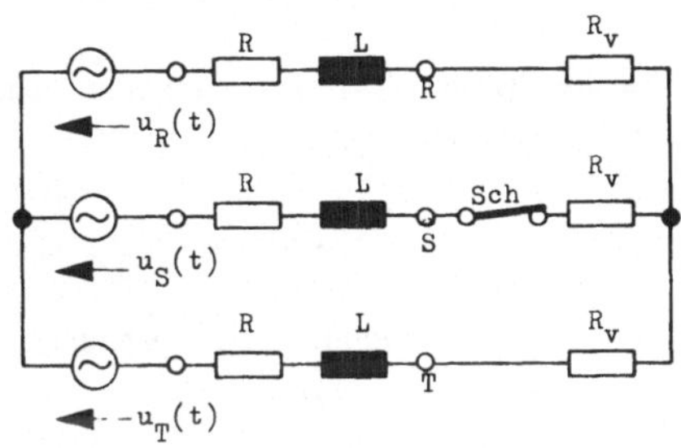

Bild 13.13

13.9.1 Man berechne die im Heizofen verbrauchte Leistung $\overline{P}_1$.

13.9.2 Durch eine Leitungsunterbrechung (Schalter Sch offen) wird der Widerstand im Strang S abgeschaltet. Wie groß ist das Verhältnis $\overline{P}_2/\overline{P}_1$, wenn $\overline{P}_2$ die jetzt im Heizofen verbrauchte Leistung darstellt?

Lösung 13.9

13.9.1 Die verbrauchte Leistung beträgt im Strang R:

$$\overline{P}_R = R_v\frac{|I_R|^2}{2}$$

Da alle Stränge gleich aufgebaut sind, sind die Beträge der Strangströme und damit die Leistungen gleich. Es ist

$$|I_R| = |I_S| = |I_T| = |I|$$

und

$$|I|^2 = \frac{|U|^2}{|R + R_v + j\omega L|^2} = \frac{\hat{u}^2}{(R + R_v)^2 + (\omega L)^2}$$

Damit erhalten wir für die Leistung

$$\overline{P}_1 = 3 R_v \frac{|I|^2}{2} = \frac{3}{2} \frac{R_v}{(R + R_v)^2 + (\omega L)^2} \hat{u}^2$$

13.9.2

Nach der Unterbrechung des Leiters S beträgt die Leistung

$$\overline{P}_2 = \overline{P}_{2R} + \overline{P}_{2T} = R_v \frac{|I_R|^2}{2} + R_v \frac{|I_T|^2}{2}$$

Um die Ströme $I_R = -I_T$ zu erhalten, machen wir einen Umlauf in der äußeren Masche:

$$|I_R|^2 = |I_T|^2 = \frac{|U_R - U_T|^2}{|2R + 2R_v + j2\omega L|^2}$$

Die komplexen Amplituden der Spannungen betragen

$$U_R = U, \; U_S = a^2 U, \; U_T = aU,$$

so daß wegen $1 - a = -j\sqrt{3}\,a^2$

$$|U_R - U_T|^2 = \hat{u}^2 |1 - a|^2 = 3\hat{u}^2$$

wird. Wir erhalten schließlich

$$\overline{P}_2 = 2 R_v \frac{|I_R|^2}{2} = \frac{3}{4} \frac{R_v}{(R + R_v)^2 + (\omega L)^2} \hat{u}^2$$

und

$$\frac{\overline{P}_2}{\overline{P}_1} = \frac{1}{2}$$

Aufgabe 13.10

Die Schaltung nach Bild 13.14 aus
zwei Glühlampen mit dem konstanten Widerstand R und dem Kondensator mit der Kapazität C soll die
Phasenfolge der Spannungen eines
Drehstromsystems anzeigen.

13.10.1 Die Spannungen des Drehstromsystems bilden ein Rechts-
system:

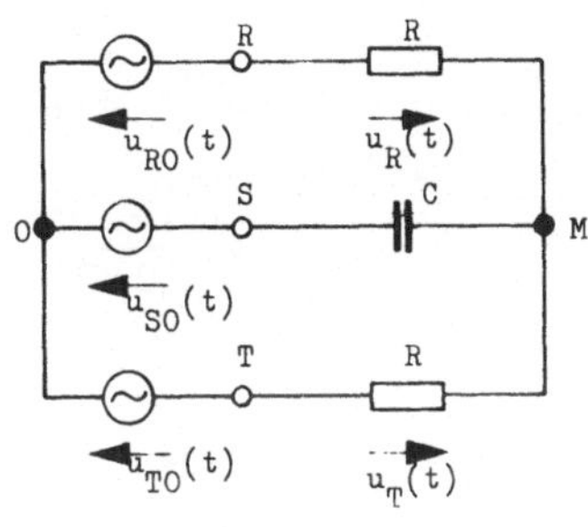

Bild 13.14

$$u_{R0}(t) = \hat{u}\cos(\omega t)$$

$$u_{S0}(t) = \hat{u}\cos(\omega t - 2\pi/3)$$

$$u_{T0}(t) = \hat{u}\cos(\omega t + 2\pi/3)$$

Man berechne die komplexen Spannungsamplituden U_R und U_T an den
Widerständen.

Wie groß muß die Kapazität C des Kondensators sein, damit das Verhältnis
der Leistungen $\overline{P}_R / \overline{P}_T$ an den Widerständen R möglichst groß wird?

13.10.2 Wie ändert sich das Leistungsverhältnis und damit die Helligkeit der
Glühlampen, wenn die Spannungen ein Linkssytem bilden?

$$u_{R0}(t) = \hat{u}\cos(\omega t)$$

$$u_{S0}(t) = \hat{u}\cos(\omega t + 2\pi/3)$$

$$u_{T0}(t) = \hat{u}\cos(\omega t - 2\pi/3)$$

Lösung 13.10

13.10.1 Die komplexen Amplituden der Generatorspannungen sind

$$U_{R0} = U, \quad U_{S0} = a^2 U, \quad U_{T0} = aU$$

Die Sternpunktspannung berechnen wir wie in Aufgabe 13.4 mit Hilfe einer
Ersatzstromquelle. Es ist:

$$I_K = \frac{U_{R0}}{Z_R} + \frac{U_{S0}}{Z_S} + \frac{U_{T0}}{Z_T} = \frac{U_{R0}}{R} + \frac{U_{S0}}{1/j\omega C} + \frac{U_{T0}}{R}$$

$$\frac{1}{Z_p} = \frac{1}{Z_R} + \frac{1}{Z_S} + \frac{1}{Z_T} = \frac{2}{R} + j\omega C$$

$$U_{M0} = I_K Z_p = \left(\frac{U_{R0}}{R} + j\omega C U_{S0} + \frac{U_{T0}}{R}\right)\frac{1}{\frac{2}{R} + j\omega C}$$

$$= \hat{u}\frac{(1+a)/R + j a^2\omega C}{2/R + j\omega C} = a^2\hat{u}\frac{-1+j\omega CR}{2+j\omega CR}$$

und

$$U_R = U_{R0} - U_{M0} = \hat{u}\left(1 + a^2\frac{1-j\omega CR}{2+j\omega CR}\right) = \hat{u}\frac{2+a^2+j\omega CR(1-a^2)}{2+j\omega CR}$$

$$U_T = U_{T0} - U_{M0} = a\hat{u}\left(1 + a\frac{1-j\omega CR}{2+j\omega CR}\right) = a\hat{u}\frac{2+a+j\omega CR(1-a)}{2+j\omega CR}$$

Das Leistungsverhältnis an den ohmschen Widerständen beträgt damit

$$\frac{\overline{P}_R}{\overline{P}_T} = \frac{|U_R|^2/2R}{|U_T|^2/2R} = \frac{|U_R|^2}{|U_T|^2} = \frac{|\hat{u}|^2}{|a\hat{u}|^2}\frac{|2+a^2+j\omega CR(1-a^2)|^2}{|2+a+j\omega CR(1-a)|^2}.$$

Zusammen mit

$$2+a^2 = 1-a = \frac{1}{2}(3-j\sqrt{3}), \qquad 2+a = 1-a^2 = \frac{1}{2}(3+j\sqrt{3})$$

erhalten wir

$$\frac{\overline{P}_R}{\overline{P}_T} = \frac{(3-\omega CR\sqrt{3})^2 + (-\sqrt{3}+3\omega CR)^2}{(3+\omega CR\sqrt{3})^2 + (+\sqrt{3}+3\omega CR)^2}$$

$$= \frac{1+(\omega CR)^2 - \omega CR\sqrt{3}}{1+(\omega CR)^2 + \omega CR\sqrt{3}}.$$

Die notwendige Bedingung für das Extremum des Leistungsverhältnisses lautet

$$\frac{\mathrm{d}}{\mathrm{d}C}\left(\frac{\overline{P}_R}{\overline{P}_T}\right) = 0 = \frac{(1+(\omega CR)^2 + \omega CR\sqrt{3})(2\omega^2 CR^2 - \omega R\sqrt{3})}{(1+(\omega CR)^2 + \omega CR\sqrt{3})^2} -$$

$$- \frac{(1+(\omega CR)^2 - \omega CR\sqrt{3})(2\omega^2 CR^2 + \omega R\sqrt{3})}{(1+(\omega CR)^2 + \omega CR\sqrt{3})^2}$$

Da der Nenner stets positiv ist, reicht es aus, die Nullstellen des Zählers zu bestimmen:

$$0 = (1+(\omega CR)^2 + \omega CR\sqrt{3})(2\omega^2 CR^2 - \omega R\sqrt{3}) -$$
$$-(1+(\omega CR)^2 - \omega CR\sqrt{3})(2\omega^2 CR^2 + \omega R\sqrt{3})$$

$$\omega C = +\frac{1}{R}.$$

Damit beträgt das Leistungsverhältnis:

$$\frac{\overline{P}_R}{\overline{P}_T} = \frac{2-\sqrt{3}}{2+\sqrt{3}} = \frac{1}{13{,}93}$$

Wenn angenommen wird, daß der ohmsche Widerstand der Glühlampen konstant ist, dann leuchtet die Lampe in Phase T ca. 14 mal heller als die Lampe in Phase R.

13.10.2

Die komplexen Amplituden betragen jetzt :

$$U_{R0} = U, \ U_{S0} = aU, \ U_{T0} = a^2 U$$

Das bedeutet für U_{M0}

$$U_{M0} = \hat{u} a \frac{-1+j\omega CR}{2+j\omega CR}$$

und in den Gleichungen für U_R und U_T vertauschen sich lediglich a und a^2. Das heißt aber, daß sich das Leistungsverhältnis umdreht. So wird jetzt

$$\frac{\overline{P}_R}{\overline{P}_T} = \frac{1+(\omega CR)^2 + \omega CR\sqrt{3}}{1+(\omega CR)^2 - \omega CR\sqrt{3}}$$

Für

$$\omega C = +\frac{1}{R} \quad \text{wird} \quad \frac{\overline{P}_R}{\overline{P}_T} = 13{,}93,$$

so daß diesmal die Lampe im Strang R heller leuchtet und die vertauschte Phasenfolge anzeigt.

13.2 Symmetrische Komponenten des Drehstromsystems

Aufgaben 13.11

Man bestimme die symmetrischen Komponenten der Generatorspannungen aus Aufgabe 13.7.

Lösung 13.11

Die symmetrischen Komponenten ergeben sich aus den Transformationsgleichungen

$$U_0 = \frac{1}{3}(U_R + U_S + U_T)$$

$$U_1 = \frac{1}{3}(U_R + aU_S + a^2U_T)$$

$$U_2 = \frac{1}{3}(U_R + a^2U_S + aU_T).$$

Die Generatorspannungen der Aufgabe 13.7 betragen

$$U_R = 0,95\,\hat{u}, \quad U_S = a^2\hat{u}, \quad U_T = a\hat{u}$$

und ergeben in die Transformationsgleichungen eingesetzt:

$$U_0 = \frac{\hat{u}}{3}(0,95 + a^2 + a) = -0,017\,\hat{u}$$

$$U_1 = \frac{\hat{u}}{3}(0,95 + 1 + 1) \quad = 0,98\,\hat{u}$$

$$U_2 = \frac{\hat{u}}{3}(0,95 - 1) \quad = -0,017\,\hat{u}.$$

Die nur wenig gestörte Symmetrie der Generatorspannungen im R-S-T-System zeigt sich in den kleinen Spannungswerten des Null- und Gegensystems.

Aufgabe 13.12

Wie lauten die zu den symmetrischen Komponenten

$$I_0 = I, \quad I_1 = I, \quad I_2 = 0$$

gehörenden Ströme I_R, I_S und I_T?

Lösung 13.12

Die Rücktransformationsgleichungen vom 0-1-2-System in das R-S-T-System lauten

$$I_R = I_0 + I_1 + I_2$$

$$I_S = I_0 + a^2 I_1 + a I_2$$

$$I_T = I_0 + a I_1 + a^2 I_2,$$

so daß wir für die drei Strangströme das Ergebnis

$$I_R = 2I, \quad I_S = -aI, \quad I_T = -a^2 I$$

erhalten

Aufgaben 13.13

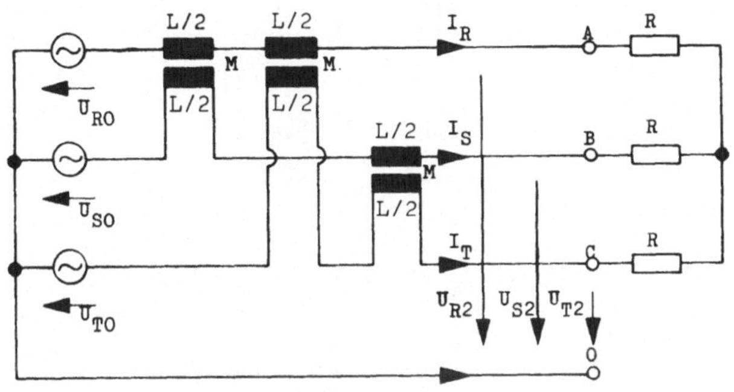

Bild 13.15

Ein Drehstromsystem, dessen 3 Leiter mit den Widerständen R abgeschlossen sind, hat in jedem Leiter die Induktivität $2L$ und die Gegeninduktivität M. Die komplexen Amplituden der Generatorspannungen betragen

$$U_{RO} = U, \quad U_{SO} = a^2 U, \quad U_{TO} = aU$$

13.13.1 Man gebe die drei Ersatzschaltungen bezüglich der Klemmen A, B und C für die symmetrischen Komponenten des Drehstromsystems an.

13.13.2 Zwischen den Klemmen B und C tritt ein Kurzschluß auf ($U_{S2} = U_{T2}$). Wie lautet diese Bedingung im 0-1-2-System? Wie müssen die Ersatzschaltungen verbunden werden, damit diese Bedingung erfüllt ist?

13.13.3 Aus den verkoppelten Ersatzschaltungen ermittle man die nach dem Kurzschluß auftretenden Ströme I_{0k}, I_{1k}, I_{2k} und daraus die im Drehstromnetz fließenden Kurzschlußströme I_{Rk}, I_{Sk} und I_{Tk}. Zur Vereinfachung der Rechnung setze man

$$\omega(L - M) = R.$$

Lösung 13.13

13.13.1 Zunächst bestimmen wir den Zusammenhang zwischen den Spannungen an den Klemmen A, B, C und den Generatorspannungen:

$$U_{R2} = U_{R0} - (j\omega L I_R + j\omega M I_S + j\omega M I_T)$$
$$U_{S2} = U_{S0} - (j\omega M I_R + j\omega L I_S + j\omega M I_T)$$
$$U_{T2} = U_{T0} - (j\omega M I_R + j\omega M I_S + j\omega L I_T)$$

Mit

$$U_{RST,2} = \begin{bmatrix} U_{R2} \\ U_{S2} \\ U_{T2} \end{bmatrix}, \quad U_{RST,0} = \begin{bmatrix} U_{R0} \\ U_{S0} \\ U_{T0} \end{bmatrix}, \quad I_{RST} = \begin{bmatrix} I_R \\ I_S \\ I_T \end{bmatrix}, \quad L = \begin{bmatrix} L & M & M \\ M & L & M \\ M & M & L \end{bmatrix}$$

lauten diese Gleichungen in Matrizenschreibweise

$$U_{RST,2} = U_{RST,0} - j\omega L I_{RST} \qquad (13.23)$$

Weiter gilt

$$U_{R2} = R I_R, \quad U_{S2} = R I_S, \quad U_{T2} = R I_T$$

oder

$$U_{RST,2} = R I_{RST} \quad \text{mit} \quad R = \begin{bmatrix} R & 0 & 0 \\ 0 & R & 0 \\ 0 & 0 & R \end{bmatrix} \qquad (13.24)$$

Mit den Transformationsmatrizen

$$s = \begin{bmatrix} 1 & 1 & 1 \\ 1 & a^2 & a \\ 1 & a & a^2 \end{bmatrix} \quad s^{-1} = \frac{1}{3}\begin{bmatrix} 1 & 1 & 1 \\ 1 & a & a^2 \\ 1 & a^2 & a \end{bmatrix}$$

werden Gleichung (13.23)

$$s\,U_{012,2} = s\,U_{012,0} - j\omega\,L\,s\,I_{012}$$
$$U_{012,2} = U_{012,0} - j\omega\,s^{-1}L\,s\,I_{012}$$

und Gleichung (13.24)

$$s\,U_{012,2} = R\,s\,I_{012}$$

$$U_{012,2} = s^{-1}R\,s\,I_{012}$$

auf symmetrische Komponenten transformiert. Wegen der zyklischen Symmetrie von s ist dabei

$$s^{-1}L\,s = \begin{bmatrix} L+2M & 0 & 0 \\ 0 & L+2M & 0 \\ 0 & 0 & L+2M \end{bmatrix}, \quad s^{-1}R\,s = \begin{bmatrix} R & 0 & 0 \\ 0 & R & 0 \\ 0 & 0 & R \end{bmatrix}$$

und

$$U_{012,0} = s^{-1}U_{RST,0} = \begin{bmatrix} 0 \\ U \\ 0 \end{bmatrix},$$

so daß die Netzwerkgleichungen im 0-1-2-Bereich entkoppelt sind:

$$U_{0,2} = 0 \;\; - j\omega(L+2M)I_0 \qquad\qquad U_{0,2} = R\,I_0$$
$$U_{1,2} = U_{1,0} - j\omega(L+2M)I_1 \qquad\qquad U_{1,2} = R\,I_1$$
$$U_{2,2} = 0 \;\; - j\omega(L+2M)I_2 \qquad\qquad U_{2,2} = R\,I_2.$$

Diese Gleichungen lassen sich durch die Ersatzschaltbilder (Bild 13.16) darstellen.

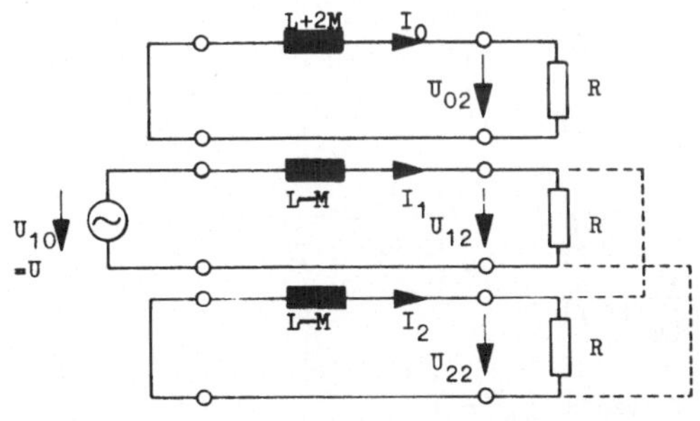

Bild 13.16

13.13.2

Die Bedingung für den Kurzschluß zwischen den Klemmen B und C lautet

$$U_{S2} = U_{T2}$$

oder ausgedrückt durch die symmetrischen Komponenten

$$U_{0,2} + a^2 U_{1,2} + a U_{2,2} = U_{0,2} + a U_{1,2} + a^2 U_{2,2}$$

Diese Gleichung ist für

$$U_{1,2} = U_{2,2}$$

erfüllt. In der Ersatzschaltung (Bild 13.16) müssen die Ausgänge von Mit- und Gegensystem parallel geschaltet werden (gestrichelte Verbindungslinien im Bild 13.16), so daß beide Systeme verkoppelt werden. Das Nullsystem bleibt unverändert.

13.13.3

Um die Ströme I_{1k} und I_{2k} zu berechnen, fassen wir das Mit- und Gegensystem zusammen (Bild 13.17). Wegen $\omega(L-M) = R$ wird dann

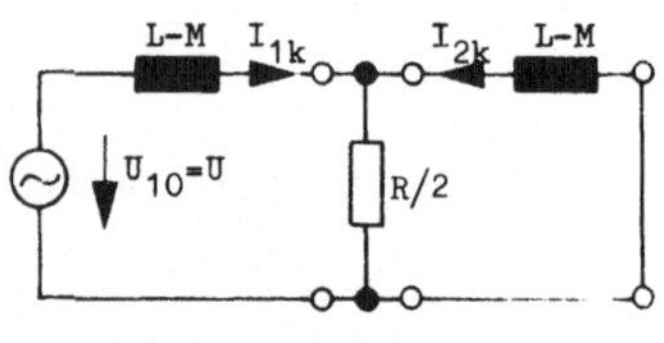

Bild 13.17

$$\frac{-I_{2k}}{I_{1k}} = \frac{\dfrac{j\omega(L-M)R/2}{j\omega(L-M)+R/2}}{j\omega(L-M)} = \frac{1}{1+j2}$$

und

$$I_{1k} = \frac{U}{j\omega(L-M) + \dfrac{j\omega(L-M)R/2}{j\omega(L-M)+R/2}} = \frac{U}{2R}\frac{-1-2j}{1-j}$$

$$= \frac{U}{4R}(1-3j)$$

$$I_{2k} = -I_{1k}\frac{1}{1+2j} = -\frac{U}{4R}\frac{1-3j}{1+2j} = -\frac{U}{4R}\frac{-5-5j}{5}$$

$$= \frac{U}{4R}(1+j)$$

$$I_{0k} = 0 \quad \text{wegen} \quad U_{0,0} = 0$$

Die gesuchten Kurzschlußströme erhalten wir durch Rücktransformation in das R-S-T-System:

$$\boldsymbol{I}_{RSTk} = \boldsymbol{s}\,\boldsymbol{I}_{012k}$$

oder

$$I_{Rk} = 0 + I_{1k} + I_{2k} = \frac{U}{4R}(2 - 2j)$$

$$I_{Sk} = 0 + a^2 I_{1k} + a I_{2k} = \frac{U}{4R}\left[-\frac{1}{2}(2 - j2) + j\frac{\sqrt{3}}{2}(1 + j - 1 + j3)\right]$$

$$= \frac{U}{4R}(-1 - 2\sqrt{3} + j)$$

$$I_{Tk} = 0 + a I_{1k} + a^2 I_{2k} = \frac{U}{4R}\left[-\frac{1}{2}(2 - j2) + j\frac{\sqrt{3}}{2}(-1 - j + 1 - j3)\right]$$

$$= \frac{U}{4R}(-1 + 2\sqrt{3} + j).$$

Aufgaben 13.14

Die Aufgabe 13.7 soll mit der Methode der symmetrischen Komponenten gelöst werden. Gesucht ist der Strom durch die Spule $i_L(t)$. Man überlege, welche der Komponentenersatzschaltungen aufgrund der Kurzschlußbedingungen im 0-1-2-System benötigt werden.

Lösung 13.14

Der Strom durch die Spule I_L ist gleich der Summe der drei Strangströme, also bis auf einem Faktor gleich dem Strom I_0 im 0-1-2-System. Es genügt demnach, den Strom I_0 im 0-1-2-System zu berechnen. Wir haben dazu die Komponentenersatzschaltbilder bezüglich der Fehlerstelle aufzustellen und sie entprechend den Kurzschlußbedingungen zu verbinden. In der Aufgabe 13.13 wurde bereits ermittelt, daß das Nullsystem bei Leiterkurzschluß zwischen S und T unverändert bleibt. Demnach benötigen wir nur die Generatorspannung und die Impedanzen des Nullsystems. Die Generatorspannung $U_{0,0}$ haben wir bereits in der Aufgabe 13.11 berechnet:

$$U_{0,0} = -0{,}017\,\hat{u}$$

Wie im Abschnitt 13.3.2 des Bandes "Grundlagen der Elektrotechnik IV" erläutert, erhalten wir die Nullimpedanz des ungestörten Netzen, wenn wir das Netz mit 3 gleichen Strangspannungen speisen. Dann fließt in jedem Strang der Strom (siehe Bild 13.18)

$$I_0 = \frac{U_{0,0}}{Z_0} = \frac{U_{0,0}}{R_i + j3\omega L + 1/j\omega C}.$$

6*

Hierbei ist die Induktivität L jeweils auf die 3 parallelgeschalteten Stränge mit der Größe $3L$ aufgeteilt worden.

Damit können wir die Ersatzschaltung für die Nullkomponente angeben (Bild 13.18). Da der Serienschwingkreis aus C und $3L$ in Resonanz betrieben wird, beträgt der Strom

$$I_0 = \frac{U_{0,0}}{R_i}$$

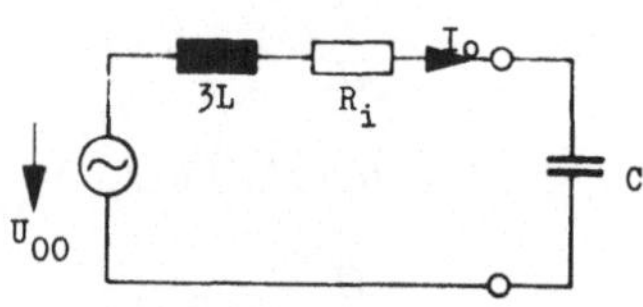

und der gesuchte Strom durch die Spule

Bild 13.18

$$I_L = 3I_0 = -0{,}05\,\frac{\hat{u}}{R_i} \quad \text{bzw.} \quad i_L(t) = -0{,}05\,\frac{\hat{u}}{R_i}\cos\omega t.$$

Aufgaben 13.15

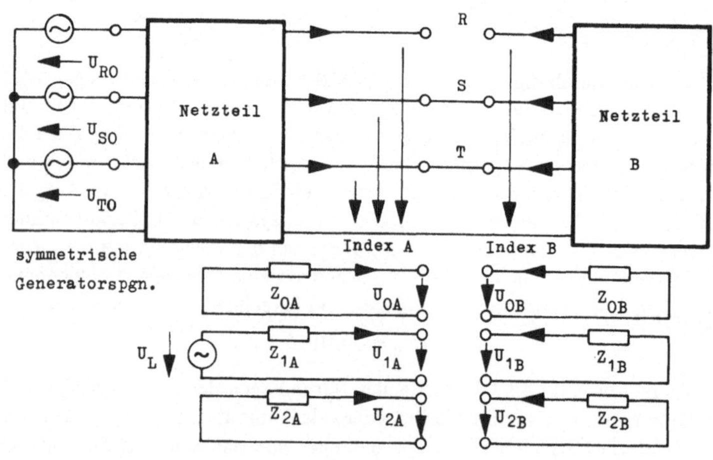

Bild 13.19

In einem Drehstromnetz wird der Leiter R unterbrochen. Die 0-1-2-Ersatzschaltungen beider Netzteile sind bekannt (Bild 13.16). Wie lauten die

Fehlerbedingungen im RST-System und wie im 0-1-2-System? Wie sind demnach die Ersatzschaltungen zu verknüpfen?

Lösung 13.15

Durch die Unterbrechung des Leiters R sind die Spannungen und Ströme an der Fehlerstelle folgendermaßen verknüpft:

$$U_{SA} = U_{SB}, \qquad U_{TA} = U_{TB} \tag{13.27}$$

$$I_{RA} = -I_{RB} = 0 \tag{13.28}$$

$$I_{SA} = -I_{SB}, \qquad I_{TA} = -I_{TB} \tag{13.29}$$

Die Gleichungen (13.27) lauten im 0-1-2-System

$$(U_{0A} - U_{0B}) + a^2(U_{1A} - U_{1B}) + a(U_{2A} - U_{2B}) = 0$$

$$(U_{0A} - U_{0B}) + a(U_{1A} - U_{1B}) + a^2(U_{2A} - U_{2B}) = 0$$

Sie sind erfüllt, wenn

$$U_{0A} - U_{0B} = U_{1A} - U_{1B} = U_{2A} - U_{2B} \tag{13.30}$$

ist. Die Bedingung (13.28) führt im 0-1-2-System auf die Gleichungen

$$I_{0A} + I_{1A} + I_{2A} = 0 \quad \text{und} \quad I_{0B} + I_{1B} + I_{2B} = 0 \tag{13.31}$$

Aus den Gleichungen (13.29) erhalten wir:

$$(I_{0A} + I_{0B}) + a^2(I_{1A} + I_{1B}) + a(I_{2A} + I_{2B}) = 0$$

$$(I_{0A} + I_{0B}) + a(I_{1A} + I_{1B}) + a^2(I_{2A} + I_{2B}) = 0$$

Diese Gleichungen sind nur dann erfüllt, wenn

$$I_{0A} + I_{0B} = I_{1A} + I_{1B} = I_{2A} + I_{2B}$$

ist. Zusammen mit den Beziehungen (13.31) erhalten wir dann

$$I_{0A} = -I_{0B}, \quad I_{1A} = -I_{1B}, \quad I_{2A} = -I_{2B} \tag{13.32}$$

Die Forderung (13.31) und (13.32) bedingen die im Bild 13.20 eingezeichneten Verbindungen beider Systeme. Die beiden Knoten stellen sicher, daß Beziehungen (13.31) erfüllt sind. Die herausgehobenen Durchverbindungen vom linken Teil der Schaltung zum rechten Teil stellen sicher, daß die Beziehungen (13.32) erfüllt sind. Schließlich läßt sich leicht überprüfen, daß damit auch die Bedingung (13.30) erfüllt ist.

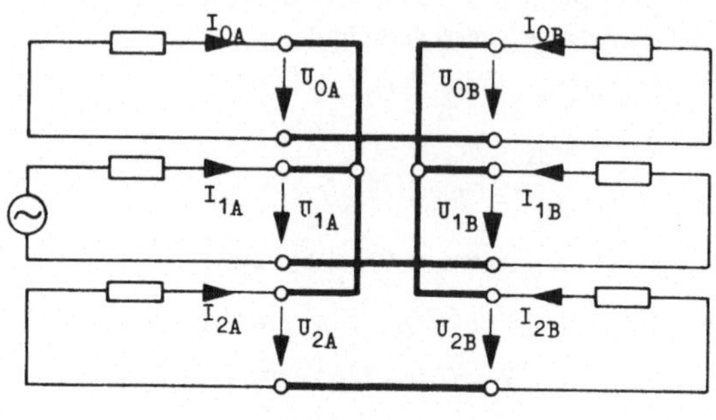

Bild 13.20

Nun lassen sich alle Ströme und Spannungen an der Fehlerstelle im 0-1-2-System und durch Rücktransformation auch im R-S-T-System berechnen.

14 Fourier-Reihen

Aufgabe 14.1

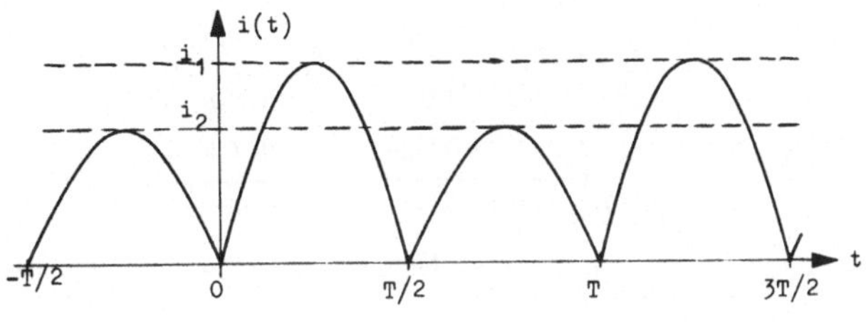

Bild 14.1

14.1.1   Man entwickle den Strom

$$i(t) = \begin{cases} +i_1 \sin \omega t & nT \le t \le (n+0,5)T \\ -i_2 \sin \omega t & (n+0,5)T \le t \le (n+1)T \end{cases}$$

in eine Fourier-Reihe. Den Verlauf von $i(t)$ zeigt Bild 14.1.

14.1.2   Man diskutiere die Sonderfälle $i_1 = i_2$, $i_2 = 0$ und $i_2 = -i_1$.

Lösung 14.1

14.1.1 Der Strom $i(t)$ ist eine Funktion mit der Periodendauer T

$$\omega T = 2\pi$$

und kann in eine Fourier-Reihe entwickelt werden:

$$i(t) = \sum_{-\infty}^{\infty} c_\nu e^{j\nu\omega t}$$

$$c_\nu = \frac{1}{T} \int_{-T/2}^{+T/2} i(t) e^{-j\nu\omega t}\, \mathrm{d}t.$$

Für die Koeffizienten c_ν gilt:

$$c_\nu = \frac{1}{T} \int_{-T/2}^{0} -i_2 \sin \omega t\, e^{-j\nu\omega t}\, \mathrm{d}t + \frac{1}{T} \int_{0}^{+T/2} i_1 \sin \omega t\, e^{-j\nu\omega t}\, \mathrm{d}t.$$

Mit

$$\sin \omega t = \frac{1}{2j}(e^{j\omega t} - e^{-j\omega t})$$

können die Integrale bequem ausgewertet werden

$$c_\nu = \frac{-i_2}{j2T}\left(\frac{1-e^{-j(\nu-1)\omega T/2}}{-j(\nu-1)\omega} - \frac{1-e^{-j(\nu+1)\omega T/2}}{-j(\nu+1)\omega}\right) +$$
$$+ \frac{i_1}{j2T}\left(\frac{e^{-j(\nu-1)\omega T/2}-1}{-j(\nu-1)\omega} - \frac{e^{-j(\nu+1)\omega T/2}-1}{-j(\nu+1)\omega}\right)$$

Wir fassen die Glieder mit gleichem Nenner zusammen und nutzen hierbei die Beziehung $\omega T = 2\pi$:

$$c_\nu = \frac{-i_2(1-e^{j(\nu-1)\pi})+i_1(e^{-j(\nu-1)\pi}-1)}{4\pi(\nu-1)} +$$
$$+ \frac{i_2(1-e^{j(\nu+1)\pi})-i_1(e^{-j(\nu+1)\pi}-1)}{4\pi(\nu+1)} \tag{14.4}$$

Mit

$$e^{\pm j(\nu+1)\pi} = (-1)^{\nu+1} \quad \text{und} \quad e^{\pm j(\nu-1)\pi} = (-1)^{\nu-1}$$

erhalten wir schließlich

$$c_\nu = \frac{(i_1+i_2)\{(-1)^{\nu-1}-1\}}{4\pi(\nu-1)} + \frac{(i_1+i_2)\{1-(-1)^{\nu+1}\}}{4\pi(\nu+1)}$$
$$c_0 = \frac{i_1+i_2}{\pi}$$

Für $\nu = \pm1$ wird jeweils ein Summand unbestimmt. Zur Ermittlung des Grenzwertes muß man auf die Form (14.4) zurückgreifen:

$$\nu \to +1: \quad \lim_{\nu\to 1}\frac{1-e^{\pm j(\nu-1)\pi}}{(\nu-1)\pi} = \lim_{\nu\to 1}\frac{1-1\mp j(\nu-1)\pi\mp\ldots}{(\nu-1)\pi} = \mp j$$

$$\nu \to -1: \quad \lim_{\nu\to -1}\frac{1-e^{\pm j(\nu+1)\pi}}{(\nu+1)\pi} = \mp j$$

Damit wird

$$c_{+1} = -j\frac{i_1-i_2}{4}$$

$$c_{-1} = +j\frac{i_1 - i_2}{4}$$

Alle anderen ungeradzahligen Koeffizienten sind null, die geradzahligen Koeffizienten lassen sich mit $v = 2k$ zusammenfassen:

$$c_{2k} = \frac{i_1 + i_2}{4\pi}\left(\frac{-2}{2k-1} + \frac{2}{2k+1}\right) = \frac{-1}{\pi(4k^2 - 1)}(i_1 + i_2).$$

Wir erhalten damit folgendes Ergebnis für die Fourier-Reihe:

$$i(t) = c_0 + c_{+1}\,e^{j\omega t} + c_{-1}\,e^{-j\omega t} + \sum_{k=-\infty}^{\infty} c_{2k}e^{j2k\omega t}$$

$$= \frac{i_1 + i_2}{\pi} + \frac{i_1 - i_2}{2}\sin\omega t - \frac{i_1 + i_2}{\pi}\sum_{k=1}^{\infty}\frac{2}{4k^2 - 1}\cos 2k\omega t$$

14.1.2

Sonderfall a: $i_1 = i_2$

$$i_a(t) = \frac{2i_1}{\pi} - \frac{4i_1}{\pi}\sum_{k=-\infty}^{\infty}\frac{1}{4k^2 - 1}\cos 2k\omega t$$

Der Strom $i_a(t)$ ist der durch einen idealen Zweiweggleichrichter gleichgerichtete Wechselstrom $i_1 \sin\omega t$. Der gleichgerichtete Strom enthält außer dem Gleichanteil noch Oberschwingung mit den Kreisfrequenzen 2ω, 4ω,... Fließt $i_a(t)$ durch ein Drehspulinstrument, das den Effektivwert des Wechselstromes anzeigen soll, dann ist der Eichfaktor

$$\frac{\bar{i}}{\tilde{i}} = \frac{2\sqrt{2}}{\pi} = 1{,}11$$

zu berücksichtigen.

Sonderfall b: $i_2 = 0$

$$i_b(t) = \frac{i_1}{\pi} + \frac{i_1}{2}\sin\omega t - \frac{2i_1}{\pi}\sum_{k=-\infty}^{\infty}\frac{1}{4k^2 - 1}\cos 2k\omega t$$

$i_b(t)$ ist der durch einen idealen Einweggleichrichter gleichgerichtete Wechselstrom $i_1 \sin\omega t$ mit dem Gleichanteil i_1 / π. Im Gegensatz zum Strom $i_a(t)$ enthält $i_b(t)$ auch einen Frequenzanteil mit der Kreisfrequenz ω. Soll der Gleichstrom möglichst „glatt" sein, dann müssen die Oberschwingungen durch geeignete Maßnahmen unterdrückt werden.

Sonderfall c: $i_1 = -i_2$

Wir erhalten die reine Sinusschwingung:

$$i(t) = i_1 \sin \omega t.$$

Aufgabe 14.2

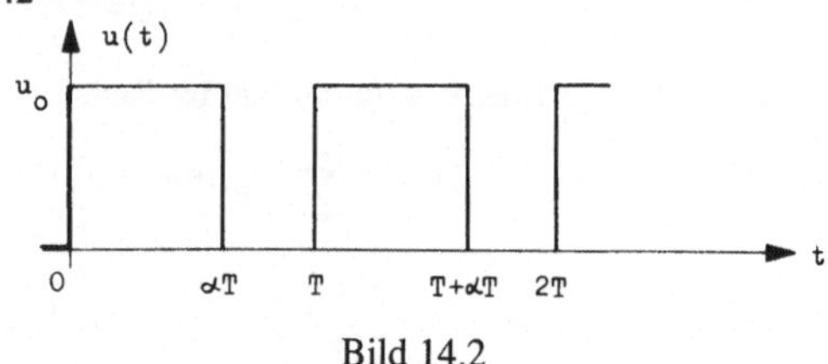

Bild 14.2

14.2.1   Man entwickle die periodische Spannung von Bild 14.2 in eine Fourier-Reihe.

14.2.2   Man diskutiere die Sonderfälle $\alpha = 0$ und $\alpha = 0,5$.

14.2.3   Man diskutiere den Sonderfall $\alpha \to 0$, wenn gleichzeitig $\alpha u_0 = A$ konstant ist.

14.2.4   Man berechne den Effektivwert von $u(t)$.

Lösung 14.2

14.2.1 Wir berechnen die Koeffizienten der Fourier-Reihe in der komplexen Form:

$$c_\nu = \frac{1}{T}\int_0^T u(t)e^{-j\nu\omega t}\,\mathrm{d}t \quad \text{mit} \quad \omega T = 2\pi$$

$$= \frac{u_0}{T}\int_0^{\alpha T} e^{-j\nu\omega t}\,\mathrm{d}t = \frac{u_0}{T}\frac{1}{-j\nu\omega}(e^{-j\nu\omega\alpha T}-1)$$

$$c_\nu = \frac{u_0}{j2\pi\nu}(1-e^{-j2\pi\nu\alpha})$$

Durch den Grenzübergang $\nu \to 0$ erhalten wir den Gleichspannungsanteil:

$$c_0 = \lim_{\nu\to 0}\left[\frac{u_0}{j2\pi\nu}(1-e^{-j2\pi\nu\alpha})\right] = \lim_{\nu\to 0}\left[\frac{u_0}{j2\pi\nu}(1-1+j2\pi\nu\alpha\mp...)\right] = \alpha u_0$$

Damit lautet die Fourier-Reihe

$$u(t) = \sum_{-\infty}^{\infty} c_v e^{jv\omega t}$$

$$= \alpha u_0 + \frac{u_0}{2\pi} \sum_{v=1}^{\infty} \frac{e^{jv\omega t} - e^{-jv\omega t} - e^{jv(\omega t - 2\pi\alpha)} + e^{-jv(\omega t - 2\pi\alpha)}}{jv}$$

$$= \alpha u_0 + u_0 \sum_{v=1}^{\infty} \left(\frac{\sin v\omega t}{v\pi} - \frac{\sin v(\omega t - 2\pi\alpha)}{v\pi} \right)$$

Mit den Beziehungen

$$\sin v(\omega t - 2\pi\alpha) = \sin(v\omega t)\cos(2\pi v\alpha) - \cos(v\omega t)\sin(2\pi v\alpha)$$

$$1 - \cos 2\alpha = 2\sin^2\alpha$$

erhalten wir schließlich

$$u(t) = \alpha u_0 + u_0 \sum_{v=1}^{\infty} \frac{2\sin^2(\pi v\alpha)}{v\pi}\sin(v\omega t) - \frac{\sin(2\pi v\alpha)}{v\pi}\cos(v\omega t) \qquad (14.6)$$

Um erkennen zu können, mit welchen Amplituden die Oberschwingungen auftreten, bestimmen wir noch das Spektrum von $u(t)$ (Bild 14.3):

$$|c_v| = \frac{u_0}{2\pi v}\sqrt{(1 - \cos 2\pi v\alpha)^2 + \sin^2(2\pi v\alpha)}$$

$$= \alpha u_0 \frac{|\sin \pi v\alpha|}{\pi v\alpha}$$

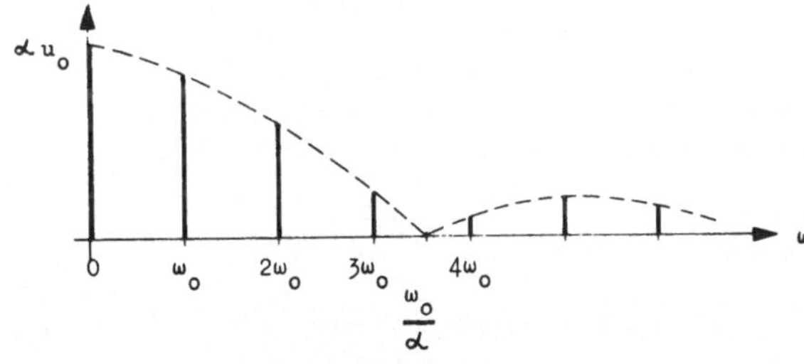

Bild 14.3

Um die Funktion $u(t)$ durch ein Nachrichtensystem exakt übertragen zu können, müssen alle Spektrallinien übertragen werden, d.h. bis zu beliebig hohen Frequenzen. Näherungsweise reicht es aus, wenn die Spektrallinien bis ω_0 / α übertragen werden. Je kürzer der Rechteckimpuls ist, desto breiter ist das erforderliche Frequenzband.

14.2.2

Sonderfall a: $\alpha = 1$
Wir erhalten eine reine Gleichspannung.

Sonderfall b: $\alpha = 0,5$
Die cos-Glieder in der Fourier-Reihe (14.6) werden null, so daß

$$u(t) = \alpha u_0 + u_0 \sum_{v=1}^{\infty} \frac{2\sin^2(\pi v \alpha)}{v\pi} \sin(v\omega_0 t)$$

ist. Die Glieder dieser Summe sind für gerade Werte von v gleich null. Mit $v = 2k - 1$ ergibt sich

$$u(t) = \frac{u_0}{2} + 2u_0 \sum_{k=1}^{\infty} \frac{1}{\pi(2k-1)} \sin(2k-1)\omega_0 t.$$

Zieht man den Gleichanteil $u_0 / 2$ ab, so hat man die Fourierentwicklung der periodischen Rechteckschwingung.

14.2.3

Durch Umformen der Fourier-Reihe (14.6) erhalten wir

$$\lim_{\alpha \to 0} u(t) = A + A \lim_{\alpha \to 0} \sum_{v=1}^{\infty} 2 v\pi\alpha \left(\frac{\sin(v\pi\alpha)}{v\pi\alpha} \right)^2 \sin(v\omega_0 t) +$$

$$+ A \lim_{\alpha \to 0} \sum_{v=1}^{\infty} 2 \left(\frac{\sin(2 v\pi\alpha)}{2 v\pi\alpha} \right) \cos(v\omega_0 t)$$

Die Ausdrücke in den runden Klammern gehen nach Vertauschen von Summation und Grenzübergang gegen 1:

$$\lim_{\alpha \to 0} u(t) = A + 2A \sum_{v=1}^{\infty} \cos(v\omega_0 t)$$

Dieser formal gewonnene Grenzwert ist keine Funktion im üblichen Sinne, weil die Summe nicht konvergiert. Den Grenzwert

$$\lim_{\alpha \to 0} u(t)$$

kann man sich als Folge von schmalen, aber hohen Impulsen vorstellen (Diracsche δ-Impulse). Die Impulsfolge hat ein Spektrum, in der alle Oberschwingungen die gleiche Amplitude aufweisen.

14.2.4

Den Effektivwert können wir sowohl aus der Fourier-Reihe als auch aus dem Verlauf von $u(t)$ gewinnen. Wir beginnen mit der Fourier-Reihe:

$$\tilde{u}^2 = \frac{1}{T}\int_0^T u^2(t)\,dt = \frac{1}{T}\int_0^T \Big(\sum_{-\infty}^{\infty} c_\nu e^{j\nu\omega_0 t}\Big)\Big(\sum_{-\infty}^{\infty} c_\mu e^{j\mu\omega_0 t}\Big)dt$$

Beim Ausmultiplizieren und Integrieren über die Periode sind wegen

$$\int_0^T e^{j(\nu+\mu)\omega_0 t}\,dt = 0 \quad \text{für} \quad \nu+\mu \neq 0$$

nur die Terme für $\nu = -\mu$ von null verschieden. Damit gewinnen wir die wichtige Beziehung

$$\tilde{u}^2 = \frac{1}{T}\sum_{-\infty}^{\infty}\int_0^T c_\nu c_{-\nu}\,dt = c_0^2 + 2\sum_{-\infty}^{\infty}|c_\nu|^2 .$$

In unserem Beispiel ist:

$$\tilde{u}^2 = (\alpha u_0)^2\left\{1 + 2\sum_{-\infty}^{\infty}\left(\frac{\sin(\pi\nu\alpha)}{\nu\pi\alpha}\right)^2\right\}.$$

Mit der bekannten Summenformel

$$\sum_{-\infty}^{\infty}\left(\frac{\sin(\pi\nu\alpha)}{\nu\pi\alpha}\right)^2 = \frac{1}{2}\left(\frac{1}{\alpha} - 1\right)$$

erhalten wir für das Quadrat des Effektivwertes:

$$\tilde{u}^2 = (\alpha u_0)^2\left(1 + \frac{1}{\alpha} - 1\right) = \alpha u_0^2 .$$

Durch direkte Integration der Rechteckspannung ergibt sich der gleiche Wert:

$$\tilde{u}^2 = \frac{1}{T}\int_0^{\alpha T} u_0^2\,dt = \alpha u_0^2$$

Aufgabe 14.3

14.3.1 Der trapezförmige Strom nach Bild 14.4 soll in eine Fourier-Reihe entwickelt werden. Welche Symmetrien lassen sich bei der Berechnung der Koeffizienten ausnutzen? Man gebe die Fourier-Reihe an.

14.3.2 Man berechne den Effektivwert des Stromes.

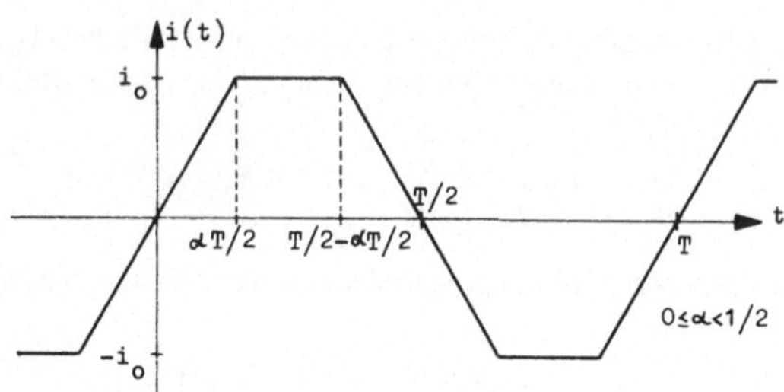

Bild 14.4

Lösung 14.3

14.3.1 Wir entnehmen dem Bild 14.4 die Symmetrie $i(t) = -i(-t)$, so daß die Fourier-Reihe nur Sinusschwingungen enthalten kann. Wegen der Symmetrie $i(t) = -i(t - T/2)$ verschwinden außerdem alle geradzahligen Oberschwingungen, so daß sich in diesem Fall die Koeffizienten c_v aus

$$c_v = \frac{4}{jT} \int\limits_0^{T/4} i(t)\sin(v\omega_0 t)\,dt$$

ergeben. Wir erhalten das Ergebnis:

$$i(t) = \frac{4i_0}{\alpha\pi^2} \sum_{v=1}^{\infty} \frac{\sin\alpha\pi(2v-1)}{(2v-1)^2} \sin(2v-1)\omega_0 t.$$

14.3.2

Wir erhalten das Ergebnis:

$$\tilde{i} = i_0\sqrt{1 - 4\alpha/3}.$$

15 Ausgleichsvorgänge

Aufgabe 15.1

Die Eingangsspannung der Schaltung von
Bild 15.1 hat den Verlauf

$$u_1(t) = \begin{cases} u_0 & t \geq 0 \\ 0 & t < 0 \end{cases}$$

Man bestimme den zeitlichen Verlauf der
Spannung $u_2(t)$. Der Kondensator ist für
$t < 0$ ungeladen.

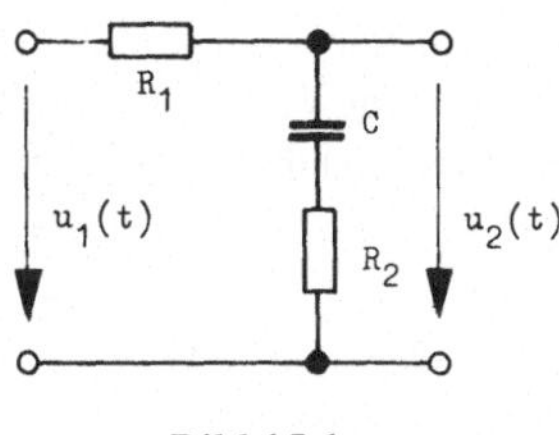

Bild 15.1

Lösung 15.1

Wir analysieren das Netz im p-Bereich (Unterbereich) und ersetzen dazu alle
Ströme und Spannungen durch ihre Laplace-Transformierten. Der Kondensator hat im Unterbereich die Admittanz pC; die ohmschen Widerstände
bleiben unverändert. Einen Anfangswertgenerator brauchen wir nicht zu
berücksichtigen, da der Kondensator für $t < 0$ ungeladen ist ($u_C(0-) = 0$).
Deshalb erhalten wir die Laplace-Transformierte der gesuchten Spannung
$u_2(t)$ im Unterbereich nach der Spannungsteilerregel:

$$U_2(p) = \frac{R_2 + \dfrac{1}{pC}}{R_1 + R_2 + \dfrac{1}{pC}} U_1(p)$$

Wir setzen die Laplace-Transformierte der Eingangsspannung

$$U_1(p) = \frac{u_0}{p}$$

in die Gleichung ein und bringen das Ergebnis in die Produktform

$$U_2(p) = u_0 \frac{R_2}{R_1 + R_2} \frac{p + \dfrac{1}{R_2 C}}{p\left(p + \dfrac{1}{(R_1 + R_2)C}\right)}. \tag{15.1}$$

Damit ist die Aufgabe im Unterbereich gelöst; es verbleibt die Rücktransformation in den Zeitbereich. Wir haben verschiedene Möglichkeiten, um die
zu (15.1) gehörende Zeitfunktion zu gewinnen. Auf eine ausführliche

Tabelle von Laplace-Transformierten sei hier und im weiteren verzichtet. Wir werden nur die Kenntnis der zu $e^{\alpha t}$, $\sin \omega t$, $\cos \omega t$ und t^n gehörenden L-Transformierten voraussetzen. Alle anderen rationalen Unterfunktionen führen wir durch Partialbruchzerlegung auf diese Funktionen zurück.

Weiterhin können wir den Heaviside'schen Entwicklungssatz verwenden, bei dem die Partialbruchzerlegung bereits explizit durchgeführt ist. Die Anwendung des Faltungsintegrales ist dann von Vorteil, wenn verschiedene Anregungsfunktionen des Netzwerkes untersucht werden.

Die Partialbruchzerlegung läßt sich an diesem Beispiel besonders einfach durchführen, weil nur einfache Pole bei $p_1 = 0$ und $p_2 = -1/(R_1 + R)C$ vorhanden sind. (Das gleiche gilt natürlich auch für den Heaviside'schen Entwicklungssatz):

$$\frac{p - p_z}{p(p - p_2)} = \frac{r_0}{p} + \frac{r_1}{p - p_2}$$

Die Entwicklungskoeffizienten r_ν - das sind die Residuen der rationalen Funktion an der Stelle p_ν - erhalten wir einfach, indem wir die rationale Funktion mit $p - p_\nu$ multipliziert und an der Stelle p_ν auswerten:

$$r_0 = \frac{p - p_z}{p - p_2}\bigg|_{p=0} = \frac{-p_z}{-p_2} = \frac{\dfrac{1}{R_2 C}}{\dfrac{1}{(R_1 + R_2)C}} = \frac{R_1 + R_2}{R_2}$$

$$r_1 = \frac{p - p_z}{p}\bigg|_{p=p_2} = \frac{p_2 - p_z}{p_2} = \frac{-\dfrac{1}{(R_1 + R_2)C} + \dfrac{1}{R_2 C}}{-\dfrac{1}{(R_1 + R_2)C}} = -\frac{R_1}{R_2}$$

Damit ergibt die Partialbruchzerlegung von Gl. (15.1):

$$U_2(p) = u_0 \frac{R_2}{R_1 + R_2}\left(\frac{R_1 + R_2}{R_2}\frac{1}{p} - \frac{R_1}{R_2}\frac{1}{p + \dfrac{1}{(R_1 + R_2)C}}\right)$$

$$= u_0\left(\frac{1}{p} - \frac{R_1}{R_1 + R_2}\frac{1}{p + \dfrac{1}{(R_1 + R_2)C}}\right)$$

Dazu gehört mit der Abklingkonstante $\alpha = 1/(R_1 + R_2)C$ die Zeitfunktion

$$u_2(t) = u_0\left(1 - \frac{R_1}{R_1 + R_2}e^{\alpha t}\right) \quad \text{für} \quad t \geq 0 \tag{15.2}$$

Wir überlegen uns die physikalische Bedeutung des dargestellten zeitlichen Verlaufs der
Ausgangsspannung (Bild 15.2):
Unmittelbar nach dem Anlegen
der Spannung u_0 fließt in der
Masche ein Strom, der am
Widerstand den Spannungsabfall
$u_0 R_2 / (R_1 + R_2)$ hervorruft. Da

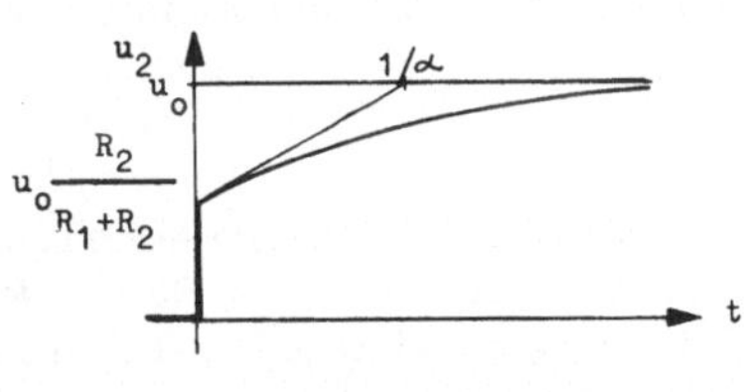

Bild 15.2

sich die Spannung des Kondensators nicht sprunghaft ändert, ist dieser
Spannungsabfall gleich der Ausgangsspannung $u_2(0+)$. Der Kondensator
lädt sich auf, bis seine Spannung gleich u_0 ist, - theoretisch nach unendlich
langer Zeit (siehe Aufgabe 15.4). Dann fließt kein Strom mehr: der Ausgleichsvorgang ist beendet.

Aufgabe 15.2

Zur Zeit $t = 0$ wird an die *RL*-Schal-
tung von Bild 15.3 eine Spannung
$u_1(t)$ gelegt. Die Spule war vorher
energiefrei. Gesucht ist die Spannung
$u_2(t)$, wenn

15.2.1 $u_1(t)$ eine Gleichspannung

$$u_1(t) = \begin{cases} u_0 & t \geq 0 \\ 0 & t < 0 \end{cases}$$

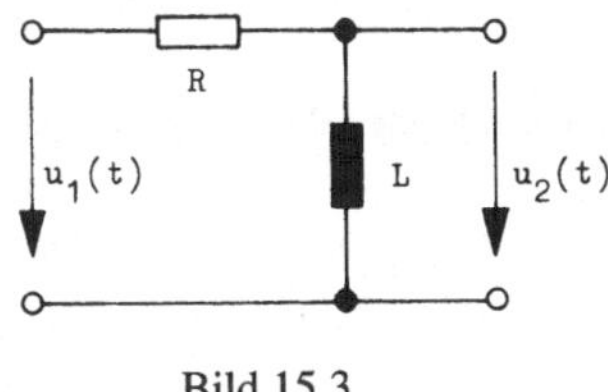

Bild 15.3

15.2.2 und wenn $u_1(t)$ eine Wechselspannung beliebiger Phase ist:

$$u_1(t) = \begin{cases} u_0 \cos(\omega t - \varphi_1) & t \geq 0 \\ 0 & t < 0 \end{cases}$$

15.2.3 Zum Vergleich berechne man den stationären Anteil aus Aufgabe
15.2.2 mit Hilfe der komplexen Amplituden.

Lösung 15.2

15.2.1 Da die Spule energiefrei ist, kann der Anfangswertgenerator weggelassen werden; wir erhalten zusammen mit der Spannungsteilerregel

$$U_2(p) = \frac{pL}{R + pL} U_1(p).$$

Wir führen die Dämpfungskonstante $\alpha = R/L$ ein:

$$U_2(p) = \frac{p}{p+\alpha} U_1(p). \qquad (15.3)$$

Um $u_2(t)$ bei verschiedenen Anregungen $u_1(t)$ zu berechnen, wollen wir das Faltungsintegral anwenden. Da aber der Bruch in Gl. (15.3) keine Laplace-Transformierte einer gewöhnlichen Zeitfunktion ist, die für $p \to \infty$ verschwindet, spalten wir eine Konstante ab

$$U_2(p) = (1 - \frac{\alpha}{p+\alpha}) U_1(p),$$

so daß wir die Faltung ohne Verwendung von δ-Impulsen anschreiben können. Mit der Zuordnung

$$\frac{\alpha}{p+\alpha} \Leftrightarrow \alpha e^{-\alpha t}$$

wird

$$u_2(t) = u_1(t) - \int_0^t u_1(\tau)\alpha e^{-\alpha(t-\tau)}\, d\tau \qquad (15.4)$$

Ist $u_1(t)$ eine Gleichspannung, dann ergibt sich aus (15.4):

$$u_2(t) = u_0 - u_0\alpha e^{-\alpha t}\int_0^t e^{\alpha\tau}\, d\tau$$

$$= u_0[1 - e^{-\alpha t}(e^{\alpha t} - 1)]$$

$$= u_0 e^{-\alpha t} \quad \text{für} \quad t \geq 0$$

(Für diese Anregung hätten wir das Ergebnis rascher erhalten, wenn wir in Gl. (15.3) die Transformierte $U_1(p) = u_0/p$ eingesetzt hätten.) Die Spannung an der Spule springt nach Anlegen der Gleichspannung auf u_0, weil im ersten Moment kein Strom fließt, so daß an R keine Spannung abfallen kann. Für $t \to \infty$ ist die Spulenspannung gleich null, weil nur bei einer Stromänderung eine Spannung in der Spule induziert wird.

15.2.2

Für die einfache Auswertung des Faltungsintegrals wandeln wir die Cosinusfunktionen in Exponentialfunktionen um:

$$2\cos(\omega t - \varphi_1) = e^{j(\omega t - \varphi_1)} + e^{-j(\omega t - \varphi_1)}$$

$$u_2(t) = u_1(t) - \frac{u_0}{2}\alpha e^{-\alpha t}\int_0^t (e^{(j\omega\tau - j\varphi_1 + \alpha\tau)} + e^{(-j\omega\tau + j\varphi_1 + \alpha\tau)})\,d\tau$$

$$= u_1(t) - \frac{\alpha u_0}{2}\left(\frac{e^{j(\omega t - \varphi_1)} - e^{-\alpha t}e^{-j\varphi_1}}{j\omega + \alpha} + \frac{e^{-j(\omega t - \varphi_1)} - e^{-\alpha t}e^{j\varphi_1}}{-j\omega + \alpha}\right)$$

Setzen wir

$$\frac{1}{\alpha + j\omega} = \frac{1}{\sqrt{\alpha^2 + \omega^2}}e^{-j\varphi_2} \quad und \quad \frac{1}{\alpha - j\omega} = \frac{1}{\sqrt{\alpha^2 + \omega^2}}e^{j\varphi_2}$$

so wird

$$u_2(t) = u_1(t) - \frac{\alpha u_0}{2\sqrt{\alpha^2 + \omega^2}}\{e^{j(\omega t - \varphi_1 - \varphi_2)} + e^{-j(\omega t - \varphi_1 - \varphi_2)} -$$
$$- e^{-\alpha t}(e^{j(\varphi_1 + \varphi_2)} + e^{-j(\varphi_1 + \varphi_2)})\}$$

Weiterhin ist

$$\frac{\alpha}{\sqrt{\alpha^2 + \omega^2}} = \cos\varphi_2,$$

so daß wir das Ergebnis

$$u_2(t) = u_0\{\cos(\omega t - \varphi_1) - \cos\varphi_2 \cos(\omega t - \varphi_1 - \varphi_2) + \\ + e^{-\alpha t}\cos\varphi_2\cos(\varphi_2 + \varphi_1)\} \tag{15.5}$$

erhalten. Nach dem Additionstheorem der Winkelfunktionen können wir die beiden ersten Terme zusammenfassen:

$$u_2(t) = u_0\{e^{-\alpha t}\cos\varphi_2\cos(\varphi_1 + \varphi_2) - \sin\varphi_2\sin(\omega t - \varphi_1 - \varphi_2)\} \tag{15.6}$$

Der erste Teil der Lösung ist der flüchtige, für große t verschwindende Vorgang; der zweite Teil ist der stationäre Anteil: Für $t = 0+$ muß die Bedingung $u_2(0+) = u_1(0+)$ erfüllt sein, was man leicht aus der Beziehung (15.5) sieht. Im Bild 15.4 ist der Verlauf von $u_1(t)$, $u_2(t)$ und von $u_{2s}(t)$ für $\varphi_1 = \pi/8$ und $\varphi_2 = \pi/4$

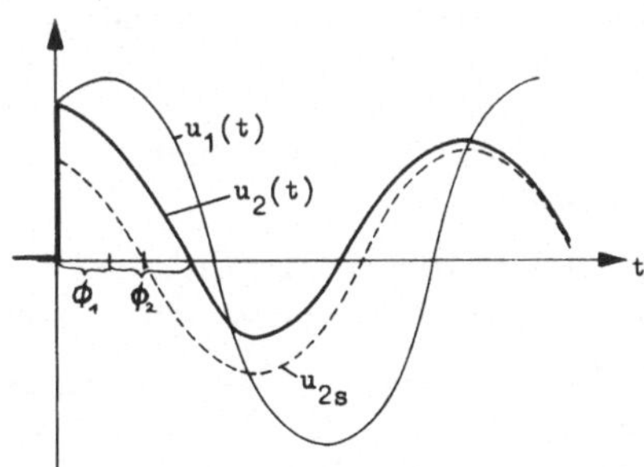

Bild 15.4

skizziert. Mit wachsendem t nähert sich $u_2(t)$ dem stationären Anteil $u_{2s}(t)$.

7*

15.2.3

Wir ermitteln den eingeschwungenen Zustand mit Hilfe der komplexen Amplituden. Das Verhältnis der komplexen Amplituden ist gleich dem Verhältnis der Impedanzen

$$\frac{U_{2S}}{U_{1S}} = \frac{j\omega L}{R + j\omega L}$$

Die komplexe Amplitude der für alle Zeiten t andauernden Eingangsspannung ist

$$U_{1S} = u_0\, e^{-j\varphi_1},$$

so daß

$$U_{2S} = u_0\, e^{-j\varphi_1} \frac{j\omega L}{\sqrt{R^2 + (\omega L)^2}} e^{-j\arctan \omega L / R} = u_0 \frac{\omega}{\sqrt{\alpha^2 + \omega^2}} e^{-j(\varphi_1 + \varphi_2)}$$

wird. Dazu gehört der zeitliche Verlauf

$$u_{2S}(t) = \mathrm{Re}\{U_{2S}\, e^{j\omega t}\} = -u_0 \frac{\omega}{\sqrt{\alpha^2 + \omega^2}} \sin(\omega t - \varphi_1 - \varphi_2)$$

der mit dem bereits ermitteltem Ergebnis aus Aufgabe 15.2.2 übereinstimmt.

Aufgabe 15.3

Ein idealer Wechselspannungsgenerator mit der Klemmenspannung $u_1(t) = \hat{u} \cos \omega t$ ist über einen Schalter S an die nebenstehende Schaltung angeschlossen. Der Schalter S ist bereits sehr lange geschlossen, so daß alle Einschwingvorgänge abgeklungen sind.

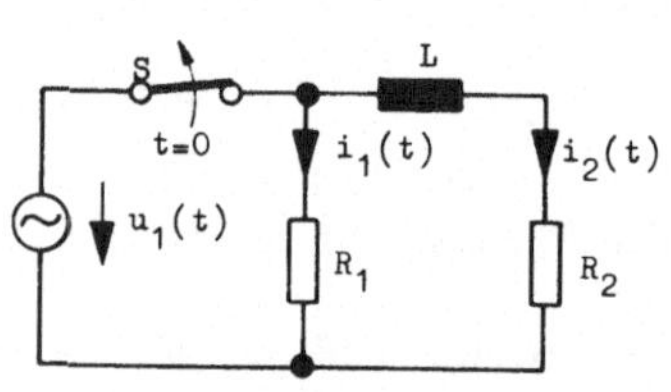

Bild 15.5

15.3.1 Man berechne zunächst die Ströme $i_1(t)$ und $i_2(t)$ für den eingeschwungenen Zustand.

15.3.2 Zum Zeitpunkt $t = 0$ wird der Schalter S geöffnet. Man berechne $i_1(t)$ und $i_2(t)$ für $t \geq 0$. (Man beachte, daß die Anfangsbedingungen durch den vorher bestehenden Betriebszustand bestimmt sind).

15.3.3 Man skizziere den Verlauf der Größen $u_1(t)$, $i_1(t)$ und $i_2(t)$ im Bereich $-\infty < t < +\infty$.

Lösung 15.3

15.3.1 Wir bestimmen den eingeschwungenen Zustand für $t < 0$ mit Hilfe der komplexen Rechnung: Laut Aufgabenstellung ist $U_1 = \hat{u}$; damit erhalten wir:

$$I_1 = \frac{U_1}{R_1} = \frac{\hat{u}}{R_1}$$

$$I_2 = \frac{U_1}{R_2 + j\omega L} = \frac{\hat{u}}{R_2 + j\omega L}$$

Die Zeitfunktionen betragen:

$$i_1(t) = \frac{\hat{u}}{R_1}\cos\omega t \quad \text{für} \quad t < 0$$

$$i_2(t) = \text{Re}\{\frac{\hat{u}}{\sqrt{R_2^2 + (\omega L)^2}}\, e^{-j\varphi}\, e^{j\omega t}\}$$

$$= \frac{\hat{u}}{\sqrt{R_2^2 + (\omega L)^2}}\cos(\omega t - \varphi) \quad \text{für} \quad t < 0$$

mit

$$\varphi = \arctan(\omega L\,/\,R_2).$$

15.3.2

Wir transformieren das Netz für $t \geq 0$ in den Unterbereich (der Schalter S ist offen). Im Bild 15.6 ist die Ersatzschaltung der Spule mit dem Anfangswertgenerator eingezeichnet. Sein Kurzschlußstrom beträgt

$$\frac{i_2(0-)}{p} = \frac{1}{p}\,\frac{\hat{u}}{\sqrt{R_2^2 + (\omega L)^2}}\cos\varphi$$

$$= \frac{\hat{u}}{p}\,\frac{R_2}{R_2^2 + (\omega L)^2}.$$

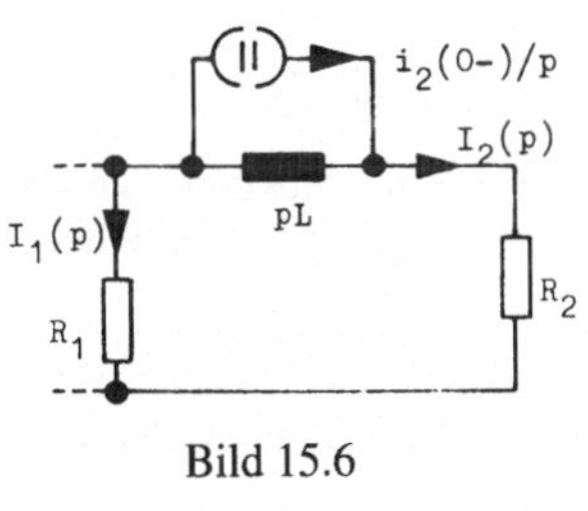

Bild 15.6

Die Analyse im Unterbereich ergibt

$$I_2(p) = \frac{L}{R_1 + R_2 + pL}\,i_2(0-) = \frac{1}{p + \dfrac{R_1 + R_2}{L}}\,i_2(0-)$$

$$I_1(p) = -I_2(p)$$

Dazu gehören die Zeitfunktionen ($t \geq 0$):

$$i_2(t) = i_2(0-)e^{-\frac{R_1+R_2}{L}t} = \hat{u}\frac{R_2}{R_2^2 + (\omega L)^2}e^{-\frac{R_1+R_2}{L}t}$$

$$i_1(t) = -i_2(t)$$

Es gilt $i_2(0-) = i_2(0+)$; der Strom durch die Spule kann sich nicht sprunghaft ändern. Das Bild 15.7 zeigt den Verlauf der Ströme $i_1(t)$ und $i_2(t)$ für $t < 0$ und für $t \geq 0$. Die Exponentialfunktion klingt mit der Zeitkonstanten $L/(R_1 + R_2)$ ab.

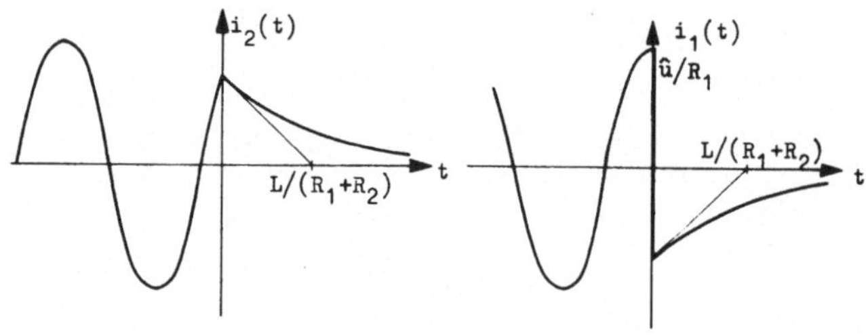

Bild 15.7

Aufgabe 15.4

Ein ungeladener Kondensator mit der Kapazität $C = 1\mu F$ wird durch eine Spannungsquelle mit der Gleichspannung $u_0 = 100\,V$ über einen Widerstand $R = 1M\Omega$ aufgeladen.

Wie lange dauert es, bis an der Gesamtladung des Kondensators Cu_0 nur noch die Ladung eines Elektrons ($e = 1{,}6 \cdot 10^{-19}\,As$) fehlt?

Lösung 15.4

Wir haben bei den vorhergehenden Aufgaben festgestellt, daß bei Gleichanregung und bei *einem* Energiespeicher im Netz der Ausgleichsvorgang nach einer e-Funktion verläuft. Deshalb sei hier versucht, den Ladevorgang aufgrund physikalischer Überlegungen anzugeben und ihn dann durch die Rechnung zu bestätigen.

Nach dem Anlegen von u_0 fließt ein Strom, der den Kondensator auflädt. Je größer die Kondensatorspannung $u_2(t)$ ist, desto geringer wird die Differenz $u_0 - u_2(t)$ und umso kleiner ist der Ladestrom. Deshalb wird die Kondensatorspannung und damit auch die Ladung erst rasch und anschließend immer langsamer anwachsen. Wir versuchen deshalb den Ansatz

$$u_2(t) = c_1 + c_2\, e^{-t/T}$$

Für $t \to \infty$ erreicht die Kondensatorspannung den Wert u_0, für $t = 0$ ist $u_2(0) = 0$, deshalb wird

$$c_1 = u_0, \quad c_1 + c_2 = 0 \;\to\; c_2 = -u_0.$$

Je kleiner R ist, umso rascher wird die Aufladung vor sich gehen, umso kleiner wird die Zeitkonstante T sein. Die Rechnung wird ergeben, daß $T = RC$ ist. Wir könnten T aber auch so ermitteln, indem wir

$$u_2(t) = c_1 + c_2\, e^{-t/T} = u_0(1 - e^{-t/T})$$

in die Gleichungen

$$i(t) = C\frac{du_2(t)}{dt} \quad \text{und} \quad i(t)\,R + u_2(t) = u_0$$

einsetzen.

Mit der Rechenmethode der Laplace-Transformation erhalten wir im Unterbereich mit der Abkürzung $T = RC$

$$U_2(p) = \frac{u_0}{p}\,\frac{1/pC}{R + 1/pC} = \frac{u_0}{p}\,\frac{1/T}{p + 1/T} = u_0\left(\frac{1}{p} - \frac{1}{p + 1/T}\right)$$

Also lautet die Zeitfunktion der Spannung

$$u_2(t) = u_0(1 - e^{-t/T})$$

Die Kondensatorladung Q beträgt:

$$Q(t) = C\,u_2(t) = C\,u_0(1 - e^{-t/T})$$

Der Ladevorgang ist rein mathematisch betrachtet erst nach unendlich langer Zeit beendet. Physikalisch gesehen ist die Endladung $C u_0$ jedoch ziemlich rasch erreicht. Die fehlende Ladung soll die eines Elektrons sein. Dann ist

$$C u_0 - Q(t) = e = C u_0 e^{-t_e/T}$$

$$\frac{t_e}{T} = \ln\frac{C u_0}{e}$$

Wir erhalten für die angegebenen Zahlenwerte:

$$t_e = T\ln\frac{Cu_0}{e} = 1\mathrm{s}\cdot\ln\frac{1\mu\mathrm{F}\,100\mathrm{V}}{1{,}6\cdot10^{-19}\mathrm{As}} = 34{,}1\mathrm{s}$$

Rechnet man in der Größenordnung von Elementarladungen, so müßte der Ladungsstrom als diskreter Vorgang betrachtet werden. Tatsächlich ist zur Zeit t_e ein statistischer Gleichgewichtszustand erreicht, bei dem im Mittel ein Elektron an der Endladung fehlt.

Aufgabe 15.5

Ein Kondensator mit der Kapazität C_1 trägt die Ladung Q_1. Zur Zeit $t = 0$ wird über den Schalter S ein ungeladener Kondensator C_2 zugeschaltet, der sich über den Widerstand R auflädt (Bild 15.8).

15.5.1 Man berechne den Verlauf des Stromes $i(t)$ und der Spannung $u_2(t)$ für $t > 0$.

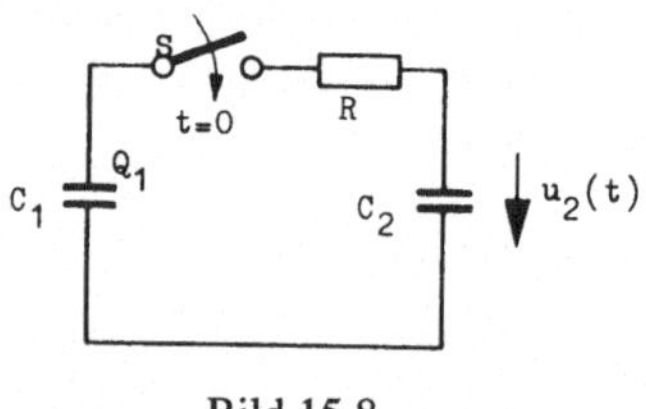

Bild 15.8

15.5.2 Man zeige, daß die Energie, die während des Ausgleichsvorganges im Widerstand verbrauchte wird, unabhängig vom Widerstandswert R ist.

Lösung 15.5

15.5.1 Wir ersetzen den geladenen Kondensator C_1 im Unterbereich durch die Reihenschaltung der Impedanz $1/pC_1$ mit dem Anfangswertgenerator $u_1(0-)/p = Q_1/pC$. Der Strom $I(p)$ beträgt dann

$$I(p) = \frac{Q_1/pC_1}{1/pC_1 + 1/pC_2 + R} = \frac{Q_1}{RC_1}\frac{1}{p+\alpha} \quad\text{mit}\quad \alpha = \frac{C_1+C_2}{RC_1C_2} \quad (15.7)$$

Für die Kondensatorspannung finden wir:

$$U_2(p) = \frac{I(p)}{pC_2} = \frac{Q_1}{RC_1C_2}\frac{1}{p}\frac{1}{p+\alpha}$$

$$= \frac{Q_1}{RC_1C_2}\frac{1}{\alpha}\left(\frac{1}{p} - \frac{1}{p+\alpha}\right) = \frac{Q_1}{C_1+C_2}\left(\frac{1}{p} - \frac{1}{p+\alpha}\right)$$

Für diese Unterfunktionen können wir unmittelbar die Zeitfunktionen angeben

$$i(t) = \frac{Q_1}{RC_1} e^{-\alpha t} \tag{15.8}$$

$$u_2(t) = \frac{Q_1}{C_1 + C_2}(1 - e^{-\alpha t}) \quad 0 \le t \le \infty$$

Nach dem Ende des Ausgleichsvorganges ist die Ladung Q_1 auf die Parallelschaltung von C_1 und C_2 verteilt.

15.5.2

In der Zeit $0 \le t \le \infty$ wird im Widerstand R die Energie

$$W_R = R \int\limits_0^\infty i^2(t)\,dt$$

verbraucht. Zusammen mit Gl. (15.8) erhalten wir das Ergebnis

$$W_R = \frac{Q_1^2}{RC_1^2} \int\limits_0^\infty e^{-2\alpha t}\,dt = \frac{Q_1^2}{RC_1^2}\frac{1}{2\alpha} = \frac{Q_1^2 C_2}{2C_1(C_1 + C_2)}, \tag{15.9}$$

das offensichtlich unabhängig von *R ist*. Hier erklärt sich auch der Widerspruch in der Aufgabe 1.23 aus dem Band „Übungen zu Grundlagen der Elektrotechnik I". Dort ergab sich, daß die Kondensatorenergie von $C_1 + C_2$ kleiner als die vorher in C_1 gespeicherte Energie ist. Die Differenzenergie ist die in der Zuleitung verbrauchte Energie entsprechend Gl. (15.9), auch wenn R verschwindend klein ist. In diesem Fall verläuft der Strom $i(t)$ impulsartig. Denn für $R = 0$ wird in Gl.(15.7)

$$I(p) = \frac{Q_1 C_2}{C_1 + C_2},$$

so daß rein rechnerisch

$$i(t) = \frac{Q_1 C_2}{C_1 + C_2}\,\delta(t)$$

ist, was jedoch physikalisch nicht möglich ist.

Anmerkung:

Die Lösungen der Aufgaben 15.1, 15.2.1, 15.4 und 15.5 führen alle auf eine Zeitabhängigkeit, die durch eine e-Funktion mit *einer* Zeitkonstanten beschrieben wird. Dieses Ergebnis läßt sich für Netze mit nur einem

Energiespeicher bei Anregung mit Gleichstrom bzw. Gleichspannung verallgemeinern.

Hierbei ist es gleichgültig, ob der Energiespeicher aus *einem* Kondensator oder *einer* Spule besteht, oder ob sich die Energiespeicher aus reinen Netzen von Kondensatoren bzw. Spulen zusammensetzen.

Wegen der Linearität kann das übrige Netz an den Klemmen von L oder C durch eine Ersatzspannungsquelle mit dem Innenwiderstand R_i dargestellt werden. Die Zeitkonstante beträgt dann für ein Netz mit einem Kondensator

$$T = \frac{1}{R_i C} \qquad \text{bzw.} \qquad T = \frac{L}{R_i}$$

für ein Netz mit einer Spule.

Der Ansatz für den Strom $i(t)$ oder die Spannung $u(t)$ ist derselbe wie in Aufgabe 15.4:

$$u(t) = c_1 + c_2\, e^{-t/T}$$

Die Konstante c_1 und c_2 bestimmen wir ebenfalls entsprechend zur Aufgabe 15.4. Wegen der Kirchhoffschen Knoten- und Maschengleichungen, die für alle Zeiten gelten müssen, lassen sich nicht nur Strom und Spannung am Energiespeicher sondern alle Ströme und Spannungen eines solchen Netzes mit dem gleichen Ansatz berechnen, den wir weiter oben für die Bestimmung von $u(t)$ benutzt haben.

Dieser Weg kann auch für die Lösung der Aufgaben 15.7 bis 15.10 benutzt werden.

Aufgabe 15.6

In der Hochspannungstechnik werden Stoßspannungen für Prüfzwecke mit Hilfe der Schaltung 15.9 erzeugt. Hierbei lädt sich ein Kondensator mit der Kapazität C_1 über einen Hochspannungstransformator und nachgeschaltetem Gleichrichter auf.

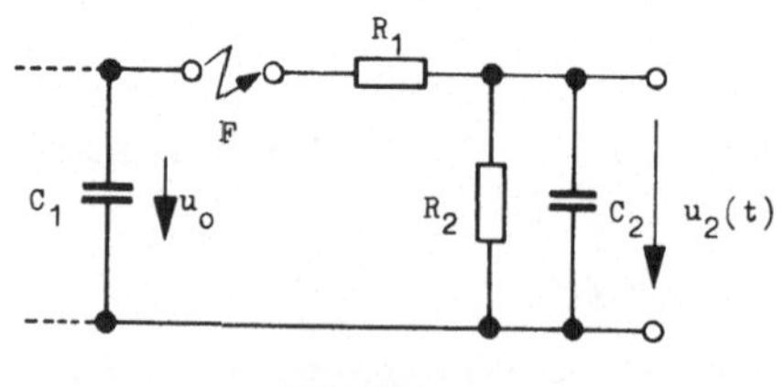

Bild 15.9

Nach Erreichen der Spannung u_0 zündet eine Funkenstrecke F; der Kondensator entlädt sich über einen zweiten, vorher ungeladenen Kondensator C_2 und die Widerstände R_1 und R_2. Man berechne den Verlauf des Spannungsimpulses $u_2(t)$. Die Funkenstrecke läßt sich als Schalter idealisieren, der für $t < o$ geöffnet ist und für $t \geq 0$ (Funkenstrecke gezündet) eine widerstandslose Verbindung darstellt. Das Erlöschen der Funkenstrecke soll unberücksichtigt bleiben.

Lösung 15.6

Wir ersetzen den Kondensator im Unterbereich durch die Reihenschaltung der Admittanz $1/pC_1$ und der Spannungsquelle u_0/p. Nach der Spannungsteilerregel erhalten wir

$$U_2(p) = \frac{u_0}{p} \frac{\dfrac{R_2/pC_2}{R_2 + 1/pC_2}}{\dfrac{R_2/pC_2}{R_2 + 1/pC_2} + R_1 + \dfrac{1}{pC_1}}$$

oder nach einigen Umformungen

$$U_2(p) = \frac{u_0}{R_1 C_2} \frac{1}{p^2 + p(1 + \dfrac{R_1}{R_2} + \dfrac{C_2}{C_1})\dfrac{1}{R_1 C_2} + \dfrac{1}{R_1 C_1 R_2 C_2}} .$$

Mit den Abkürzungen

$$\alpha_1 = \frac{1}{2R_1 C_2}(1 + \frac{R_1}{R_2} + \frac{C_2}{C_1}), \qquad \alpha_2 = \sqrt{\alpha_1^2 - \frac{1}{R_1 C_1 R_2 C_2}}$$

betragen die Nullstellen des Nenners:

$$p_1 = -(\alpha_1 + \alpha_2), \qquad p_2 = -(\alpha_1 - \alpha_2).$$

Sie liegen auf der negativ reellen Achse der p-Ebene, weil $\alpha_2^2 \geq 0$ und $\alpha_2 < \alpha_1$ ist. Schließlich gewinnen wir aus der Partialbruchzerlegung

$$\frac{1}{(p-p_1)(p-p_2)} = \frac{1}{(p-p_1)(p_1-p_2)} + \frac{1}{(p-p_2)(p_2-p_1)}$$

$$= \frac{1}{2\alpha_2}\left(\frac{1}{p+(\alpha_1-\alpha_2)} - \frac{1}{p+(\alpha_1+\alpha_2)}\right)$$

die Zeitfunktion $u_2(t)$

$$u_2(t) = \frac{u_0}{2\alpha_2 R_1 C_2} \left(e^{-(\alpha_1 - \alpha_2)t} - e^{-(\alpha_1 + \alpha_2)t} \right)$$

Der Spannungsimpuls setzt sich, wie im Bild 15.10 dargestellt, aus der Überlagerung zweier Exponentialfunktionen zusammen. In der Hochspannungstechnik interessieren dabei insbesondere die Anstiegssteilheit und der Maximalwert diese Stoßspannung.

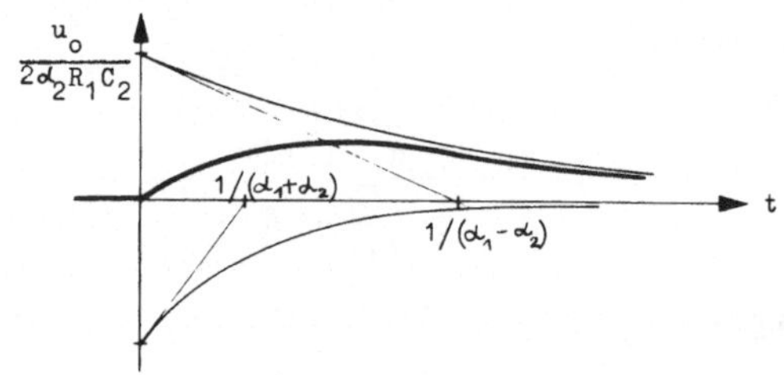

Bild 15.10

Aufgabe 15.7

In der nebenstehenden Schaltung ist der Schalter S schon sehr lange Zeit geschlossen; zur Zeit $t = 0$ wird er geöffnet.

15.7.1 Man berechne den Strom $i_L(t)$ und die Spannung $u_2(t)$ für $t < 0$ und $t \geq 0$ und skizziere ihren Verlauf.

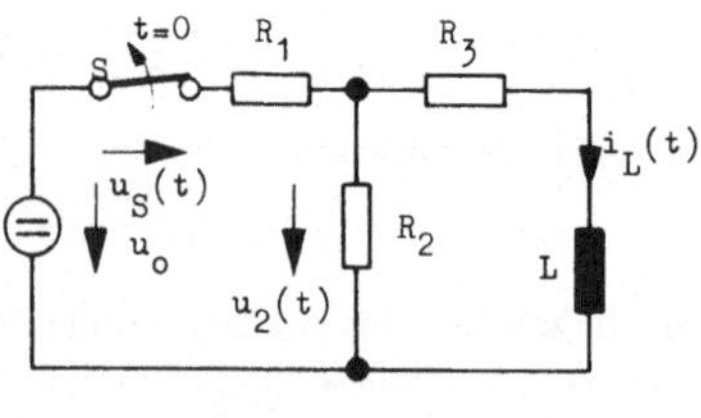

Bild 15.11

15.7.2 Aus dem Ergebnis von 15.7.1 berechne man die Spannung $u_S(t)$ am geöffneten Schalter. Die maximale Spannung am offenen Schalter soll $10u_0$ nicht überschreiten. Wie groß darf dann R_2 werden, wenn $R_1 = R_3 = R$ ist?

Lösung 15.7

15.7.1 Für $t < 0$ fließen im Netz nur Gleichströme, d.h. an der Spule fällt keine Spannung ab. Deshalb beträgt die Spannung

$$u_2 = u_0 \frac{\dfrac{R_2 R_3}{R_2 + R_3}}{R_1 + \dfrac{R_2 R_3}{R_2 + R_3}} = u_0 \frac{1}{1 + \dfrac{R_1}{R_2} + \dfrac{R_1}{R_3}}$$

und der Strom

$$i_L = \frac{u_2}{R_3} = \frac{u_0}{R_3} \frac{1}{1 + \dfrac{R_1}{R_2} + \dfrac{R_1}{R_3}}. \tag{15.14}$$

Für $t \geq 0$ ist der Schalter S geöffnet. Da in diesem Netz nur ein Energiespeicher existiert, benutzen wir entsprechend zur Aufgabe 15.4 folgenden Ansatz:

$$i_L(t) = c_1 + c_2 e^{-t/T}$$

Die Zeitkonstante T beträgt

$$T = \frac{L}{R_2 + R_3}$$

Unmittelbar nach dem Öffnen des Schalters fließt der Strom entsprechend Gl. (15.14) weiterhin durch die Spule. Nach langer Zeit ist der Strom auf null abgeklungen. Damit wird:

$$c_1 = 0, \qquad c_2 = i_L(0) = \frac{u_0}{R_3} \frac{1}{1 + \dfrac{R_1}{R_2} + \dfrac{R_1}{R_3}}.$$

Wir erhalten

$$i_L(t) = i_L(0) e^{-t/T} = \frac{u_0}{R_3} \frac{1}{1 + \dfrac{R_1}{R_2} + \dfrac{R_1}{R_3}} e^{-t/T}$$

und

$$u_2(t) = -R_2 \, i_L(t) = -u_0 \frac{R_2}{R_3} \frac{1}{1 + \dfrac{R_1}{R_2} + \dfrac{R_1}{R_3}} e^{-t/T}.$$

Für $t = 0$ springt $u_2(t)$ auf einen negativen Wert (siehe Bild 15.12), weil der Strom durch den Widerstand R_2 seine Richtung umkehrt.

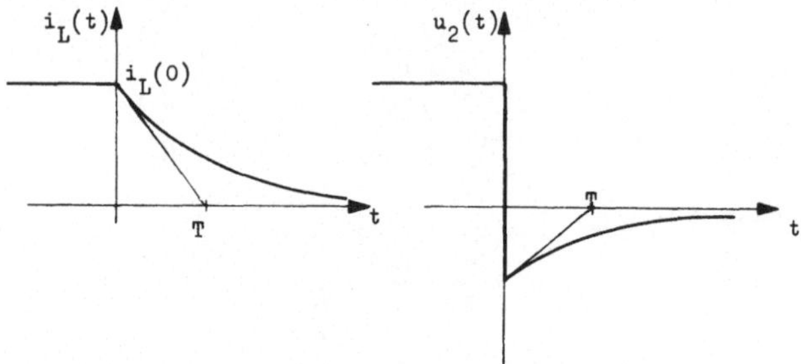

Bild 15.12

15.7.2

Für $t \geq 0$ fließt durch R_1 kein Strom, so daß

$$u_S(t) = u_0 - u_2(t) = u_0 \left(1 + \frac{R_2}{R_3}\frac{1}{1 + \dfrac{R_1}{R_2} + \dfrac{R_1}{R_3}} e^{-t/T}\right)$$

wird. Der Größtwert dieser Spannung wird zur Zeit $t = 0$ erreicht. Da er den Wert $10 u_0$ nicht überschreiten soll, gilt:

$$10 u_0 = u_0 \left(1 + \frac{R_2}{R_3}\frac{1}{1 + \dfrac{R_1}{R_2} + \dfrac{R_1}{R_3}}\right)$$

Daraus folgt mit $R_1 = R_3 = R$

$$10 = 1 + \frac{R_2}{R}\frac{1}{2 + \dfrac{R_1}{R_2}}$$

$$\left(\frac{R_2}{R}\right)^2 - 18\frac{R_2}{R} - 9 = 0.$$

Wir erhalten

$$\frac{R_2}{R} = 9 + \sqrt{9^2 + 9} = 18,49.$$

Soll die geforderte Bedingung für die Schalterspannung eingehalten werden, so muß $R_2 < 18,49 R$ sein. Würde man den Zweig mit R_2 ganz weglassen

($R_2 \to \infty$), so müßte sich der Spulenstrom sprunghaft ändern, was einen δ-Impuls der Spannung hervorrufen würde. In der Realität tritt dann am offenen Schalter ein Überschlag auf (Schaltfunke), in dessen Lichtbogen die Energie der Spule verbraucht wird.

Aufgabe 15.8

Die Schalter des dargestellten Netzes (Bild 15.7) werden nacheinander zu den Zeitpunkten $t = 0$ und $t = t_0 > 0$ geschlossen. Das Netz wird durch eine Gleichspannungsquelle gespeist, der Kondensator ist für $t < 0$ ungeladen.

15.8.1 Man berechne und skizziere den Verlauf der Spannung $u_1(t)$ für $t \geq 0$.

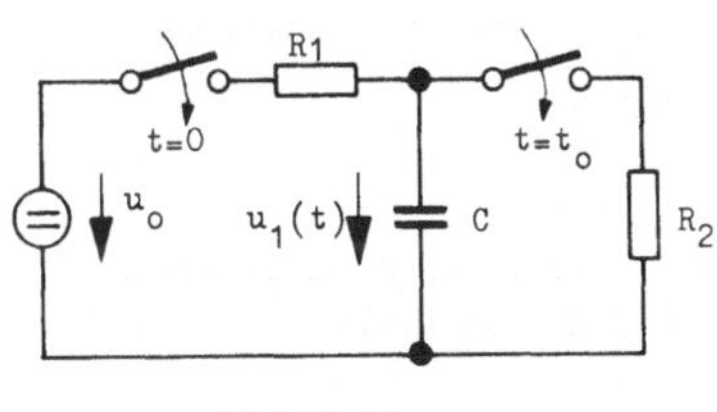

Bild 15.13

15.8.2 Wie groß muß die Zeit t_0 gewählt werden, damit sich für $t \geq t_0$ kein Ausgleichsvorgang in dem Netz ergibt?

Lösung 15.8

15.8.1 Wir ermitteln zunächst den Verlauf der Spannung $u_1(t)$ im Zeitbereich $0 \leq t < t_0$. Es liegt wieder der Fall *eines* Energiespeichers vor, deshalb benutzen wir den Ansatz

$$u_1(t) = c_1 + c_2\, e^{-t/T_1}$$

Die Zeitkonstante T_1 ist leicht anzugeben:

$$T_1 = R_1 C.$$

Im Endzustand ist $u_1(\infty) = u_0$, so daß $c_1 = u_0$ wird. Für $t = 0$ ist die Spannung des vorher ungeladenen Kondensators gleich null. Wir erhalten:

$$c_1 + c_2 = 0 \;\rightarrow\; c_2 = -u_0.$$

Wie zu erwarten war, verläuft der Ladevorgang nach der Funktion

$$u_1(t) = u_0(1 - e^{-t/T_1}).$$

Zur Zeit $t = t_0$ ist der Kondensator auf die Spannung

$$u_1(t_0) = u_0(1 - e^{-t_0/T_1})$$

aufgeladen. Jetzt wird der Widerstand R_2 zugeschaltet. Wir betrachten diesen Zeitpunkt als neuen Zeitnullpunkt und setzen

$$t' = t - t_0$$

Für $u_1(t')$ setzen wir wieder an:

$$u_1(t') = c_3 + c_4 e^{-t'/T_2}$$

mit der jetzt gültigen Zeitkonstante

$$T_2 = C\frac{R_1 R_2}{R_1 + R_2};$$

denn von den Kondensatorklemmen aus gesehen ist der Innenwiderstand gleich der Parallelschaltung von R_1 und R_2. Für $t' \to \infty$ wird

$$u_1 = c_3 = \frac{R_2}{R_1 + R_2}u_0$$

und für $t' = 0$ bzw. $t = t_0$ ist

$$u_1(t' = 0) = u_1(t_0) = c_3 + c_4.$$

Wir setzen dieses Ergebnis ein und erhalten für die Kondensatorspannung nach dem Schließen beider Schalter folgenden Verlauf:

$$t \geq t_0: \qquad u_1(t) = u_0\frac{R_2}{R_1 + R_2} + u_0(1 - e^{-t_0/T_1} - \frac{R_2}{R_1 + R_2})e^{-(t-t_0)/T_1} \qquad (15.17)$$

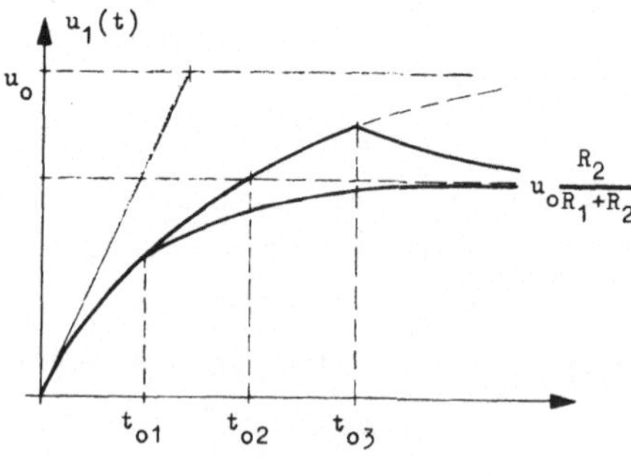

Bild 15.14

Wenn für $t = t_0$ der Wert $u_0 R_2 / (R_1 + R_2)$ bereits überschritten ist, dann nimmt die Kondensatorspannung wieder ab (Bild 15.14).

15.8.2

Für $t \geq t_0$ ergibt sich dann kein Ausgleichsvorgang, wenn die Spannung $u_1(t)$ zu diesem Zeitpunkt gerade den Endwert aus Gl. (15.17) erreicht hat, wenn also

$$u_1(t_{02}) = u_0(1 - e^{-t_{02}/T_1}) = u_0 \frac{R_2}{R_1 + R_2}$$

ist. Wir erhalten für t_{02}:

$$t_{02} = T_1 \ln \frac{R_1 + R_2}{R_1}.$$

Aufgabe 15.9

Das dargestellte Netz wird von einer Gleichspannungsquelle gespeist. Für $t < 0$ fließt kein Strom durch die Spule mit der Induktivität L und dem Wicklungswiderstand R_L. Zum Zeitpunkt $t = 0$ wird der Schalter S geschlossen; zum Zeitpunkt $t = t_1 > 0$ wird er wieder geöffnet.

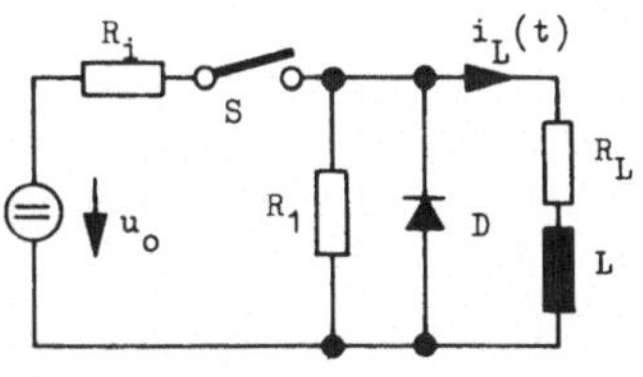

Bild 15.15

Der Durchlaßwiderstand der Diode D ist null, der Sperrwiderstand unendlich. Wie verläuft der Spulenstrom $i_L(t)$ in den Zeitabschnitten $0 \leq t < t_1$ und $t_1 \leq t < \infty$?

Lösung 15.9

Hinweis zur Lösung: Für $0 \leq t < t_1$ sperrt die Diode, weil an ihr eine Spannung in Sperrichtung anliegt; für $t \geq t_1$ wird die Diode leitend und hat den Widerstand null.

Die Ergebnisse lauten:

$$0 \leq t < t_1: \qquad i_L(t) = u_0 \frac{R_1}{R_i R_1 + R_i R_L + R_1 R_L}(1 - e^{-t/T_1})$$

$t \geq t_1:$ $\qquad i_L(t) = i_L(t_1)e^{-(t-t_1)/T_2}$

$$T_1 = \frac{L}{R_L + \dfrac{R_i R_1}{R_i + R_1}}, \qquad T_2 = \frac{L}{R_L}$$

Aufgabe 15.10

Die nebenstehende Schaltung soll dazu dienen, kurzzeitig eine hohe Spannung zwischen den Klemmen A und B zu erzeugen. Dazu wird zur Zeit $t = 0$ eine Batterie mit der Spannung u_0 über den Schalter S_1 eingeschaltet. (Der Schalter S_2 ist zunächst geschlossen). Zur Zeit $t = t_1$ wird dann der Schalter S_2 geöffnet.

15.10.1 Man berechne und skizziere den Verlauf der Spannung $u(t)$ für $0 \leq t < t_1$ und $t \geq t_1$. Dabei sei $R_1 > R_2$.

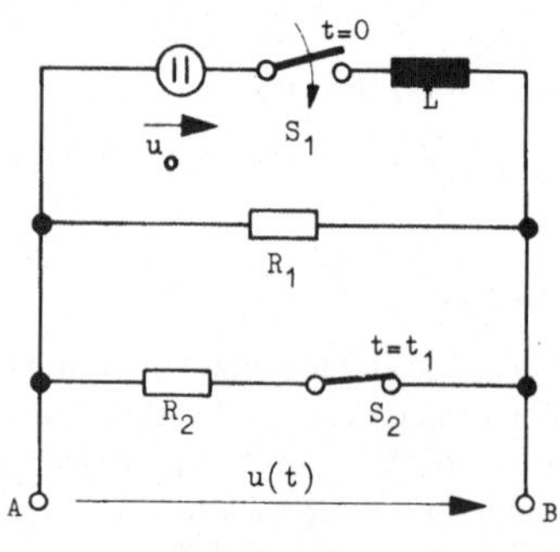

Bild 15.16

15.10.2 Für $R_1 = 19 R_2$ und $L / R_1 = 1\text{s}$ bestimme man die Zeit t_1 so, daß nach dem Öffnen von S_2 die Spannung $u(t_1)$ gleich $10 u_0$ wird.

Lösung 15.10

Ergebnisse:

$0 \leq t < t_1:$ $\qquad u(t) = u_0(1 - e^{-\alpha t})$

Der Strom durch die Spule bleibt beim Umschalten unverändert.

$t \geq t_1:$ $\qquad u(t) = u_0\{1 + [\dfrac{R_1 + R_2}{R_2}(1 - e^{-\alpha t_1}) - 1]e^{-\alpha_1(t-t_1)}\}$

mit $\qquad \alpha = \dfrac{R_1 R_2}{L(R_1 + R_2)}, \quad \alpha_1 = \dfrac{R_1}{L}.$

Aufgabe 15.11

Zur Zeit $t = 0$ wird eine ideale Gleichspannungsquelle an die Parallelschaltung aus Bild 15.17 geschaltet. Spule und Kondensator sind für $t < 0$ energiefrei.

15.11.1 Man bestimme R_C so, daß der Strom $i(t)$ im Schaltzeitpunkt die gleiche Größe hat wie nach Erreichen des stationären Zustandes.

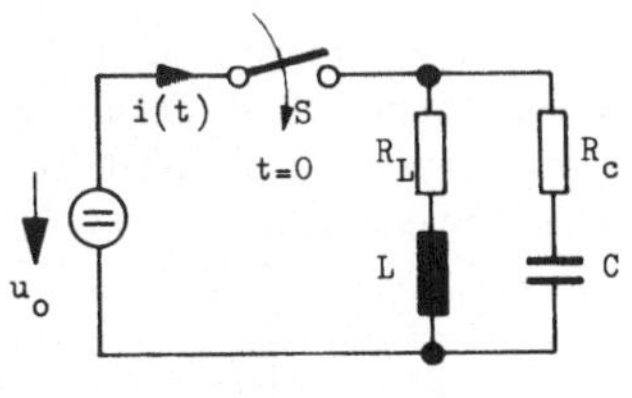

Bild 15.17

15.11.2 Welche Beziehungen gelten zwischen den Größen L, C, R_L und R_C, wenn der Strom $i(t)$ in jedem Augenblick gleich groß ist?

Lösung 15.11

Bei der Analyse im Unterbereich brauchen wir keine Anfangswerte zu berücksichtigen, weil Spule und Kondensator für $t < 0$ energiefrei sind. Nach der Analyse im Unterbereich und Partialbruchzerlegung erhalten wir im Zeitbereich

$$i(t) = \frac{u_0}{R_L}(1 - e^{-\frac{R_L}{L}t}) + \frac{u_0}{R_C}e^{-\frac{t}{R_C C}}$$

Obwohl die Schaltung eine Spule und einen Kondensator enthält, kann sich keine Schwingung ausbilden, weil beide Zweige an die konstante Spannungsquelle mit dem Innenwiderstand null angeschlossen sind.

15.11.1 Ergebnis:

$$R_C = R_L.$$

15.11.2 Ergebnis:

$$R_C = R_L \quad \text{und} \quad L = R_C^2 C.$$

Aufgabe 15.12

Die Gleichspannungsquelle u_0
ist schon sehr lange Zeit an die
nebenstehende RLC-Schaltung
angeschlossen. Für die Werte der
Schaltelemente gilt:

$$\frac{1}{LC} > \left(\frac{R}{2L}\right)^2.$$

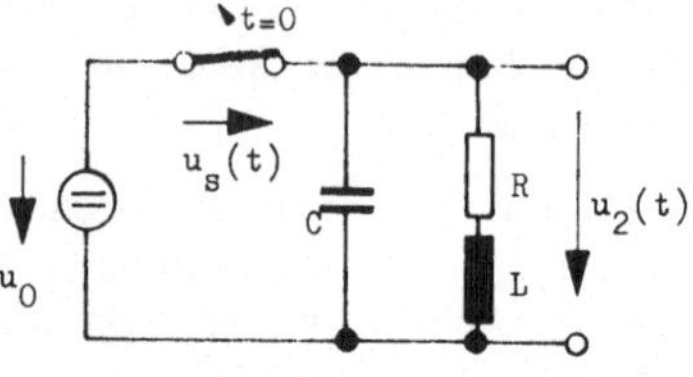

Der Schalter wird zur Zeit $t = 0$
geöffnet.

Bild 15.18

15.12.1 Wie verläuft die Spannung $u_2(t)$ für $t \geq 0$?

15.12.2 Man berechne näherungsweise das Maximum der Spannung $u_S(t)$
zwischen den Klemmen des geöffneten Schalters S, wenn der Schwingkreis
schwach bedämpft ist: $1/LC \gg (R/2L)^2$.

Lösung 15.12

15.12.1 Zunächst ermitteln wir den Gleichstromzustand des Netzes für $t < 0$.
Die Kondensatorspannung und der Spulenstrom sind dann die Anfangswerte
des Ausgleichsvorganges nach dem Abschalten der Gleichspannungsquelle.
Da im Gleichstromfall kein Strom durch den Kondensator fließt und keine
Spannung an der Spule liegt, gilt

$$i(t < 0) = \frac{u_0}{R} = i(0-) \quad \text{und} \quad u_2(t < 0) = u_0 = u_2(0-).$$

Zur Analyse des Ausgleichsvorganges für $t \geq 0$ zeichnen wir das Netz noch-
mals mit den Anfangswertgeneratoren im Unterbereich (Bild 15.19). Die
Stromquelle an der Spulenimpedanz wird dabei in eine Spannungsquelle
umgewandelt (Zählpfeil beachten !).

$$U_2(p) = \frac{u_2(0-)}{p} - \frac{1}{pC}I(p)$$

$$= \frac{u_2(0-)}{p} - \frac{u_2(0-)/p + Li(0-)}{pC(R + pL + 1/pC)}$$

Nach dem Einsetzen der Anfangswerte erhalten wir daraus:

$$U_2(p) = u_0 \frac{p + R/L - 1/RC}{p^2 + pR/L + 1/LC}$$

Wir haben verschiedene Möglichkeiten, um diese rationale Funktion in den Zeitbereich zu transformieren. Naheliegend ist es, wieder eine Partialbruchzerlegung durchzuführen. Dazu müssen die Nennernullstellen gesucht werden.

In unserem Fall ergeben sich konjugiert komplexe Nullstellen und das Zusammenfassen der Lösungsanteile zu reellen Ausdrücken ist etwas mühsam. Wir gelangen rascher zum Endergebnis, wenn wir die quadratische

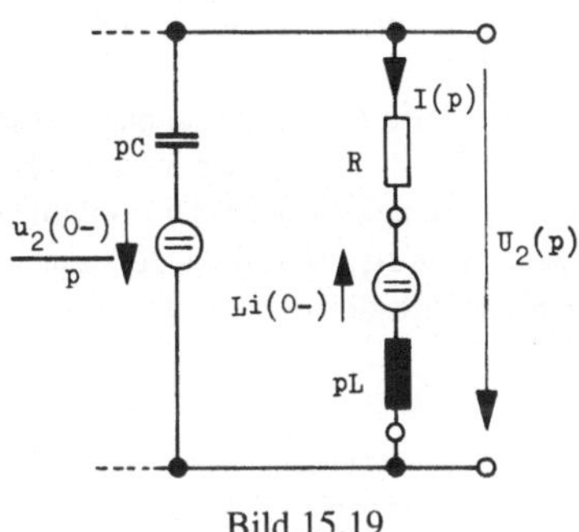

Bild 15.19

Ergänzung durchführen und den Verschiebungssatz der Laplace-Transformation anwenden. Dazu schreiben wir den Bruch in der Form

$$\frac{p+\dfrac{R}{L}-\dfrac{1}{RC}}{p^2+\dfrac{R}{L}p+\dfrac{1}{LC}} = \frac{p+\dfrac{R}{2L}+\dfrac{R}{2L}-\dfrac{1}{RC}}{\left(p+\dfrac{R}{2L}\right)^2+\dfrac{1}{LC}-\left(\dfrac{R}{2L}\right)^2} \tag{15.19}$$

Wir führen die Abkürzungen

$$\omega_0^2=\frac{1}{LC},\quad \frac{R}{2L}=\delta\omega_0,\quad \omega_e^2=\frac{1}{LC}-\left(\frac{R}{2L}\right)^2=\omega_0^2(1-\delta^2),\quad \frac{1}{RC}=\frac{\omega_0}{2\delta}$$

ein, wobei ω_e^2 entsprechend der Aufgabenstellung positiv ist. Damit erhalten wir für Gl. (15.19):

$$\frac{p+\dfrac{R}{2L}+\dfrac{R}{2L}-\dfrac{1}{RC}}{\left(p+\dfrac{R}{2L}\right)^2+\dfrac{1}{LC}-\left(\dfrac{R}{2L}\right)^2} = \frac{(p+\delta\omega_0)+\omega_0(\delta-1/2\delta)}{(p+\delta\omega_0)^2+\omega_e^2}$$

Mit dem Verschiebungssatz

$$F(p+\alpha)\Leftrightarrow e^{-\alpha t}f(t)$$

und

$$\frac{p}{p^2+\omega_e^2}\Leftrightarrow \cos\omega_e t \quad \text{bzw.} \quad \frac{\omega_e}{p^2+\omega_e^2}\Leftrightarrow \sin\omega_e t$$

erhalten wir schließlich die Zeitfunktion zu $U_2(p)$:

$$t \geq 0: \qquad u_2(t) = u_0\, e^{-\delta\omega_0 t}\left(\cos\omega_e t + \frac{\omega_0}{\omega_e}\left(\delta - \frac{1}{2\delta}\right)\sin\omega_e t\right)$$

Der Verlauf der Ausgangsspannung ist in Bild 15.20 dargestellt. Zum Zeitpunkt $t = 0+$ ist $u_2(t)$ wie vorher gleich u_0 und nimmt dann wie eine gedämpfte Schwingung ab. Die einhüllende e-Funktion wird durch die Abklingkonstante $\delta\omega_0$ bestimmt. Je kleiner R wird desto schwächer gedämpft verläuft der Ausgleichsvorgang.

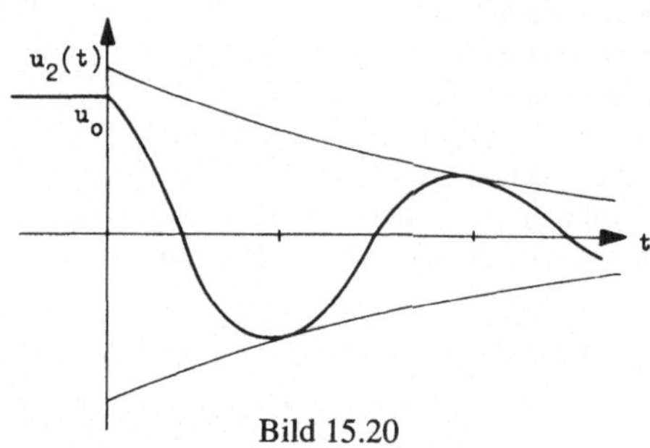

Bild 15.20

15.12.2

Ist die Schwingung sehr schwach gedämpft, so gilt

$$\frac{1}{LC} \gg \left(\frac{R}{2L}\right)^2 \;\to\; \delta^2 \ll 1, \quad \omega_e \approx \omega_0, \quad \delta - \frac{1}{2\delta} \approx -\frac{1}{2\delta}$$

und

$$u_S(t) = u_0 - u_2(t) \approx u_0\left[1 - e^{-\delta\omega_0 t}\left(\cos\omega_0 t - \frac{1}{2\delta}\sin\omega_0 t\right)\right] \qquad (15.20)$$

Den Zeitpunkt T des 1. Maximums bestimmen wir aus

$$\frac{du_S(t)}{dt} = 0 = u_0\, e^{-\delta\omega_0 T}\left(\delta\omega_0 \cos\omega_0 T - \frac{\omega_0}{2}\sin\omega_0 T + \omega_0 \sin\omega_0 T + \frac{\omega_0}{2\delta}\cos\omega_0 T\right)$$

$$\cos\omega_0 T \approx -\delta\sin\omega_0 T \;\to\; T \approx -\frac{1}{\omega_0}\arctan\frac{1}{\delta}$$

und erhalten aus Gl. (15.20):

$$u_{S,\text{max}} = u_S(T) \approx u_0\left(1 + \frac{1}{2\delta}e^{-\delta\omega_0 T}\sin\omega_0 T\right)$$

Aufgabe 15.13

Die Gleichspannung u_0 liegt schon sehr lange Zeit an den Klemmen der nebenstehenden Schaltung. Zur Zeit $t = 0$ wird der Schalter S geschlossen und damit der aufgeladene Kondensator parallel zur Spule geschaltet.

15.13.1 Man berechne und skizziere den Verlauf des Stromes $i_L(t)$ vor und nach dem Schliessen des Schalters für den Fall

$$\frac{1}{LC} < \left(\frac{2R}{L}\right)^2.$$

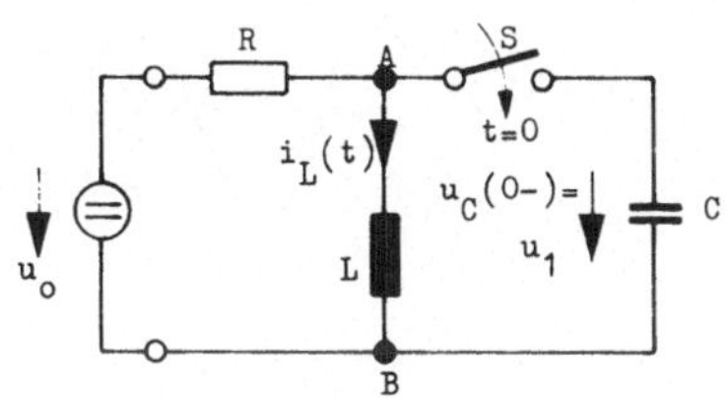

Bild 15.21

Zur Vereinfachung verwende man folgende Abkürzungen:

$$\frac{1}{LC} = \omega_0^2, \quad \frac{1}{RC} = 2\delta\,\omega_0$$

15.13.2 Wie verläuft $i_L(t)$, wenn ein ungeladener Kondensator zugeschaltet wird?

Lösung 15.13

15.13.1 Mit den Abkürzungen

$$\frac{1}{LC} = \omega_0^2, \quad \frac{1}{RC} = 2\delta\,\omega_0$$

lautet die Lösung im Unterbereich

$$I_L(p) = \frac{u_0}{p}\left(\frac{1}{p} + \frac{u_1}{u_0}\frac{\omega_0/2\delta}{p^2 + 2\delta\omega_0 p + \omega_0^2}\right)$$

und im Zeitbereich

$$t < 0: \qquad i_L(t) = \frac{u_0}{R}$$

$$t \geq 0: \qquad i_L(t) = \frac{u_0}{R}\left(1 + \frac{u_1}{u_0}\frac{e^{-\delta\omega_0 t}}{2\delta\sqrt{1-\delta^2}}\sin\omega_0 t\sqrt{1-\delta^2}\right)$$

Ihr prinzipieller Verlauf ist im Bild 15.22 skizziert.

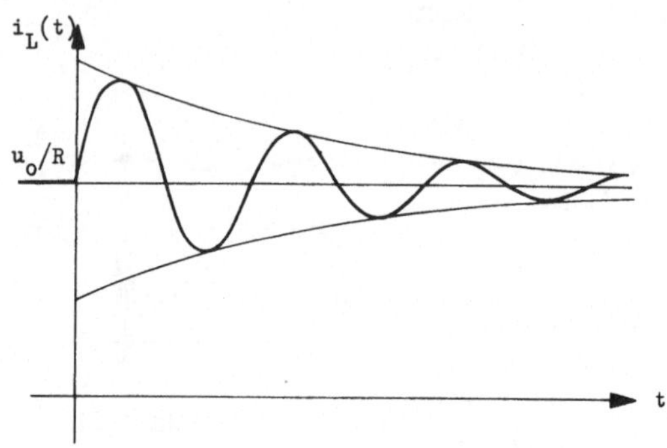

Bild 15.22

15.13.2 Ohne Rechnung können wir folgendes sagen: Es stellt sich kein Ausgleichsvorgang ein, weil die Spannung zwischen den Klemmen A und B der Schaltung 15.21 im stationären Zustand gleich null ist, so daß ein beliebiges energiefreies Netzwerk zugeschaltet werden kann.

Aufgabe 15.14

Die nebenstehende Schaltung zeigt einen RC-Spannungsteiler. Parallel zu den beiden Teilwiderständen R_1 und R_2 liegt je ein Kondensator, der für $t < 0$ ungeladen ist. An den Eingang des Spannungsteilers wird die Spannung

$$u_1(t) = \begin{cases} u_0 & \text{für } t \geq 0 \\ 0 & \text{für } t < 0 \end{cases}$$

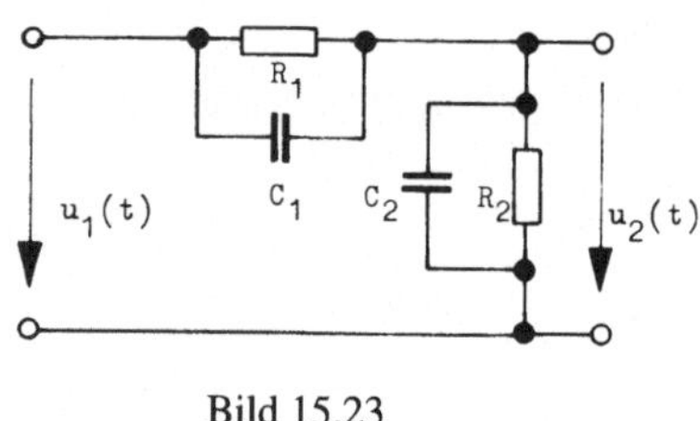

Bild 15.23

angelegt.

15.14.1 Man berechne $u_2(t)$. Dabei verwende man zur übersichtlichen Darstellung die Abkürzung

$$\alpha = \frac{R_1 + R_2}{R_1 R_2 (C_1 + C_2)}.$$

15.14.2 Man gebe die Spannung $u_2(t)$ für den Sonderfall $R_1 = R_2 = R$ an und skizziere ihren Verlauf für die 3 Fälle

$$C_1 = \frac{C_2}{3}, \quad C_1 = C_2, \quad C_1 = 9C_2.$$

Lösung 15.14

15.14.1 Dieses mit einer idealen Gleichspannungsquelle angeregte Netz enthält eine Kondensatormasche, so daß sich nach Abschnitt 15.2 des Bandes „Grundlagen der Elektrotechnik IV" die Kondensatorspannungen sprunghaft ändern können. Wir wollen das durch die Rechnung bestätigen.

Für $t = 0-$ sind beide Kondensatoren ungeladen; damit entfallen die Anfangswertgeneratoren. Im Unterbereich mit ergibt sich mit $U_1(p) = u_0 / p$

$$U_2(p) = \frac{u_0}{p} \cdot \frac{R_2(1 + R_1 C_1 p)}{R_1 R_2 (C_1 + C_2)p + R_1 + R_2} \tag{15.21}$$

Wir führen eine Partialbruchzerlegung durch und erhalten mit der angegebenen Abkürzung

$$U_2(p) = \frac{u_0}{\alpha R_1 (C_1 + C_2)} \left(\frac{1}{p} - \frac{1 - \alpha R_1 C_1}{p + \alpha} \right)$$

Die zugehörige Zeitfunktion lautet:

$$t \geq 0: \qquad u_2(t) = u_0 \frac{R_2}{R_1 + R_2} \left(1 + \frac{R_1 C_1 - R_2 C_2}{R_2 (C_1 + C_2)} e^{-\alpha t} \right) \tag{15.22}$$

Für $t \to \infty$ teilt sich die Spannung u_0 im Verhältnis der Widerstände auf:

$$u_2(\infty) = u_0 \frac{R_2}{R_1 + R_2}$$

Für $t \to 0$ erhalten wir

$$u_2(0+) = u_0 \frac{C_1}{C_1 + C_2}$$

und weiterhin, da für $t = 0+$ die Kirchhoffsche Maschengleichung erfüllt sein muß

$$u_1(0+) = u_0 - u_2(0+) = u_0 \frac{C_2}{C_1 + C_2}$$

Die Kondensatorspannungen ändern sich beim Anlegen der Spannungsquelle
sprunghaft von null auf die angegebenen Werte. Das erfordert eine sprung-
hafte Ladungsänderung

$$\Delta Q = u_0 \frac{C_1 C_2}{C_1 + C_2},$$

die für $t = 0$ durch einen impulsartigen Stromstoß aufgebracht wird. Dieses
Verhalten des Stromes und der Kondensatorspannungen für $t = 0$ kann nur
auftreten, weil wir eine ideale Spannungsquelle und Kondensatoren ohne
Verluste angenommen haben. Wegen der stets auftretenden Zuleitungs-
widerstände, die wir in unserem Modell noch berücksichtigen müßten,
werden sich in realen Netzen die Kondensatorspannungen nur stetig ändern.

Den Wert $u_2(0+)$ können wir mit Hilfe des Grenzwertsatzes auch direkt aus
Gl. (15.21) ablesen:

$$u_2(0+) = \lim_{p \to \infty} p U_2(p) = u_0 C_1 / (C_1 + C_2)$$

15.14.2

Mit $R_1 = R_2 = R$ erhalten wir aus Gl. (15.22):

$$u_2(t) = \frac{u_0}{2}\left(1 + \frac{C_1 - C_2}{C_1 + C_2} e^{-t/R(C_1 + C_2)}\right)$$

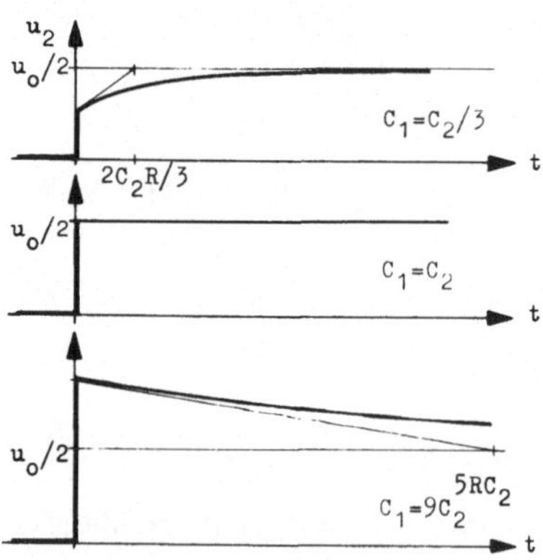

Bild 15.24

Der Verlauf ist für die 3 Fälle in Bild 15.24 skizziert. Für $C_1 = C_2$ liegt der
sogenannte kompensierte Spannungsteiler vor, bei dem der Verlauf des Eingangsimpulses unverändert auf den Ausgang übertragen wird.

Aufgabe 15.15

In dem Gleichstromnetz des Bildes 15.25 ist die Spule mit der Induktivität L_2 kurzgeschlossen. Zur Zeit $t = 0$ wird der Schalter S geöffnet. Man berechne und skizziere den Verlauf des Stromes $i(t)$ vor und nach dem Öffnen des Schalters.

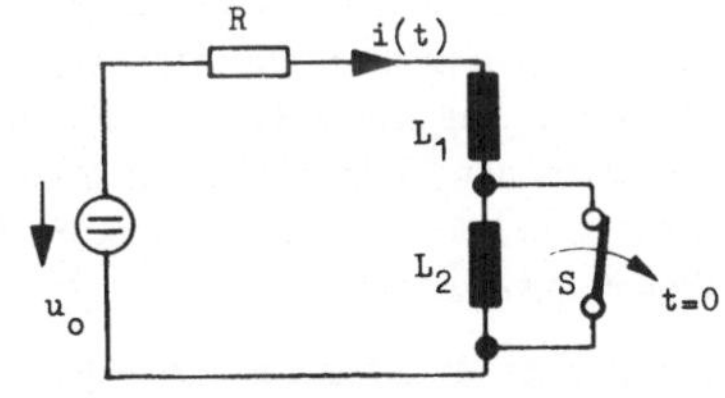

Bild 15.25

Lösung 15.15

Für die Spule L_1 ist im Unterbereich ein Anfangswertgenerator mit dem Kurzschlußstrom $i(0-)\,/\,p = u_0\,/\,Rp$ zu berücksichtigen

Ergebnis:

$$i(t) = \begin{cases} \dfrac{u_0}{R} & t < 0 \\[2ex] \dfrac{u_0}{R}\left(1 - \dfrac{L_2}{L_1 + L_2}\,e^{-\frac{R}{L_1+L_2}t}\right) & t \geq 0 \end{cases}$$

Der Strom durch die beiden Spulen ändert sich sprunghaft und bedingt einen Spannungsimpuls

$$\frac{u_0}{R}\,\frac{L_1 L_2}{L_1 + L_2}\,\delta(t)$$

an jeder Spule, der bei einem physikalisch realen System zu einem Schaltfunken am sich öffnenden Schalter S führt.

Aufgabe 15.16

Die Eingangsspannung eines RC-Vierpoles mit ungeladenem Kondensator C ist ein Spannungsimpuls mit dem im Bild 15.26 gezeichneten Verlauf. Man ermittle den Verlauf der Ausgangsspannung $u_2(t)$.

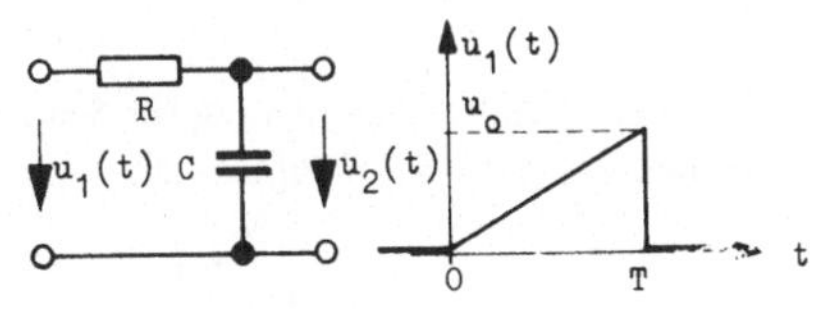

Bild 15.26

Lösung 15.16

Es gibt verschiedene Möglichkeiten, diese Aufgabe mit Hilfe der Laplace-Transformation zu lösen. Man kann die Laplace-Transformierte des endlichen Eingangsimpulses aufstellen und $U_2(p)$ berechnen. Da $u_2(t)$ für die verschiedenen Zeitbereiche durch verschiedenen Zeitfunktionen dargestellt wird, ist bei der Rücktransformation das Umkehrintegral auf verschiedenen Wegen auszuwerten.

Ein zweiter Weg besteht darin, den Eingangsimpuls in einfache Zeitfunktionen zu zerlegen

$$u_1(t) = u_0 \frac{t}{T} s(t) - u_0 \frac{t-T}{T} s(t-T) - u_0 s(t)$$

mit dem Einheitssprung

$$s(t) = \begin{cases} 1 & t \geq 0 \\ 0 & t < 0 \end{cases}$$

Wegen der Linearität der Schaltung können wir die Antworten des jeweils energiefreien RC-Netzwerkes auf die drei Anteile getrennt berechnen und dann zusammensetzen. Wir benutzten diese Vorgehensweise bei der Aufgabe 15.17 und beschreiten hier einen dritten Weg. Zunächst wird die Rampenfunktion mit der Laplace-Transformierten

$$U_1(p) = \frac{u_0}{T} \frac{1}{p^2} \tag{15.24}$$

an das Netz gelegt. Die Ausgangsspannung $u_2(t = T)$ ist der Anfangswert des Ausgleichsvorganges, der sich nach dem Nullwerden der Generatorspannung für $t \geq T$ einstellt. Wir berechnen also $u_2(t)$ für $0 \leq t < T$:

$$U_2(p) = \frac{1/pC}{R + 1/pC} U_1(p)$$

Mit $\alpha = 1/RC$ und dem Ergebnis für $U_1(p)$ erhalten wir

$$U_2(p) = \frac{u_0}{T} \frac{\alpha}{p^2(p+\alpha)}$$

Nach einer Partialbruchzerlegung für den zweifachen Pol bei $p = 0$ und den einfachen Pol bei $p = -\alpha$ ergibt sich:

$$U_2(p) = \frac{u_0}{T} \left(\frac{1}{p^2} - \frac{1/\alpha}{p} + \frac{1/\alpha}{p+\alpha} \right)$$

Dazu gehört die Zeitfunktion

$$0 \le t < T: \qquad u_2(t) = u_0\left[\frac{t}{T} - \frac{1}{\alpha T}(1 - e^{-\alpha t})\right] \qquad (15.26)$$

Zur Zeit $t = T$ ist der Kondensator auf $u_2(T)$ aufgeladen und entlädt sich nach einer Exponentialfunktion über den Widerstand R und die kurzgeschlossene Spannungsquelle. Mit

$$t' = t - T$$

setzen wir an

$$t' \ge 0: \qquad u_2(t') = c_1 + c_2 e^{-\alpha t'}$$

Für $t \to \infty$ ist der Kondensator entladen, d.h.: es wird $c_1 = 0$; für $t' = 0$ erhalten wir c_2 aus Gl. (15.26):

$$c_2 = u_2(T) = 1 - \frac{1}{\alpha T}(1 - e^{-\alpha T})$$

Damit wird

$$t \ge T: \qquad u_2(t) = u_0\left[1 - \frac{1}{\alpha T}(1 - e^{-\alpha T})\right]e^{-\alpha(t-T)}$$

Der Verlauf der Ausgangsspannung ist für beide Zeitbereiche in Bild 15.27 skizziert.

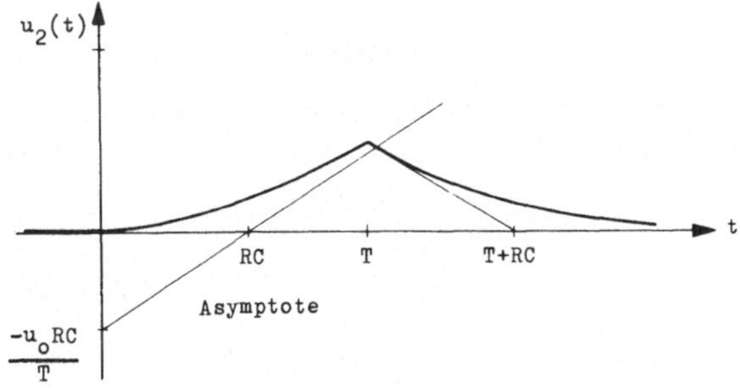

Bild 15.27

Aufgabe 15.17

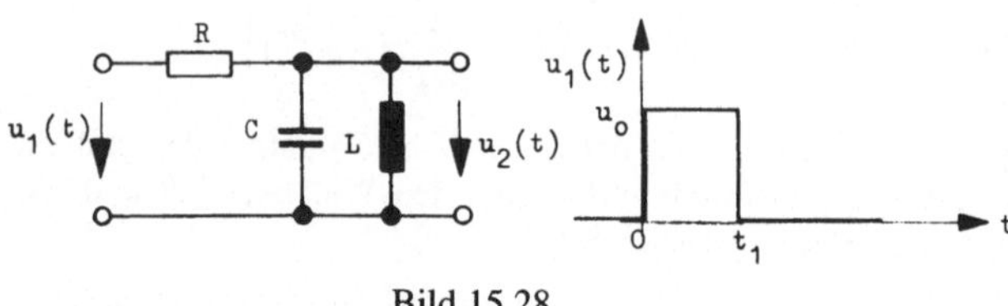

Bild 15.28

Der schwach gedämpfte Schwingkreis mit $1/LC > 1/(2RC)^2$ wird durch einen Rechteckimpuls nach Bild 15.28 angeregt.

15.17.1 Man berechne die Spannung $u_2(t)$ (Die Schaltung ist vorher energiefrei).

15.17.2 Welche Funktion $u_2(t)$ erhält man, wenn der Impuls am Eingang die Höhe $u_0 t_0 / t_1$ hat und t_1 gegen null geht?

Lösung 15.17

15.17.1 Wir zerlegen den Rechteckimpuls $u_1(t)$ in zwei Sprungfunktionen, die sich für $t \geq t_1$ auslöschen:

$$u_{1A}(t) = \begin{cases} u_0 & t \geq 0 \\ 0 & t < 0 \end{cases} \qquad u_{1B}(t) = \begin{cases} -u_0 & t \geq t_1 \\ 0 & t < t_1 \end{cases}$$

$$u_1(t) = u_{1A}(t) + u_{1B}(t)$$

Da es sich um eine lineare Schaltung handelt, können wir die Ausgangsspannungen $u_{2A}(t)$ und $u_{2B}(t)$ des Schwingkreises ebenfalls linear überlagern:

$$u_2(t) = u_{2A}(t) + u_{2B}(t) \tag{15.27}$$

Wir berechnen zunächst die Antwort $u_{2A}(t)$ auf die Anregung $u_{1A}(t)$. Wegen der verschwindenden Anfangswertgeneratoren ergibt sich im Unterbereich

$$U_{2A}(p) = \frac{1}{RC} \frac{p}{p^2 + \dfrac{1}{RC}p + \dfrac{1}{LC}} U_{1A}(p) \tag{15.28}$$

$$U_{2A}(p) = \frac{1}{RC} \frac{1}{p^2 + \dfrac{1}{RC}p + \dfrac{1}{LC}} u_0$$

Mit den Abkürzungen

$$\alpha = \frac{1}{2RC}, \qquad \omega_e^2 = \frac{1}{LC} - \frac{1}{(2RC)^2}$$

erhalten wir:

$$U_{2A}(p) = 2\alpha \frac{1}{(p+\alpha)^2 + \omega_e^2} u_0.$$

Zur Gewinnung der Zeitfunktion wenden wir den Verschiebungssatz an (siehe Lösung 15.21.1):

$$t \geq 0: \qquad u_{2A}(t) = u_0 \frac{2\alpha}{\omega_e} e^{-\alpha t} \sin \omega_e t$$

Die Lösung für $u_{2B}(t)$ ist die gleiche Funktion mit negativem Vorzeichen und um t_1 verschoben.

$$t \geq t_1: \qquad u_{2B}(t) = -u_{2A}(t - t_1)$$

$u_2(t)$ setzt sich aus beiden Lösungsanteilen zusammen:

$$0 \leq t < t_1: \qquad u_2(t) = u_{2A}(t) = u_0 \frac{2\alpha}{\omega_e} e^{-\alpha t} \sin \omega_e t$$

$$t \geq t_1: \qquad u_2(t) = u_{2A}(t) + u_{2B}(t) = u_0 \frac{2\alpha}{\omega_e} e^{-\alpha t} \left[\sin \omega_e t - e^{\alpha t_1} \sin \omega_e (t - t_1) \right]$$

$$(15.30)$$

15.17.2

Wir untersuchen die Lösung (15.30) für den Fall, daß die Spannung u_0 durch $u_0 t_0 / t_1$ ersetzt wird und $t_1 \to 0$ geht. Hierzu entwickeln wir den 2. Summanden in der Klammer von Gl. (15.30) in eine Reihe nach t_1:

$$e^{\alpha t_1} \sin \omega_e (t - t_1) = e^{\alpha t_1} (\sin \omega_e t \cos \omega_e t_1 - \cos \omega_e t \sin \omega_e t_1)$$

$$= (1 + \alpha t_1 + ..)[\sin \omega_e t (1 - \frac{(\omega_e t_1)^2}{2!} + ..) - \cos \omega_e t (\omega_e t_1 + ..)]$$

und betrachten nur die Terme mit t_1^0 und t_1^1, da alle Glieder mit höheren Potenzen von t_1 beim Grenzübergang verschwinden. So erhalten wir schließlich:

$$\lim_{t_1 \to 0} u_2(t) = u_0 t_0 \frac{2\alpha}{\omega_e} e^{-\alpha t} \lim_{t_1 \to 0} \frac{\sin \omega_e t - \sin \omega_e t + \omega_e t_1 \cos \omega_e t - \alpha t_1 \sin \omega_e t \pm ...}{t_1}$$

$$= u_0 t_0 \frac{2\alpha}{\omega_e} e^{-\alpha t} (\omega_e \cos \omega_e t - \alpha \sin \omega_e t) \qquad (15.31)$$

Die Eingangsfunktion entartet im Grenzfall zu einem δ-Impuls, der die L-Transformierte 1 besitzt. Die Ausgangsfunktion (15.31) ist die sogenannte Impulsantwort des Netzes. Die Impulsantwort ist also die Zeitfunktion, die zur Übertragungsfunktion (15.28)

$$U_{2A}(p) = \frac{1}{RC} \frac{p}{p^2 + \frac{1}{RC}p + \frac{1}{LC}} U_{1A}(p) \qquad (15.28)$$

gehört.

Aufgabe 15.18

Die Eingangsspannung des RC-Vierpoles von Bild 15.26 hat nun den im Bild 15.29 skizzierten Verlauf.

15.18.1 Man berechne die Ausgangsspannung $u_2(t)$.

15.18.2 Man überprüfe das Ergebnis für den Grenzfall $T \rightarrow 0$. Für diese Eingangsfunktion läßt sich die Ausgangsfunktion leicht angeben.

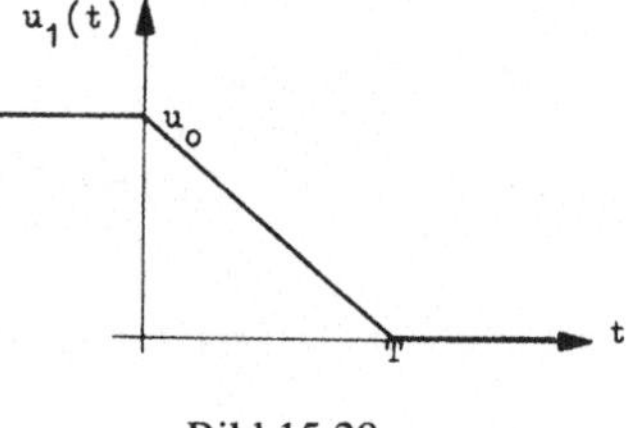

Bild 15.29

Lösung 15.18

15.18.1 Endergebnis:

$$u_2(t) = \begin{cases} u_0 & t < 0 \\ u_0[1 - \dfrac{t}{T} + \dfrac{1}{\alpha T}(1 - e^{-\alpha t})] & 0 \le t < T \quad \text{mit} \quad \alpha = \dfrac{1}{RC} \\ u_0(e^{\alpha T} - 1)e^{-\alpha t} / \alpha T & T \le t \end{cases}$$

15.18.2

Für den Fall $T \rightarrow 0$ wird der aufgeladene Kondensator über den Widerstand R entladen:

$$u_2(t) = u_0\, e^{-\alpha t}.$$